普通高等教育人工智能与机器人工程专业系列教材

人工智能与机器人专业实战训练

主　编　吴细宝　陈雯柏

副主编　史豪斌　王洪阳

参　编　王全海　刘　琼　马　航　王一群

机械工业出版社

本书以人工智能与机器人项目为载体，构建集知识学习、项目实战为一体的人工智能与机器人专业实战训练平台。要求学生运用检测、控制等多学科知识，解决相关复杂工程问题，综合培养学生的系统工程能力、问题分析能力、算法应用能力与动手实践能力。

本书分为3部分：第1部分为基础知识，介绍人工智能基础、机器人基础与机器鼠的相关知识；第2部分为环境感知与运动控制，包含机器鼠涉及的传感器技术、嵌入式系统原理和运动控制方案；第3部分为路径搜索与最优决策，讲解环境建模与决策、迷宫搜索策略、最优路径规划等经典算法。

本书可作为本科及研究生各阶段创新实践课程、竞赛实训课程的教学指导用书，同时也可供想要参与机器鼠竞赛的研究团队、想学习制作机器鼠以提高自己动手能力的电子爱好者及想学习人工智能相关知识的读者自主学习使用。

图书在版编目（CIP）数据

人工智能与机器人专业实战训练/吴细宝，陈雯柏主编. —北京：机械工业出版社，2023.10

普通高等教育人工智能与机器人工程专业系列教材

ISBN 978-7-111-74712-3

Ⅰ.①人… Ⅱ.①吴…②陈… Ⅲ.①人工智能-高等学校-教材②工业机器人-高等学校-教材 Ⅳ.①TP18②TP242.2

中国国家版本馆CIP数据核字（2024）第004433号

机械工业出版社（北京市百万庄大街22号 邮政编码100037）

策划编辑：吉 玲　　责任编辑：吉 玲 韩 静

责任校对：孙明慧 张 薇　　封面设计：张 静

责任印制：郜 敏

中煤（北京）印务有限公司印刷

2024年3月第1版第1次印刷

184mm×260mm · 16.75印张 · 422千字

标准书号：ISBN 978-7-111-74712-3

定价：58.00元

电话服务　　网络服务

客服电话：010-88361066　　机 工 官 网：www.cmpbook.com

010-88379833　　机 工 官 博：weibo.com/cmp1952

010-68326294　　金 书 网：www.golden-book.com

封底无防伪标均为盗版　　机工教育服务网：www.cmpedu.com

前言

人工智能是一门“探索人类智能机理，创制人工智能机器，增强人类智力能力”的科学技术。机器人是指能模仿人的某些活动的一种自动机械，是一个涉及人工智能、材料、计算机、控制技术、电子技术、机械技术、传感器技术的综合类学科。

本书瞄准人工智能与机器人领域高素质应用型人才培养的目标定位，以创新精神和创新创业能力培养为主线，参照工程认证专业标准，按照“智能+、创新+”的设计理念，以人工智能与机器人项目为载体，构建集知识学习、项目实战为一体的人工智能与机器人专业实战训练平台。

机器鼠亦称电脑鼠（Micromouse），兼具专业性、创新性和趣味性，是一种可以在“迷宫”中通过自主记忆和路径选择，快速到达目标点的微型机器人。机器鼠主要由嵌入式微控制器、传感器和机电运动装置构成，是多技术领域融合的结晶。基于机器鼠开展专业综合实战训练，要求学生运用检测、控制等多学科原理解决相关工程问题，可以有效促进本科学生对控制理论、微控制器、人工智能与机器人等相关课程的学习，将理论教学与工程实践相结合，综合培养学生的系统工程能力、问题分析能力、算法应用能力与动手实践能力。

本书主要分为3部分：第1部分（第1~3章）为人工智能基础、机器人基础与机器鼠的相关知识；第2部分（第4~6章）为机器鼠的机电控制等硬件组成部分，包含机器鼠涉及的传感器技术、嵌入式系统原理和运动控制方案；第3部分（第7~12章）为智能算法部分，依照IEEE标准电脑鼠竞赛规则，分章节讲解机器鼠通过“环境建模-迷宫搜索-路径规划”3个主要步骤达到解迷宫的最佳效果。

适用读者范围

本书针对IEEE标准电脑鼠竞赛规则中描述的电脑鼠及迷宫规范，以人工智能机器鼠实训平台为载体，进行电子硬件技术分析与算法策略讲解，将理论学习与项目实践相结合，可作为本科及研究生各阶段创新实践课程、竞赛实训课程的教学指导用书，同时也可供想要参与机器鼠竞赛的研究团队、想学习制作机器鼠以提高自己动手能力的电子爱好者及想学习人工智能相关知识的读者自主学习使用。

涵盖知识领域

（1）嵌入式系统

嵌入式系统是以应用为中心，以现代计算机技术为基础，能够根据用户需求（功能、可靠性、成本、体积、功耗、环境等）灵活裁剪软硬件模块的专用计算机系统。微控制器配以必要的外设硬件，加上运行其中的软件部分，软件与硬件的结合使得嵌入式系统具备信息输入、分析、处理、输出的能力。

（2）机器人运动结构及控制

机器人的运动控制机构按照运动轨迹可以分为固定式轨迹和无固定式轨迹两类，前者主要用于工业机器人，可以完成抓、举等一系列手臂动作，是对人类手臂动作的模拟和扩展；后者指具有移动功能的移动机器人，是对人类行走功能的模拟和扩展。

（3）人工智能（Artificial Intelligence，AI）

人工智能是现今最热门的学科之一，其主要目的是希望机器能够具备类似人甚至强于人的智能。目前人工智能的实际应用包括机器人学、专家系统、智能规划、自动规划、机器视觉、人脸识别、自然语言处理等。机器鼠这种微型机器人对“未知迷宫”的自主搜索与路径规划，即是一种弱人工智能技术的应用体现。

（4）群体智能（Swarm Intelligence）

群体智能的概念源于自然界中的社会性动物群，如蚁群、蜂群等，指由多个只具备简单逻辑能力的智能体组成智能群体，通过群体中简单个体的交互作用从而涌现出的智能。群体智能算法包括遗传算法、蚁群算法、粒子群算法、鱼群算法等。

（5）数据结构与算法

数据结构与算法是计算机科学技术的基础必修课之一。机器鼠对迷宫信息的记忆需要进行相关数据的存储；迷宫搜索问题可以抽象为图搜索问题，经典的图搜索算法有广度优先搜索、深度优先搜索等。数据存储与算法实现需要依靠数据结构的特性，涉及的数据结构有：线性表、栈、队列、树、图等。

（6）程序设计

程序设计是遵循特定编程语言的语法规范，将数据结构与算法中涉及的理论具体实现的方法和过程。本书使用C语言进行程序设计，运行在机器鼠配备的单片微型控制器中。

配套教学软件及教具

课程配套教学软件为“人工智能与机器人实训平台”，可开展机器鼠走迷宫的系统仿真训练实践；配套教具为人工智能机器鼠、迷宫地图等，可进行实操实验。

本书得到了北京高等教育本科教学改革创新项目“人工智能领域相关专业创新创业社会实践系列课程建设”、教育部人文社科项目“人工智能领域工程技术人才培养的创新创业教育模式研究”（项目编号：17JDGC016）以及北京信息科技大学国家级创新创业教育实践基地项目的资助，在此一并表示感谢。

本书的编写得到了北京赛曙科技有限公司的大力支持与帮助，在此谨对北京赛曙科技有限公司致以衷心的感谢。

限于时间及编者水平，书中难免存在不足或疏漏之处，诸位读者朋友若能拨冗相告，将不胜感激。

编　者

目录

第3部分　路径搜索与最优决策

第1部分

基础知识

你是否听说过老鼠走迷宫的故事？20 世纪 90 年代，麻省理工学院的研究人员做过一个实验：把老鼠放到迷宫中，在迷宫的另一端摆放一块奶酪，如图 1-0 所示。

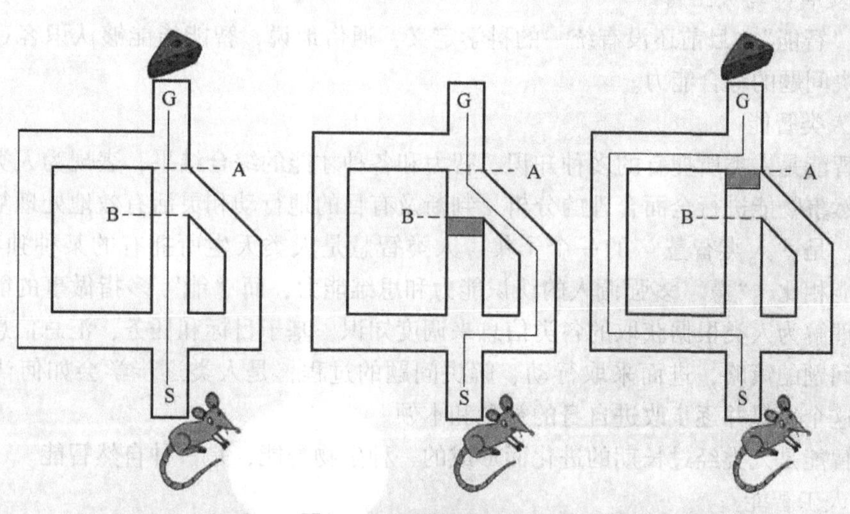

图 1-0　老鼠走迷宫实验

在前期的几次实验中，老鼠总会到处嗅嗅、四处挠挠墙壁，经过很长时间的搜索，最终都会寻找到迷宫另一端的奶酪；研究人员不断地重复同一个实验场景，发现老鼠穿越迷宫的速度越来越快，甚至可以直接寻找到最短的路径迅速到达奶酪所在地，这是怎样一回事呢？

第1章 人工智能基础

机器鼠（Micromouse）是一种可以在“迷宫”中通过自主记忆和路径选择，快速到达目标点的微型机器人，具备环境感知和不断进行自我学习的能力，是人工智能和机器人等相关技术的综合应用。

什么是人工智能？人工智能是一门概念较新的技术学科，是主要研究如何模拟、延伸或拓展人类智能以实现机器智能的科学。人工智能领域的主要研究内容集中在：如何应用各种计算机模拟等科学方法及手段，对社会实际生活中的人类智能活动现象进行理论方法研究，以形成一定的相关理论、方法、技术和智能化应用系统。

1.1 人工智能的相关概念

1. 人类智能与人工智能

对于“智能”，目前还没有统一的科学定义，通俗地说，智能指能够认识客观事物和运用知识解决问题的综合能力。

（1）人类智能

人类智能是人类所拥有的多种知识、智力和各种才能的综合结果，表现为人类通过对外界客观自然事物能进行全面合理的分析、判断及有目的地行动和灵活有效地处理复杂事务的综合能力，是“人类智慧”的一个子集。人类智慧是人类天生所拥有的某种独特的能力，与人类智能相比，“慧”多强调人的认识能力和思维能力，而“能”多指做事的能力。人类智能可以理解为人类根据获取的各类信息来调度知识，基于目标和任务，汇总信息和知识来形成求解问题的策略，进而采取行动、解决问题的过程，是人类逐步学会如何认识这个世界、改造这个世界并逐步改进自身的智慧和本领。

人类智能是人类经过长期的进化而形成的一种生物智能，是一种自然智能。

（2）人工智能

人工智能，就是一种利用机器实现人类智能的技术，是相对于“人类智能”而言的，“人类智能”是“人工智能”的原型，“人工智能”是“人类智能”的某种人工实现。相比人类智能，人工智能是人为创造的，并非自然形成的智能。

从智能的定义也可以看出，信息、知识、策略等相关概念与智能密切相关。

2. 数据、信息与知识

数据用于描述事物的基本状态，是计算工具自动识别、存储和加工的对象。作为信息的一种载体，数据可以是数字、字符、音频和视频等各种形式。而信息是数据所表示的意义，是一个主体自身所直接感知或可以表述得到的关于事物的具体运动状态及其变化方式。知识则用以描述事物运动的状态和状态变化的规律。从知识管理的角度看，数据由一种初始化状态，经过多步处理并被赋予某种意义，最终它们才能得以转化为信息。人们将那些数据信息提炼分析和归纳整理，转化成能够在工作实践中用以解决复杂问题的观点、经验和技能，信息就内化为知识。当综合运用知识和技能，创造性地解决问题或预测未来时，知识就通过实践升华为智慧。

信息可经过各种途径进行传播，数值、字符、声音和视频等都可以成为信息传播的载体。当接收者获得信息后，信息的“不确定性”就可以减少或消除。当人们获取各种形式的信息后，可以了解事物的情况，经过分析、判断与理解、决策，把它们变成知识或引发相应的行为，此时信息便发挥了作用。

要想获得“信息”，需要加工“数据”，要想获得“知识”，需要加工“信息”，人工智能也被称作“人工智慧”，要想获得“智慧”，需要加工“知识”。知识是一种规律性产物，它是由信息通过不断提炼形成的抽象产物，可用于理解不同信息片段之间的关系，例如，在大气数据分析过程中，如果具备相应的知识就能依据相关的卫星云图、大气数据和相关信息判断未来的天气状况。相比数据和信息，知识直接推动着社会的发展。

3. 策略及相关概念

策略是关于如何解决问题的策划理论与操作方略，包括了主体在具体的时间、地点、采取的行动、达到的目标等一整套的具体行动规划、步骤与方式方法。策略是智能的最高表现，也是决定机器系统如何动作的关键。

与前面给出的信息和知识的概念联系起来可以看出，策略是一类特殊的认识论层次信息，也是一类特殊的知识。策略重点关注的是在面对某个具体问题时（问题的初始状态），应当采取哪些最优方法和步骤（状态变化的方式），才能确保问题得到满意的解决（问题的目标状态），也就是如何把问题的初始状态一步一步地转变为目标状态。可见，策略的产生必须依赖足够的信息和知识基础。

智能的实现需要决策与执行层面的配合。某主体所产生的策略通常是为特定问题和特定目标服务的，为了确保有效地解决问题，策略不仅要符合问题相关的客观规律，还需要把抽象的策略转变成具体的行为，才能真正使问题得以求解。智能决策与执行是计算机博弈、专家系统、智能控制、机器人等智能实现的重要技术内容。

（1）决策

决策是管理学领域关注的一个重要内容。狭义的决策通常指做决定，人们选择行动的目标和手段的过程就是决策。广义的决策是一个“全过程”概念，包括了决策信息的收集、决策方案的拟定、决策方案的评价和选择、决策方案的实施及审查改进等各步骤内容。

决策过程是一种信息再生过程：首先收集与问题有关的信息，然后运用相关的知识对这些信息进行分析，在此基础上，针对决策的目标，在决策者的头脑中（或者在智能机器的决策系统中）产生一个关于“如何求解问题实现目标”的策略信息。可见，决策实质上是由已有知识生成新知识（策略）的一个重要步骤，其输入是关于问题及其环境条件等的相关知识以及关于目标的知识，输出则是解决问题的策略。

（2）行为

行为通常是指具体的动作和举止。汉语词汇中的行为一般被解释为受主观思想所支配并表现出来的活动。本书关于行为的基本解释是受策略支配的活动，发生某种行为或者具有某种行为能力的可以是人、生物或机器系统。

（3）执行

执行是实施策略解决问题的过程，将抽象的策略转变成具体的行为，就是要执行这个策略，通过行为的实施使问题求解。控制可以使机器系统具有执行能力，所谓控制就是通过调节目标的运动状态和变化方式，使目标的运动状态符合特定的要求。

（4）系统

了解了信息、知识、策略、执行等概念及其对应的过程之后，可以将它们有序地连接起来，构成一个面向全过程的智能信息处理系统。

系统（System）是指将大量零散无序的东西进行合理有序地组织整理、编排所形成的整体，是一系列相互联系、相互作用且分别具有一定整体目的和功能特点的多种组成要素结合的有机综合体，具有整体性、层次性、目的性、动态性等基本特征。换言之，系统是一组元素的整体，在系统中，内部的元素能够相互作用，形成某种特定的结构。系统所构成的整体与所在的环境存在相互联系，表现出一定的功能，具有一定的目的。在各种特性中，最具标志意义的是系统的整体性：整体大于部分和，这个原理对于智能科学技术的研究尤其重要。

1.2 人工智能的发展历程

三千多年前，人类就开始梦想能够制造智能机器，从我国西周时代有关智能机器人的传说，到公元前的亚里士多德编撰《工具论》，再到“布尔代数”这种逻辑推理法则的创立，人工智能从萌芽到创立经历了漫长的历史过程，见表1-1。

表1-1 人工智能早期萌芽

约公元前977年的西周时代	流传着巧匠意图给人造的物体赋予智慧与思想的故事“偃师献给周穆王艺伎（歌舞机器人）”
约公元前350年	古希腊斯吉塔拉人亚里士多德编撰了《工具论》，为形式逻辑理论奠定了数学基础
1847年	布尔（Boole）创立“布尔代数” 布尔代数：一种逻辑代数系统，直接用逻辑符号语言来描述反映逻辑思维活动形式中推理的一系列基本法则
1956年	美国达特茅斯（Dartmouth）学院“人工智能夏季研讨会”首次提出人工智能（Artificial Intelligence，AI）这一术语，标示着人工智能（AI）作为一门新兴学科已经正式诞生

1956年达特茅斯“人工智能夏季研讨会”的参会者成为了后世人工智能领域的代表人物，如图1-1所示。

图1-1 2006年，AI创始人重聚达特茅斯

（左起：摩卡，麦卡锡，明斯基，赛弗里奇，所罗门诺夫）

从诞生至今，人工智能的发展大致经历了三次浪潮，如图 1-2 所示。

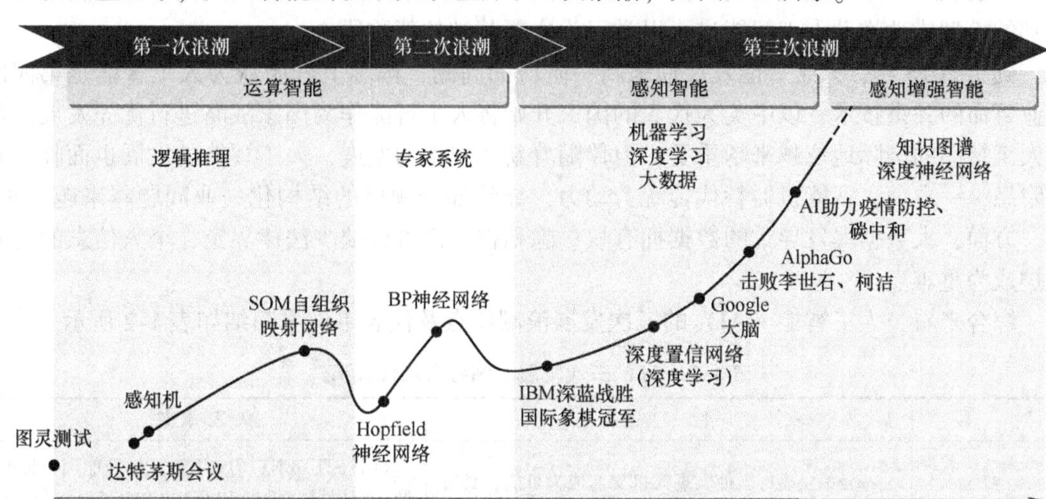

图 1-2 人工智能发展历程示意图

1. AI 的第一次浪潮

在 1956 年到 1974 年左右的人工智能诞生后的第一次发展浪潮中，人工智能技术取得快速发展，但同时期也存在着众多困难和技术瓶颈。

在该时期内，符号主义盛行并启发引导着全球科学家开始尝试探讨在各种统计模型中应用符号进行语义分析处理。与此同时，具有了某种人类初步智能基础的高级智能机器如 STUDENT（能证明数学应用题）、ELIZA（能简单地进行人机交互）应运而生。

1974 年后，逻辑证明器、感知器、增强式学习的技术瓶颈逐渐浮出水面。由于其实际智能水平很低，因此只能勉强完成指定类型的工作，而对于许多超出范围之外的特定任务难以独立应付。一方面，这是由于该时期人工智能理论依据的数学模型方法和手段存在不足；另一方面，算法复杂度呈指数级增长，依据现有的算法已难以应付高计算复杂度下的任务。

20 世纪 70 年代后期，先天的缺陷所造成的技术瓶颈使得人工智能第一次坠入低谷，彼时的研发机构纷纷缩减或取消对人工智能研发的资助。

2. AI 的第二次浪潮

20 世纪 80 年代，人工智能迎来第二次发展浪潮。数学模型的设计研究实现了重大技术突破，一种名为专家系统的模型开始被广泛应用，形成了初步产业化。但如果要继续大范围推广人工智能的应用，仍然会存在成本障碍。

该时期内的典型事件是 1980 年美国的卡耐基梅隆大学人工智能实验室帮助 DEC 公司工厂开发制造出了人工智能专家系统，每年可为该公司节约近半亿美元的费用。专家系统模拟人类专家的知识和经验解决特定领域的问题，陆续在生物医疗、化学以及制药技术等专业领域取得阶段性成功。但与此同时，专家系统研究的相关领域覆盖面窄、缺乏常识、缺少知识资源供给等问题逐渐暴露，人工智能受到质疑，于 20 世纪 90 年代中期又一次步入低谷。

3. AI 的第三次浪潮

新一代信息技术、互联网、大数据应用等众多新技术的大规模涌现极大地改变了传统人工智能方法所需的信息环境基础和数据基础。2006 年，深度学习模型的提出对人工智能理论的快速发展产生了重大影响，促使人工智能领域迎来了第三次爆发的高潮。以深度学习为基础的模型成功推动人工智能进入以学习为主要基础的新阶段。

到了2015年，人工智能发展迎来新一阶段的高潮，国际上开始认为人工智能是第四次工业革命的关键技术，以中美为代表的国家开始将人工智能作为国家战略进行优先发展。虽然人工智能的国际地位越来越重要，但伴随着新兴技术的发展，人工智能的发展也面临着新的隐患，一方面，智能机器替代传统劳动力，导致部分领域的结构化失业问题越来越严重；另一方面，大数据爆发导致的数据拥有权、隐私权、许可权缺少法律界定，个人信息的隐私保护成为重难点。

综合来看，人工智能（AI）的三次发展浪潮特点及代表事件可归纳如表1-2所示。

表1-2 AI的三次发展浪潮特点及代表事件

阶 段	特 点	代表事件
AI 第一次浪潮	符号主义盛行，使实现人机交互成为可能，具有了某种人类初步智能基础的高级智能机器应运而生	机器STUDENT（1964年）已经能用于证明数学应用题；机器ELIZA（1966年）可以实现日常的人机交流
AI 第二次浪潮	专家系统的模型开始被广泛应用，推动人工智能从理论研究走向实际应用，从一般推理走向专业研究	多层神经网络（1986年）、BP反向神经算法（1986年）以及能与人类下象棋的高智能机器（1989年）等经典模型均诞生于该时期
AI 第三次浪潮	数据量的快速增长、计算能力的大幅提升以及机器学习算法的持续优化提升了人工智能的计算能力。人工智能开始向通用型智能发展，并逐渐趋向于发展成为抽象型智能	2011年，深度学习算法的出现开始主导人工智能的发展

1.3 人工智能的研究方法

通过观察人工智能的发展史可以看出来，从不同角度去理解人工智能，会得到不同的看法。人工智能领域内的主流学派大致被分为三类：符号主义、联结主义和行为主义，分别对应着功能模拟、结构模拟和行为模拟这三种模拟人类智能的AI研究方法。

1.3.1 符号主义（功能模拟）

20世纪50年代中期，随着数字计算机的发展，人们认为它具有人脑的功能（所以称为“电脑”），可以用来模拟智力功能；人们认为，只要具有了智能所需要的功能，智能系统就模拟成功了，这种思路被称为符号主义（也称为功能主义、逻辑主义等）。

符号主义理论认为人工智能源于抽象的数理逻辑，符号主义将人类的认知过程理解为符号操作与运算的过程，认为知识可以用符号表示，认知是符号加工的过程，推理是从基础前提中总结提炼结论的过程。因此，符号主义者使用了大量抽象的数学逻辑符号和“如果——就”来表达思维规律和定义规则。这些逻辑符号和规则都源于基础数学和物理学，最终却产生了类似人类的智能。人工智能应该能够对知识进行抽象表示、推理计算和应用。

1. 知识的表示

知识的表示通俗来说也就是对知识的具体描述。在计算机领域，知识的表示是将知识符号化（形式化）或模型化处理之后，传送给计算机，转换成一种计算机可以解码的数据结构描述。

知识的表示能够使人工智能程序有效地利用这些知识做出决策。同一知识可采用不同的表示方式，不同的表示方法对知识处理的效率和应用范围影响很大。知识表示的发展主要经历了一阶谓词逻辑、产生式规则、状态空间、问题归约、框架、脚本、语义网络、知识图谱、神经网络等不同方法的演进阶段。领域研究者总是试图采用人对知识的认知途径模拟知识的表示，比如，人类擅长形象思维，认为知识是普遍联系的，以此创建了知识的空间表示方法，如知识图谱、语义网络等；另外，人工智能还试图模拟人类解决问题的思维方式，于是就产生了知识的状态—过程表示方法，状态空间、问题归约即属此类。

（1）知识的逻辑表示

计算机中表示逻辑的常用方法称为一阶谓词逻辑，这是以数理逻辑为基础的一种重要的知识表示方法，其逻辑框架是由一些术语、符号和符号运算后的真值组成的。

一阶谓词逻辑常用的术语有以下 5 个：

- 论域：讨论对象的全体集合；
- 个体：论域中的元素；
- 命题：一个非真即假的陈述句；
- 真值：命题的真或假的结论，只有 T(True) 和 F(False) 两个值；
- 谓词：命题的谓语，表示个体的性质、状态或关系等。

5 个常用的逻辑联结词分别为：

- ¬　（并非）（Negation）：表示否定；
- ∧（合取）（Conjunction）：表示“与”；
- ∨（析取）（Disjunction）：表示“或”；
- →（蕴涵）（Implication）：表示“若……则……”；
- ← →（等值）（Equivalence）：表示当且仅当。

量词包含两个：

- ∃为存在量词，表示“至少有一个”或“存在有”；
- ∀为全称量词，表示“所有的”或“任一个”等。

用一阶谓词逻辑表示知识的示例如图 1-3 所示。

图 1-3 可解读为：对所有 x，若 x 为一名教师，那么至少存在一个 y，　y 的老师是 x，　y 是学生。用一阶谓词逻辑可表示多个复杂领域的知识，不仅包含事物发生的基本状态、属性、概念等事实性知识（通常用 ¬、∨和∧逻辑联结词表示），还可表示事物间具有确定的因果关系（通常用→表示）的规则性知识，亦能表示智能行为活动的知识过程。

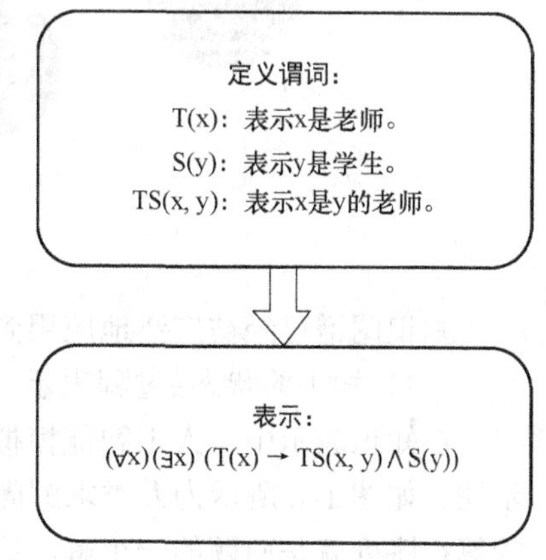

定义谓词：
T(x)：表示x是老师。
S(y)：表示y是学生。
TS(x, y)：表示x是y的老师。
表示：
(∀x)(∃x) (T(x) → TS(x, y)∧S(y))

图 1-3　用一阶谓词逻辑表示知识的示例

谓词逻辑法将被表达的知识转换为计算机的内部形式，方便存储到计算机中并被精确处理，如知识的添加、删除和修改。使用谓词逻辑法表示问题之后，只需利用表达后的语言进行相应的推理和求解问题。使用谓词的表达方法构建智能系统知识库，能够使表达与被表达的自然语言在逻辑中保持一致。这种谓词逻辑法类似于人类理解的自然语言，故而成为一种最早的被广泛应用于人工智能研究的语义表示方法。

（2）知识的空间表示

知识的空间表示法经历了从语义网络发展到语义网，再发展到知识图谱，直到事理图谱的演化过程。语义网络是指一种可以用各种实体信息及其语义关系来直接表达知识的有向结构图，可用三元组形式表示（节点1、弧、节点2），其中，节点代表各种实体，指各种相关事物、概念、情况、事件、动作等，弧指语义关系。图1-4所示为一个语义网络实例。

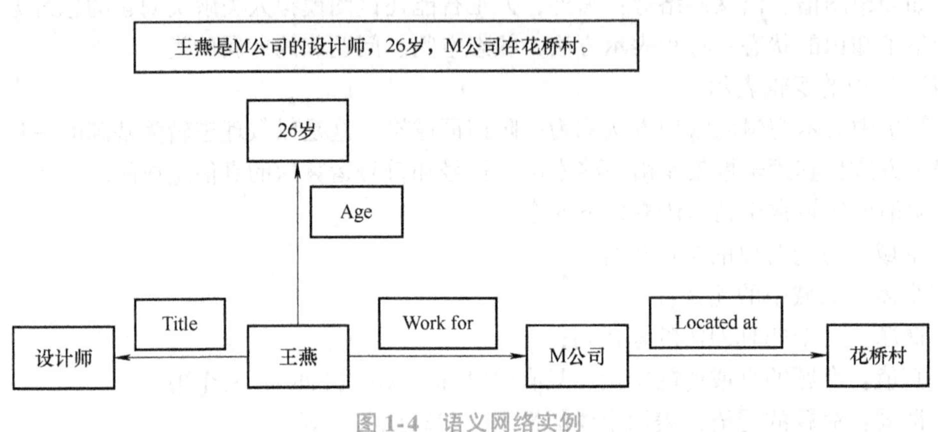

图1-4　语义网络实例

知识图谱出现于2012年前后，比较权威的说法是：知识图谱是由一些相互联结的实体及其属性构成的，类似于一张巨大的图，如图1-5所示。图中，节点表示实体或概念，节点间连线构成关系。

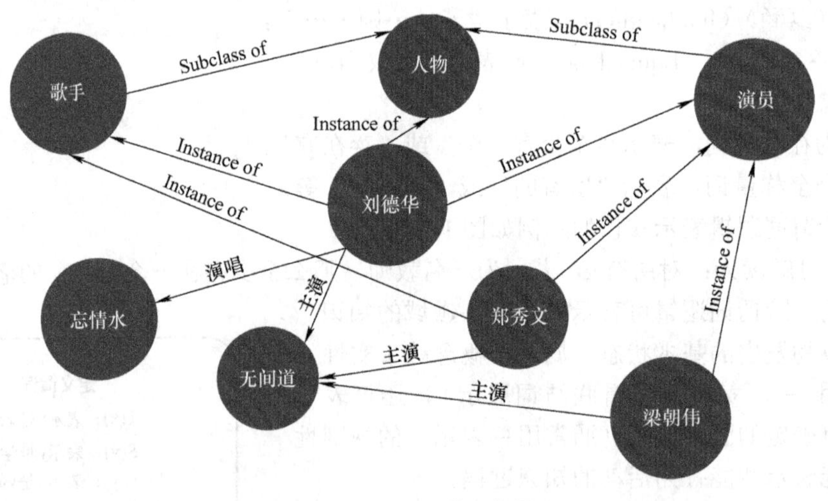

图1-5　知识图谱示意图

知识图谱已经被广泛地应用到多个领域当中，如智能问答、语义搜索、推荐系统等。

（3）知识的状态-过程表示

在知识表示中，人工智能模拟人类解决问题的思维方式的一类方法被称为状态-过程表示法。如图1-6所示为人类求解问题的一般流程，从问题的初始状态到目标状态所直接使用的算符序列就是问题的一个解，比如，机器鼠走迷宫采用某种算法找出的一条从起点到终点的路径即为一个解。

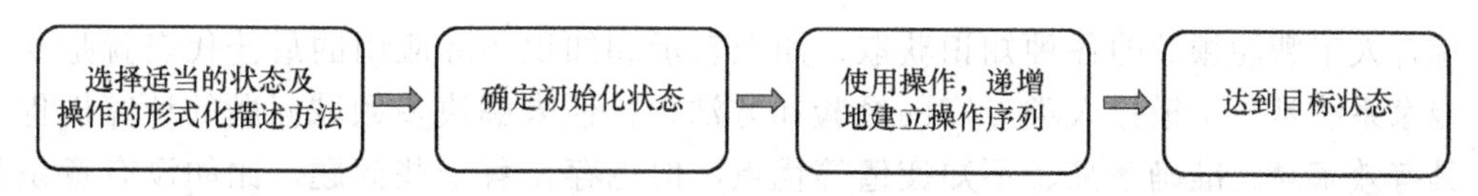

图 1-6 人类求解问题的一般流程

知识的状态–过程表示法具体包括状态空间法与问题归约法。状态空间法用状态空间来描述一个问题的全部状态及这些状态之间的相互关系。问题归约法是一种问题的求解思路，指将复杂问题分解为多个简单的子问题，通过求解子问题来寻找原问题的答案。如图 1-7 所示，问题归约法可用“与”树或“或”树表示。

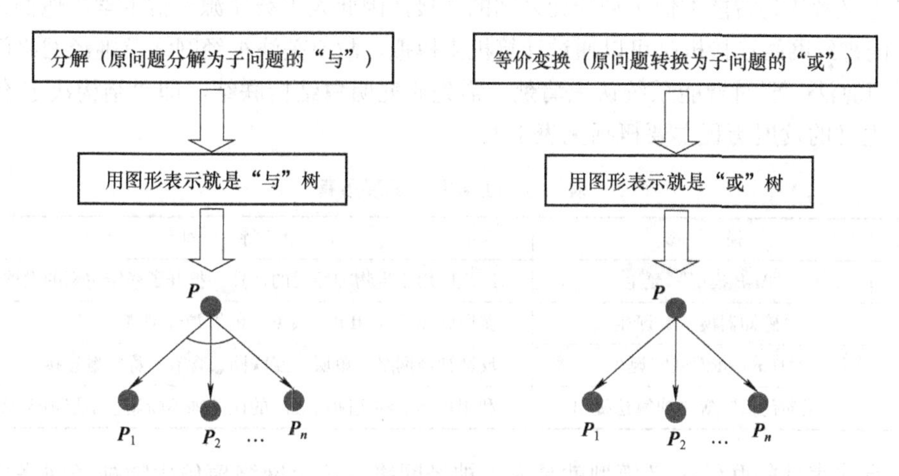

图 1-7 问题归约示例图

“与”树：当所有的子问题 P_1， P_2，…，P_n 都有解时，原问题 P 才有解。如果存在一个子问题 P_n 无解，则原问题 P 无解。

“或”树：只要有一个子问题 P_n 有解，则原问题 P 就有解。当全部子问题都无解时原问题才无解，这种问题又称为等价交换。

2. 知识的推理

推理是运用逻辑思维能力，从已有的知识出发，得出未知的、隐性的知识。各种推理的方法与模式在不断研究发展中。常见方法一般包括以下三种：

1）基于本体的推理：运用本体已经蕴含的语义和逻辑，对实体类型以及实体之间的关系进行推理。本体是指对领域中概念和概念之间关系的描述。

2）基于规则的推理：抽象出一系列的规则，将这些规则应用于知识图谱中，进行补全纠错。

3）基于表示学习的推理：通过映射函数，将离散符号映射到向量空间进行数值表示，同时捕捉实体和关系之间的关联，再在映射后的向量空间中进行推理。

相比之下，前两种方法都是基于离散符号的知识表示来推理的，具有逻辑约束强、准确度高、易于解释等优点，但不易扩展。

知识推理是知识图谱的重要支撑技术，而知识图谱应用正在蓬勃发展中，在金融、营销、危机识别等众多领域发挥着越来越重要的作用。

3. 知识的运用和处理

人类获取的知识要想对外部世界产生效益、影响或作用，需要应用已有的知识解决问题。

综合人工智能领域的各种知识获取、知识表示和知识实际应用的最佳代表就是专家系统。专家系统是一个模拟人类专家的经验和方法，以便来解决多领域问题的计算机程序系统，具有效率高、准确率高、不知疲倦等优点，但也存在着一些问题，比如没有意识和情感，而且还遇到了“知识瓶颈”——知识获取困难，表明该方法也不能完全解决问题。

符号主义者致力于用计算机符号语言操作模拟人类认知，在自然语言处理、问题求解、信息检索、数据挖掘等领域取得了许多重要的成果。

1.3.2 联结主义（结构模拟）

联结主义者认为智能类似于神经元之间的连接，因此人工智能源于仿生学。他们认为，人类大脑中的神经网络连接机制可以通过计算机来模拟，故更关注神经网络及神经网络间的连接机制和学习算法。要对智能系统认识清楚，需先研究明白结构联结，即“结构决定论”。

联结主义的发展历程主要概括见表 1-3。

表 1-3 联结主义发展历程

阶　段	模　型	特　征
1943 年	“M-P 模型”诞生	广泛应用于生物神经元的计算，打开了联结主义的发展之路
1957 年	“感知器模型”诞生	多层感知器（MLP）模型，前馈神经网络
1982 年	“Hopfield 模型”诞生	反馈神经网络、单层、互联网、含有对称突触连接
1986 年	“反向传播”等经典算法提出	利用预测值和实际值之间的误差来不断调整整层神经元连接权重

最具有代表性的联结主义模型就是人工神经网络。这个网络模仿生物神经网络建模，能够根据输入的信息不断调整和学习内部的神经元结构，在语音识别、图像分析、智能控制等众多领域得到了广泛的应用。

1. 多层感知器（MLP）模型（BP 算法）

1957 年，美国的 Rosenblatt 提出了一种受人脑神经网络结构启发构建的模型，称为感知器（又叫感知机）。感知机是二分类的线性分类模型，其输入为实例的特征向量，输出为实例的类别。如图 1-8 所示的感知器模型中，输入 x 可以有多个，w 表示各个输入的权重（权值），Σ 为各个输入的加权和，与偏置系数 b_k 相加计算而得；激活函数常用 Sigmoid 函数；y 为输出，常取二值 $\{0/1\}$。

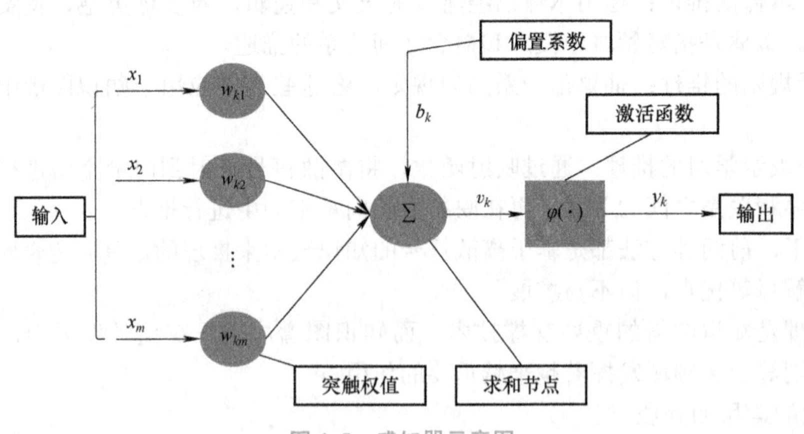

图 1-8 感知器示意图

感知器相互连接在一起即构成多层感知器。多层感知器（Multilayer Perceptron，MLP）一般由输入层、隐含层和输出层构成，其模型如图 1-9 所示，这是一种前馈人工神经网络模型。

由图 1-9 可知，信号从输入层输入，经过非线性变换后传递到隐含层，然后从隐含层输出，再次经过非线性变换后从输出层输出。当感知器的隐藏层层数大于 2 时，信号以此经过多个隐含层，最终从输出层输出。输出层上节点的值（输出值）通过输入值乘以权重值直接得到。

多层感知器使用反向传播算法（Back Propagation，BP）进行学习。反向传播算法是一种利用预测值和实际值之间的误差来不断调整各层神经元连接权重的学习机制，其学习目标是希望预测值与实际值之间的误差最小。形象地说，反向传播算法沿着神经元相反的方向，从输出层向输入层反向传递信号，以此来优化神经网络结构。BP 算法迭代过程主要包括两个信号传播过程，如图 1-10 所示。

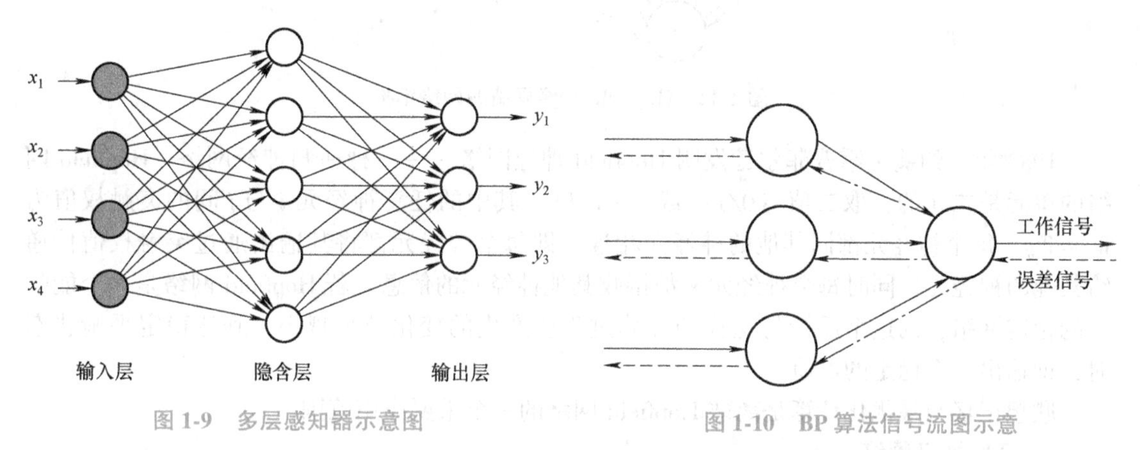

图 1-9　多层感知器示意图　　　　图 1-10　BP 算法信号流图示意

由 BP 算法迭代过程分析可见，多层感知器模型能够利用足够多的输入样本，从 0 开始学习一个 n 维输入空间到 m 维输出空间的非线性映射。

2. Hopfield 神经网络模型

反馈神经网络是一种反馈动力学系统，它和单向多层结构的前馈神经网络不同。在前馈结构中，只有当信号传递到网络的最后一层时才会得出预测结果，而在反馈结构中，其神经元不但可以接收其他神经元的信息，也可以接收自己的历史信息；允许同层内的神经元相互连接或者允许后一层神经元连接到前面各层神经元，通过多次迭代，将前一次迭代的输出反馈输入到模型得到下一次的输出，从而得到多个连续的特征表示，具有较强的计算功能，如图 1-11 所示。

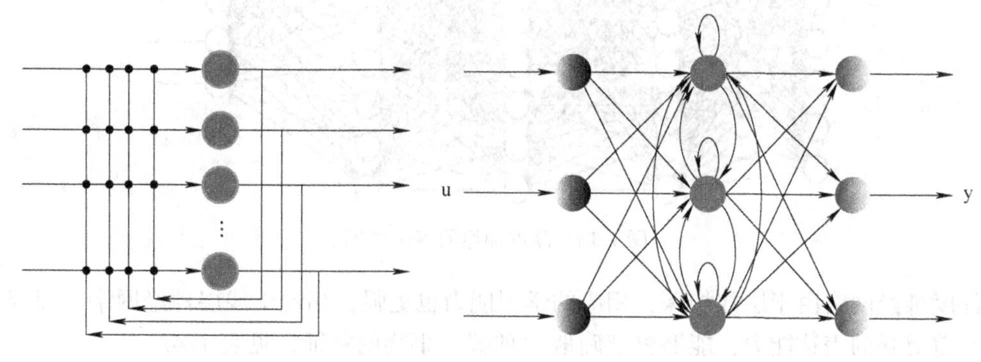

图 1-11　反馈网络示意图

经典的反馈网络有 Hopfield 网络、玻耳兹曼机、循环神经网络（RNN）和长短期记忆网（LSTM）等。图 1-12 所示为 Hopfield 神经网络结构图。

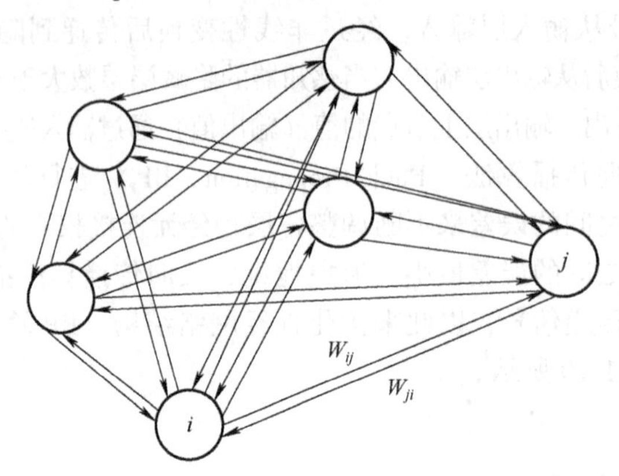

图 1-12　Hopfield 神经网络的网络结构

1982 年，约翰·霍普菲尔德发明 Hopfield 神经网络——一种递归神经网络。Hopfield 网络的单元是二元的，取二值｛0/1｝或｛-1/1｝，其中的任意神经元 i 与 j 间的突触权值为 $W_{ij}=W_{ji}$，每个神经元都同其他的神经元相连，即每个神经元都将其输出通过突触权值传递给其他的神经元，同时每个神经元又都接收其他神经元的信息。若 Hopfield 网络是一个能收敛的稳定网络，则这个反馈与迭代的计算过程所产生的变化越来越小，到达稳定平衡状态时，即输出一个稳定的恒值。

联想记忆与最优化计算是离散 Hopfield 网络的一个重要应用范围。

3. 深度神经网络

最简单的人工神经网络模型只有三层结构，即输入层、隐含层与输出层。但是，随着模型的复杂度加深，神经网络的层数也随着变化加深。一般来说，含有 1~2 层隐含层的神经网络称为浅层神经网络（Shallow Neural Network）。网络层数超过 5 层的神经网络被称为深度神经网络，基于深度神经网络的模型算法被称为深度学习，如图 1-13 所示。

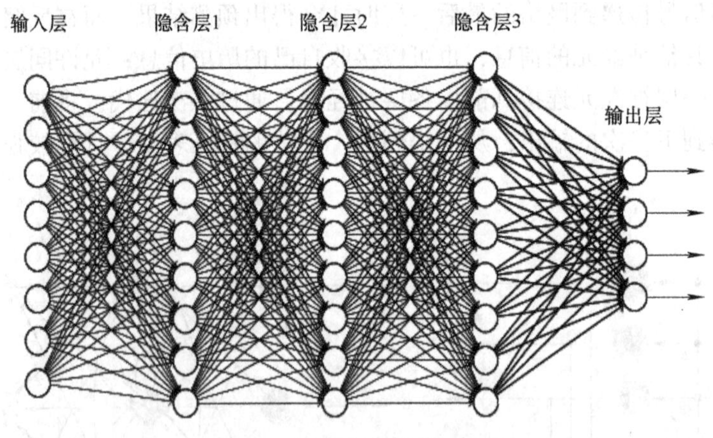

图 1-13　深度神经网络示意图

深度神经网络由于层数加深，相应的学习能力也更强，相比于浅层神经网络，深度神经网络有着更强的表达能力，能够更准确地“理解”事物的特征，见表 1-4。

表 1-4　浅层神经网络和深度神经网络对比

	浅层神经网络	深度神经网络
优点	模型结构简易，自主学习输入值与输出值之间的映射关系，能够满足应用问题的功能与需求	强调模型结构的深度，可达5层，甚至10层，突出特征学习的重要性，利用大数据来学习特征，更能够刻画数据的丰富内在信息
缺点	有限样本和计算单元情况下对复杂函数的表示能力有限，针对复杂分类问题其泛化能力受一定制约	网络层数过多、计算量大，易导致过拟合、欠拟合、梯度消失、梯度爆炸等问题

得益于大数据、计算机算力的提升，2006年以来，深度学习持续升温。时至今日，人工神经网络已经被广泛使用，但深度神经网络中过拟合等问题仍然给研究者带来了困扰。

1.3.3　行为主义（行为模拟）

20世纪90年代，人工智能研究又出现了一种行为模拟的新思路，也被称为行为主义。行为主义者认为人工智能主要源于进化论和控制论。该学派认为：智能取决于感知和行为，取决于对外界复杂环境的适应，而不是表示和推理，不同的行为表现出不同的功能和不同的控制结构。行为主义关注智能行为表现的先后关系，而不关注其内在的结构或过程，因此其研究内容相比联结主义的神经网络和符号主义的专家系统而言显得更加简洁。行为模拟就是先观察情况，再做出判断，最后做出行动，即先感知、再判断、后动作。

行为模拟方法通常基于机器感知、模式分类、感知-动作系统和机器学习（Machine Learning，ML）的模式进行，见表1-5。

表 1-5　行为模拟方法

机器感知	感知的是客体事务的状态及其变化方式的外在形式，通过观察即可得到语法信息，而非“知晓”事务运动状态及其变化方式的逻辑含义和效用价值，即语义信息或语用信息
模式分类	对感知的环境信息进行判断或识别，即为模式分类，亦称模式识别。把感知得到的语法信息的形式化参量（称为特征）提取出来形成模式，再与相应的类别特征模板对比，根据其匹配情况来判断信息归属的模式类别，而不是原封不动地把待识别的信息与相应的模板进行比较
感知-动作系统	对感知判断结果做出模拟智能的行为需要有相应的刺激—响应关系集合的知识库，也要有相应的模式识别能力，并需有相应的动作机构来模拟智能系统针对刺激产生相应的响应动作
机器学习	研究计算机怎样模拟或实现人类的学习行为，以获取新的知识或技能，重新组织已有的知识结构，使之不断改善自身的性能，能更好地适应任务、环境等各方面的变化

机器学习是继专家系统和知识工程之后人工智能应用的又一重要研究领域，也是符号主义、联结主义和行为主义的共同研究课题。相关的研究者们都已经意识到，自身没有学习能力的智能机器系统或专家系统都不能满足科技和生产提出的各种新要求，只有实现机器自动学习才能最终确保机器智能的有效性和可用性。

行为模拟的典型实例是Brooks在20世纪90年代初期完成的模拟昆虫的六足行走机器人，它可以在高低不平的路面上成功行走而不会摔倒。不过，行为主义模拟智能的方法本身存在一个根本性的缺点，即只有那些能够用行为表达出来的智能才足以被计算机模拟，事实上，还有很多智能过程是无法用行为直接表示的。

1.4 新一代人工智能

1.4.1 新一代人工智能发展三要素

中国电子学会《新一代人工智能发展白皮书（2022）》指出，随着当前智能移动互联网、大数据、云计算等多种新一代信息技术手段的持续加速及迭代演进，人类社会与物理世界的二元结构模式正在转化为三元立体结构模式。信息逐渐成为构成多元世界的重要元素。人类与机器之间的信息交换和交流互动成为日常生活中的普遍活动方式。人工智能发展所处的信息环境和数据基础发生了深刻变化，海量化的数据、持续提升的计算能力与不断优化的算法模型通常被人们认为是推动新一代人工智能发展的三大要素。

1. 人机物互联互通成趋势，大数据成为人工智能持续快速发展的基石

大数据是指无法在一定时间范围内用常规软件工具进行捕捉、管理和处理的数据集合，具有5V特征，如图1-14所示。

图1-14 大数据的5V特征

近年来，随着智能终端和传感器的快速普及，海量数据快速累积，全球数据量每年翻一番，2020年这个数据约为44万亿GB，其中中国的数据量占全球近20%。基于大数据的人工智能由此获得了持续快速发展的动力源泉，正在从监督学习向无监督学习演进升级，从各个行业和领域的海量数据中积累经验、发现规律、不断完善。

2. 数据处理技术的进化速度加快，计算能力大幅提高

人工智能领域需要处理的是海量大数据，传统数据处理技术难以满足高强度、高频率的处理要求。计算能力一般从两方面来体现，一是计算机的数据存储容量，二是数据处理速度，受益于摩尔定律及云计算技术，计算机算力当前得到了飞速发展。同时，人工智能芯片的出现加速了深度神经网络的训练迭代速度，显著提高了大规模数据处理的效率。目前，GPU、NPU、FPGA和各种各样的AI-PU专用芯片陆续出现。与传统的CPU相比，NPU等专用芯片多采用“数据驱动并行计算”的架构，尤其擅长处理视频、图像等海量多媒体数据，在具有更高线性代数运算效率的同时，却只产生比CPU更低的功耗。国际上的人工智能之争已经在很大程度上演变成算力之争。

3. 深度学习研究成果突出，推动了算法模型的不断优化

算法是计算机解决问题或者执行计算的指令序列，与人工智能相关的算法类型众多，涉及搜索、规划、协同与优化等一系列任务。深度学习的概念于2006年由Hinton教授提出，极大地发展了人工神经网络算法，提高了机器自我学习的能力。随着算法模型的重要性日益凸显，全球科技巨头纷纷加大了这方面的投入力度，通过开放源代码算法框架、构建生态体系等方式推动算法模型的优化与创新。目前，深度学习等算法已广泛应用于自然语言处理及计算机视觉等领域，并在某些特定领域取得了突破，从监督学习演化为半监督、无监督学习。

1.4.2　新一代人工智能发展主要特征

目前，人工智能已广泛应用于智能机器人、自动驾驶、无人机等多个领域。在数据、计算能力、算法模型、多元应用的共同驱动下，人工智能逐渐从模拟人类的智慧发展为人类智慧的协助者。人类、网络与机器交流互动互联，使得人工智能快速融入人类的生产生活，成为人类生产生活的重要助手和伙伴。

新一代人工智能正表现出不同以往的主要发展特征：

1. 文本、图像、语音等信息实现跨媒体交互，人工智能更接近人类智能

目前，计算机视觉、语音识别和自然语言处理等技术在准确性及效率方面均取得了显著进步，已成功应用于无人驾驶、智能搜索等领域。同时，随着智能终端的爆炸式增长，多媒体数据以网络为载体在用户之间实时、动态通信，文本、图像、语音、视频等信息突破了各自属性的局限，实现跨媒体交互，智能搜索、个性化推荐等需求进一步释放。人工智能正逐渐接近人类智能，模仿人类综合利用视觉、语言、听觉等感官信息，实现识别、推理、设计、创作、预测等功能。

2. 基于网络的群体智能技术开始萌芽

随着互联网、云计算、大数据等新一代信息技术的快速应用及普及，深度学习等算法不断优化，人工智能研究重点已从单纯用计算机模拟人类智能，打造具有感知及认知智能的单个智能体，向打造多智能体协同的群体智能转变。群体智能充分体现了“统筹考虑、整体优化”的思想，具有去中心化、自愈性强和信息共享高效等优点，相关的群体智能技术已经开始萌芽并成为研究热点。例如，中国研发的固定翼无人机智能集群系统，已可实现集群飞行。

3. 自主智能系统成为新兴发展方向

随着智能制造的需求日益凸显，通过嵌入智能系统对现有的机械设备进行升级改造，成为中国制造 2025、德国工业 4.0、美国工业互联网等国家战略的核心举措。在此引导下，自主智能系统正成为人工智能的重要发展及应用方向，在工业生产等领域发挥着越来越举足轻重的作用。

4. 人机协同正在催生新型混合智能形态

人类智能在感知、推理、归纳和学习等方面具有机器智能无法比拟的优势，而机器智能在搜索、计算、存储、优化等方面则领先于人类智能，两种智能具有很强的互补性。人与计算机协同、互相取长补短将形成一种新的“1+1>2”的增强型智能，也就是混合智能。其中人可以接收机器的信息，机器也可以读取人的信号，两者相互作用，互相促进。在此背景下，人工智能的根本目标已经演进为提高人类智力活动能力，陪伴人类更智能地完成复杂多样的任务。

第 2 章 机器人基础

机器人（Robot）通常是指能模仿人的某些活动的一种自动机械。这个概念诞生在美国，对于机器人的定义，美国机器人协会给出了如下阐述：“机器人是一种可编程和多功能的操作机，或是为了执行不同的任务而具有可改变和可编程动作的专门系统。”

机器人相关学科是一个综合类学科，涉及众多的技术领域，包括人工智能、材料、计算机、控制技术、电子技术、机械技术、传感器技术等。移动机器人研究的关键技术主要涵盖多传感器信息融合的感知技术、智能运动控制技术、定位与导航、路径规划等。

2.1 机器人的感知系统

人类对于自身身体状况与周围环境拥有一定的感知能力，机器人也是如此，感知能力是机器人必须具备的基本能力。机器人主要通过各种传感器的组合去模拟人类的感官系统，比如眼睛、鼻子、嘴巴、耳朵和神经系统等，也称之为机器人的感知系统。感知系统将机器人通过传感器得到的内部环境数据（比如内部的电压、温度、速度）与外部环境数据（比如道路障碍物等信息）转变为机器人能够理解和应用的电信号，与控制系统、决策系统协同作用促成机器人的智能行为，感知、决策与控制是机器人系统的核心。

2.1.1 传感器技术

机器人等人工智能设备实现信息感知的主要途径是传感器技术。传感器是能够将自然界中的物理信息，如声、光、压力、气味、湿度等，按照一定的规律转换为便于传输和处理的电信号或其他形式信号的装置，是机电控制系统的信息来源及其最前级的装置。传感器技术使得自然界中人类可感知或不可感知的信息可以被电子系统采集、传输、数字系统量化和分析处理。结合多种传感器的组合应用，机器人便也可以拥有类似于人的感觉系统，如视觉、嗅觉、味觉、听觉和触觉。

1. 视觉

视觉是人类获取外部世界信息最简单、最直观的方法，是人类与生俱来的能力。有数据显示，人类获取外部信息的主要方式就是通过眼睛，约有 80%的信息是通过视觉系统得到的。计算机视觉技术是机器人的重要技术支撑，在机器人中，视觉系统通常发挥着举足轻重的作用，机器人视觉的主要任务就是获取外部图像，然后进行图像处理以获得图像对应的真实物理场景下的三维信息，采集图像、图像处理与图像理解是机器人视觉系统的主要工作过程。

2. 触觉

人类的触觉包含很多类型，如接近觉、力觉、滑觉等，机器人通过触觉传感器去模拟人体的触觉感官，这种类型的传感器有很多，例如接近觉传感器、力觉传感器、滑觉传感器等，比如，有些机器人会使用腕力传感器这类力觉传感器来检测自身与外部环境的相互作用力。接近觉传感器可广义地看作触觉传感器中的一种，能使机器人在移动过程中检测出与周围障碍物的接近程度有多少，根据距离的测算采取相应的路径规划算法，从而实现避障。随着材料相关技术及微电子技术的发展，多种多样的触觉传感器正在不断研究和面世，但是，由于人体触觉功能的复杂性，目前的技术仍无法让机器人的触觉传感系统实现人类的所有触觉功能。

3. 听觉

对人类来说，听觉是除了视觉以外可以感知周围环境的第二重要的感觉通道，是人类与外界进行交互的重要方式。机器人结合声敏传感器可以获取声音的数据，通过自然语言处理技术处理后，便可以理解人类所传达的信息，从而发出相应的指令，进行相应的语言交互。语音识别和语音合成等人工智能语音技术是实现这一目标的重要支撑技术，当然，声敏传感器的使用是获取信息的前提。

4. 嗅觉

在地球的物质环境中，不存在非气味的物质，通过气味辨物也是人类的重要能力。通常情况下，在机器人上安装交叉敏感的气体传感器，通过该传感器就可以模拟人类鼻子所实现的嗅觉功能，机器人在得到气味的数据信息后，通过算法计算，即能实现各种气味的辨别，人们也称这样的传感器装置为“电子鼻”。

5. 味觉

人们常常通过味蕾来体验酸甜苦辣咸等各种味道，味觉传感器系统是模拟人类味蕾功能，用于食品科学技术领域的分析仪器，可检测酸甜苦咸鲜等各种味道的数值，常用于食品分析、烹调等机器人中。

2.1.2 传感器分类

传感器种类繁多，按照功能可对传感器进行分类，见表2-1。

表2-1 传感器分类举例

功　能	传感器类型	方式及特点
接触的有无	接触传感器	单点型；分布型
力的法线分量	压觉传感器	单点型；高密度集成型；分布型
剪切力接触状态变化	滑觉传感器	点接触型；线接触型；面接触型
力、力矩、力和力矩	力觉传感器；力矩传感器；力和力矩传感器	模块型；单元型
近距离的接近程度	接近觉传感器	空气式；电磁场式；电气式；光学式；声波式
距离	距离传感器	光学式（反射光量，反射时间，相位信息）；声波式（反射音量，反射时间）
倾斜角、旋转角、摆动角、摆动幅度	角度传感器（平衡觉）	旋转型；振子型；振动型

（续）

功　能	传感器类型	方式及特点
方向（合成加速度、作用力的方向）	方向传感器	万向节型；球内转动球型
姿势	姿势传感器	机械陀螺仪；光学陀螺仪；气体陀螺仪
特定物体的建模，轮廓形状的识别	视觉传感器（主动视觉）	光学式（照射光的形状为点、线、圆、螺旋线等）
作业环境识别，异常的检测	视觉传感器（被动视觉）	光学式；声波式

当移动机器人在未知、非结构化的复杂环境中运动时，单个传感器往往无法得到完整的环境信息，也会在采集环境信息的过程中受到环境条件的影响或限制，例如下雨、雾霾、强光照、噪声等，所以在机器人上一般会配备多种传感器进行组合应用。例如在智能汽车的应用上，不仅要配备视觉传感器，还要配备超声波传感器、激光雷达、毫米波雷达等传感器进行协同使用。当然，使用不同类型的传感器获取相同环境下的不同或相同的信息时，就会产生重复信息，也称冗余信息。冗余信息会给计算机的运算或者芯片的运算带来负担，所以在数据运算之前，需要清理一些缺失数据、重复数据，完成对数据的清洗和整理的任务。在各种传感器独立感知信息的基础上，通过数据处理可以得到更加精准的环境信息，提高机器人的性能。多传感器信息融合同样也是机器人传感器技术的热点问题之一。

2.1.3　传感器组成

根据传感器的概念，传感器是通过感受被测量得到信息，之后按照相关规律或者公式将其转换成可用于输出信号的元器件，其涉及的知识主要为物理、化学、生物等学科内容。从构造来看，传感器核心元器件通常由敏感元件和转换元件组成。其中，敏感元件指传感器中能直接感受被测量的部分，转换元件指传感器中能将敏感元件的输出转换为适于传输和测量的电信号部分。传感器输出信号主要有电压、电流、频率、脉冲四种形式。

生活中使用的传感器基本都是由敏感元件与转换元件所构成的，但是在使用传感器的时候也会出现一些情况。传感器得到的输出信号通常比较弱，需要将信号通过调节，将其放大，或者需要通过转换电路将信号转换为容易处理、记录、显示和传输的形式。信号调节装置与转换电路装置通常安装在传感器的壳体内，或者根据传感器的大小，将信号调节装置、转换电路装置、敏感元件集成在同一芯片中。因此，信号调节/转换电路以及所需电源都应作为传感器组成的一部分，如图 2-1 所示。

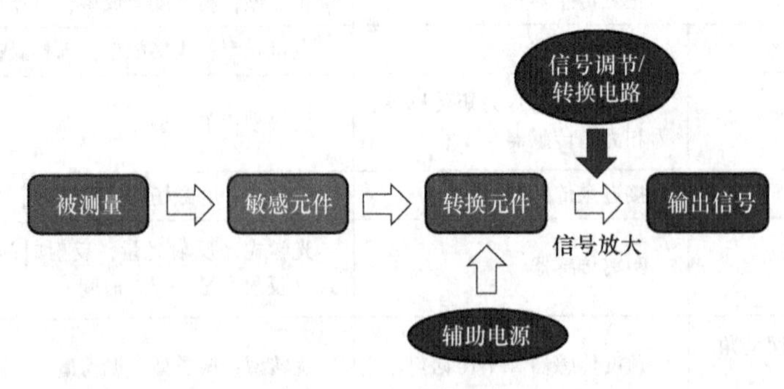

图 2-1　传感器组成

就当前的研究来看，传感器技术未来的发展方向主要有两个：一是开发新材料和新工艺，用于传感器制造方面；二是努力实现传感器的智能化与多传感器的高度集成化。

2.2　机器人的运动系统

在机器人系统中，通过运动系统可操控机器人的移动方向、行驶轨迹、移动速度等行为，其动作的稳定性、灵活性、准确性与可操作性，都直接影响着移动机器人的整体性能，所以一个高性能的运动系统对于机器人来说非常重要。当下的移动机器人中，所采用的运动系统通常由移动机构和驱动系统组成，可以保证机器人完成移动控制任务。

2.2.1　机器人的移动机构

机器人的移动方式有多种，例如行走、跳跃、奔跑、翻滚、滑行等运动方式，这些各种各样的移动机器人目前已大部分落实到市场应用中，见表 2-2，机器人移动机构的设计往往来自仿生学。

表 2-2　仿生运动方式与机器人移动机构的运动学基本模型

仿生运动方式		机器人移动机构的运动学基本模型	
爬行	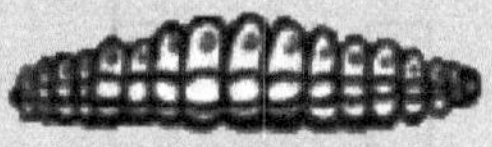	纵向振动	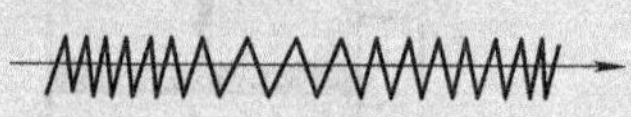
滑行		横向振动	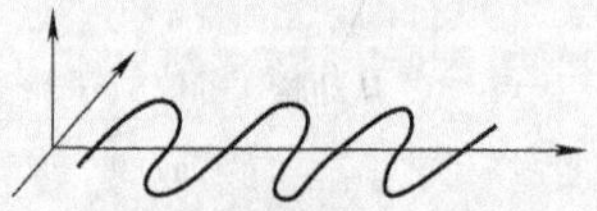
奔跑	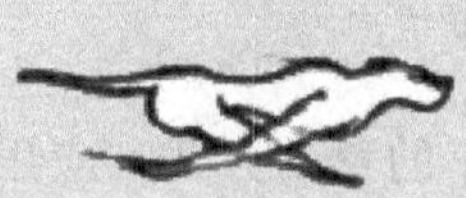	多极摆振荡运动	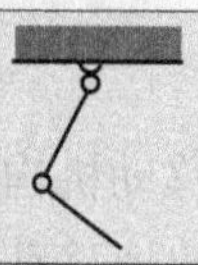
跳跃		多边形滚动	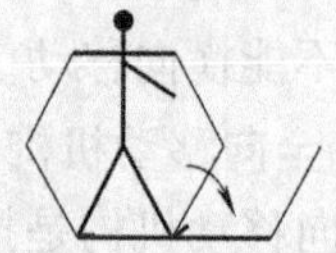
行走			

常见的机器人移动方式包括轮式与履带式，此外还有足式等形式，其中轮式机器人根据轮子的数量又分为单轮、两轮、三轮、四轮、多轮等结构。

1. 轮式移动机构

在平坦的道路上，采用轮式移动机构是最合适的。车辆的承载能力同样与车轮的形状有关，例如在轨道上一般会采用实心钢轮，室内的路面一般会采用充气轮胎。因为二轮移动机构类似自行车，存在稳定性的问题，所以在实际的轮式移动机器人中，更多的是采用三轮结构或者四轮结构。

一般情况下，三轮移动机构的底盘结构由一个前轮与两个后轮组成，其外形如在马路上看到的三轮车。三轮车是一种最基本的轮式机器人行走结构，从结构上看有以下3种不同的情况。

如图2-2a所示，在该结构中，前轮由操舵结构和驱动结构合并而成，理论上来说，该结构旋转半径可以从0到无限大连续变化，但在实际情况中，由于车轮与接触的地面之间存在滑动摩擦力，因此绝对的0转弯半径一般无法实现。

如图2-2b所示，在该结构中，前轮为操舵轮，后两轮由差动齿轮装置驱动，在实际应用中，这种结构并不常见。

如图2-2c所示，在该结构中，前轮为万向轮，仅起支撑作用，用以保持车身的稳定，这种结构的前进方式主要靠后轮支持，两个后轮独立驱动完成机器人的前进，应用此结构的机器人旋转半径可以从零到无限大任意设定。因为其旋转中心是在连接两驱动轴的直线上，所以旋转半径即使是0，旋转中心也与车体的中心一致。这种三轮车的行走结构组成简单，依靠控制两后轮的转速差即可进行转弯，但无法实现在平面内横向移动。

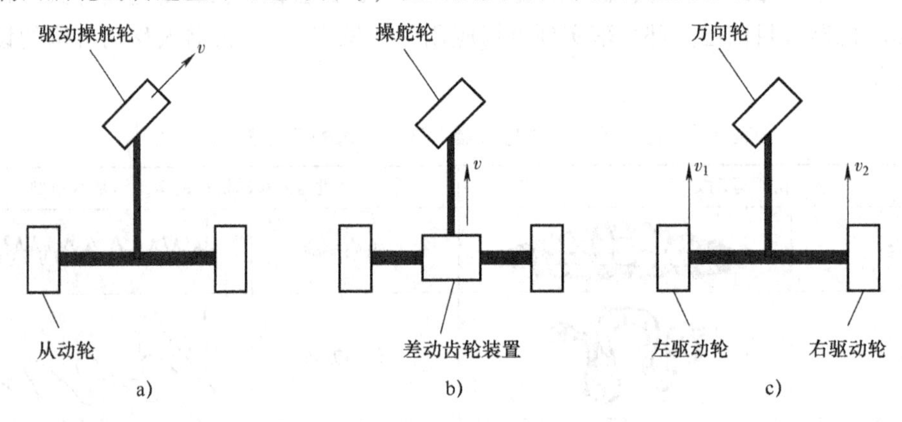

图2-2 三轮移动机构

四轮移动机构就是人们生活中看到的类似汽车的移动方式，应用最为广泛，稳定性更好，适合快速移动，四轮结构可采用不同的方式实现驱动和转向，如前进、倒退、左转、右转，但不能横向移动。

2. 全向移动机构

全向移动机构是指不改变机器人姿态，可以向任意方向移动的机构。这种机构无须车体做出任何转动便可实现360°任意方向的移动，并且车体可以在原地旋转0°~180°的任意角度，可沿平面上任意连续轨迹走到要求的位置。此类运动机构主要由全向轮、电动机、驱动轴系以及运动控制器等几个部分组成，全向轮是整个运动机构的核心，在它的轮缘上斜向分布着许多小滚子，故轮子可以横向滑移。如图2-3所示，由至少3个或者4个全向轮才可以组成轮系，这样的组合方式在自动导引车（AGV）、足球机器人比赛等需要高度移动灵活性的机器人项目中出现频次较高。

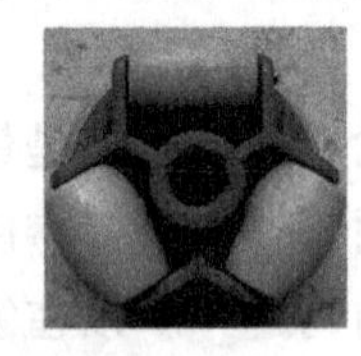
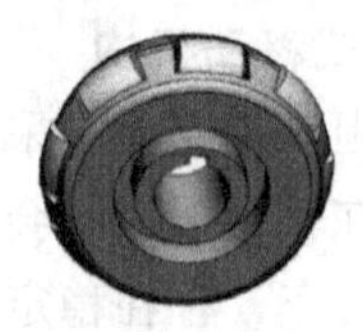

图2-3 不同全向轮的结构

3. 履带式移动机构

履带式移动机器人大多为服务于特定领域的特种机器人，该结构相对于前两种结构的优势是，它将圆环形的无线轨道履带卷绕在多个车轮上，使车轮不直接与地面接触，如图 2-4 所示，这种移动机构可以有效缓冲路面状况，使其可以在任意的路面条件下行走。由于通行能力强的优点，履带式机器人通常出现的使用场景主要为灾难救援、抢险、排爆、军事侦察等高危险场合中，作业环境是较为规则的结构化环境，或者山道、泥泞道路、地形复杂、平坦与崎岖并存等难以预测的非结构化复杂环境。

图 2-4　履带式移动机器人

4. 足式移动机构

履带式移动机器人虽然可以应对各种复杂的地平面上的任务，但是这样的结构适应能力不强，在行驶时车体晃动较大，在泥泞道路行驶时速度较低。根据调查，地球上近一半的地面不适合于传统的轮式或履带式车辆行走。足式机器人通过使用腿式系统作为主要行进方式，如图 2-5 所示，它模仿四肢动物的行走模式，对于路面的要求不高，不仅能够在平坦的路面上随意行走，同时也能够在崎岖不平的路面上行走，还能够跨越沟壑、上下台阶，足式移动机构通常应用于工程勘测、军事侦察等一些特殊场合，但其开发难度以及成本也远在轮式移动机构之上。

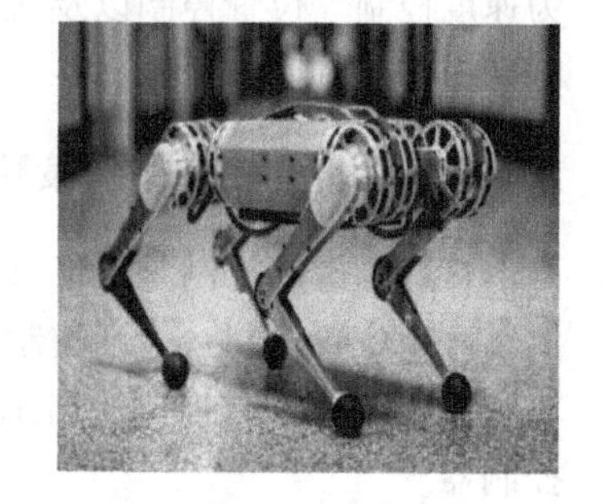

图 2-5　各种足式机器人

2.2.2　机器人的运动控制

在机器人的移动中，通常需要控制的是机器人的运行速度、运行方向（航向角）等内容，即速度与姿态通常是需要控制的对象。从控制任务来说，在二维平面上运动的移动机器人，其运动控制一般包含姿态稳定控制、路径跟踪控制与轨迹跟踪控制。下面以三轮移动机器人为例，对这 3 项控制任务进行说明。

如图 2-6 所示，从任意初始姿态自由运动到末姿态是移动机器人姿态控制的主要目标，其在运动过程中没有预定轨迹限制，同时也不考虑障碍的存在。

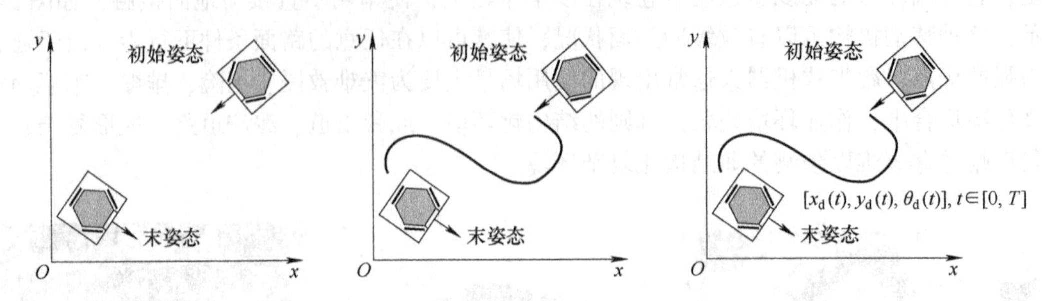

图 2-6　移动机器人姿态稳定、路径跟踪及轨迹跟踪控制示意图

路径跟踪是指机器人在二维平面坐标系中按照特定的行驶速度，沿着提前计算出来的几何路径，完成从初始地点 A 到目的地 B 的跟随移动过程，路径跟踪不存在时间约束条件。

轨迹跟踪控制要求在跟踪给定几何路径的同时加入时间约束条件，即机器人跟踪的轨迹是一个与时间成一定关系的函数，对于三轮全向移动机器人来说，可用如下表达式描述其轨迹：

$$[x_{\mathrm{d}}(t),\ y_{\mathrm{d}}(t),\ \theta_{\mathrm{d}}(t)],\ t \in [0,T]$$

该式中分别表示的是机器人的坐标位置及偏移角度随时间的变化轨迹，与路径跟踪相比，轨迹跟踪因添加了时间约束，可以相对容易地预测机器人在某一时刻的具体位置，所以在选择策略时，经常会使用轨迹跟踪的方法。

机器人在真实场景中移动行驶时会遇到各种障碍物，所以需要提前规划出一条可以躲避障碍物的行驶轨迹，轨迹控制对于移动机器人运动控制来说是一项重要任务。

当然，无论移动机器人采用何种移动机构、执行何种控制任务，其底层控制通常可以分为速度控制、位置控制以及航向角控制等几种基本模式，而运动控制的实现最终都将转化为电动机的控制问题。

2.2.3　机器人的控制策略

良好的运动控制是保证移动机器人整体性能的基础。根据控制量的不同，可以把机器人控制分为位置控制、速度控制、加速度控制、力控制、力与位置的混合控制等。常用的控制算法主要包括 PID 控制、自适应控制、模糊控制、神经网络控制等。本部分重点介绍 PID 控制器。

PID 为 Proportional（比例）、Integral（积分）、Differential（微分）3 个英文单词首字母的缩写，也意味着 PID 是一种结合比例、积分和微分 3 种环节于一体的控制算法，其实质就是根据输入的偏差值，按照比例、积分、微分的函数关系进行运算，运算结果用以控制输出，如图 2-7 所示，将被控制量的实际输出值通过传感器采集数据（测量值），不断反馈给相应机构，将测量值与输入值进行比较，通过不断调整比例、积分或微分参数，直至输出与给定量（输入）或期望值接近一致。

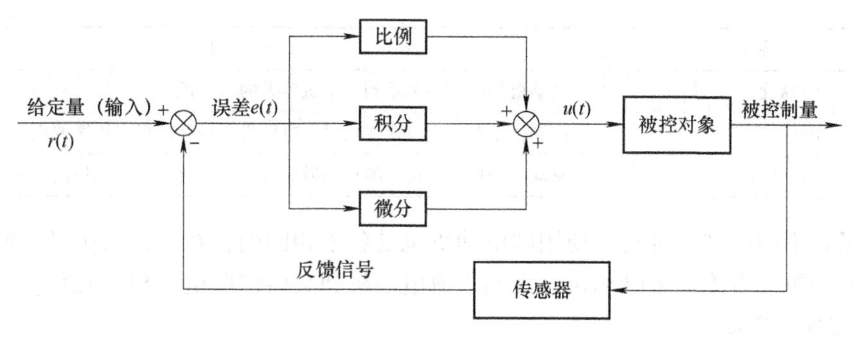

图 2-7　PID 控制系统结构图

连续控制系统的理想 PID 数学模型为

$$u(t)=K_{\mathrm{P}}e(t)+\frac{1}{T_{\mathrm{I}}}\int_{0}^{t}e(t)\mathrm{d}t+T_{\mathrm{D}}\frac{\mathrm{d}e(t)}{\mathrm{d}t}$$

式中，K_{P} 为比例增益，K_{P} 与比例度成倒数关系；T_{I} 为积分时间常数；T_{D} 为微分时间常数；$u(t)$ 为 PID 控制器的输出信号；$e(t)$ 为给定值 $r(t)$ 与测量值之差。PID 调节主要需要确定的参数为 K_{P}、T_{I}、T_{D}，使相应的计算机控制系统的输出动态响应满足某种性能要求。

PID 控制器结构简单、易于实现，具有较强的鲁棒性，在机器人控制、无人驾驶汽车、工业过程控制中得到了较为广泛的应用。尤其当被控对象的结构和参数信息很少或无法通过计算得到精确的数学模型时，应用 PID 控制技术最为合适，一般依靠经验或者现场的不断调试可以确定系统控制器的结构和参数。

在实际应用场景中能否得到一个最优或者次优的控制效果，PID 控制器的参数整定尤为重要。参数的整定通常有两种方法，分别是理论设计法与实验确定法。理论设计法应用的前提是要有被控对象准确的数学模型，而这在工业应用场景中几乎无法实现。因此，人们一般选择实验确定法来整定 PID 控制参数。通过仿真实验或现场实际运行，观察系统对典型输入作用的响应曲线，根据各控制参数对系统的影响，反复调节进行实验，直到结果为最优时，从而最终确定 PID 参数。

2.2.4　机器人的驱动技术

机器人的行动需要通过执行机构来实现。人类行走靠的是肌肉发力带动双腿运动，执行机构的驱动系统相当于人的肌肉，它通过移动或转动连杆来控制机器人执行机构的动作状态，去完成不同的任务。

移动机器人的驱动系统主要包括电动机、液压驱动器、气动驱动器等。在这些驱动系统中，伺服电动机是最常用的机器人驱动器。机器人驱动系统中的电动机与普通电动机有一些区别，它具有下列特点及要求，见表 2-3。

表 2-3　机器人驱动系统中的电动机特点及要求

电动机特点	要　求
可控性	将控制信号转变为机械运动的元件
高精度	要精确地使机械运动满足系统的要求

（续）

电动机特点	要　求
可靠性	电动机的可靠性关系到整个机器人的可靠性
快速响应	控制指令在发生快速变化时，电动机要对此能做出快速响应
环境适应性	驱动电动机要有良好的环境适应性，通常比一般电动机的环境要求高许多

不同场景不同类型的机器人使用的电动机也是各不相同的，在机器人中经常使用的电动机有步进电动机、直流伺服电动机、无刷直流电动机和交流伺服电动机等几种。

1. 直流伺服电动机

直流伺服电动机的主要作用是产生驱动转矩，从原理上来理解，它是依靠电磁感应定律将直流电能转化成机械能的设备，常用作家用电器、机械设备的动力源；从结构上来理解，直流伺服电动机是一台小功率的直流电动机，根据其内部结构和工作原理不同，分为直流有刷电动机和直流无刷电动机。图 2-8 所示为直流有刷电动机示意图。电动机结构由定子和转子两大部分组成。有刷电动机采用机械换向的方式，磁极不动，线圈旋转。电动机工作时，线圈和换向器旋转，随电动机转动的换向器和电刷来完成线圈电流方向的交替变化。

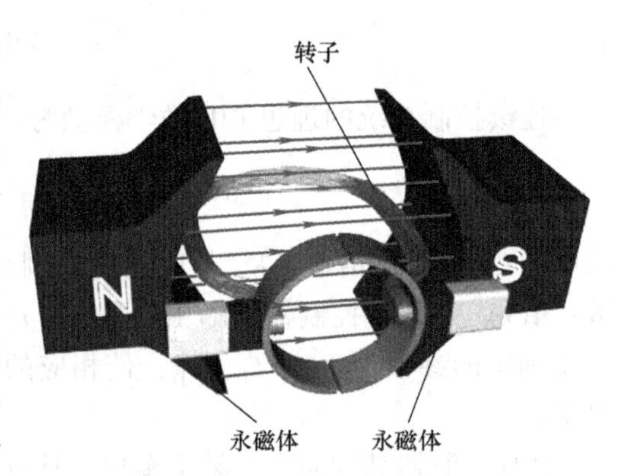

图 2-8　直流有刷电动机示意图

直流有刷电动机由于其结构简单、响应速度快、起动扭矩大、变速平稳、不需要交流电等特点，被广泛应用于各种型号的移动机器人，其优点具体见表 2-4。

表 2-4　直流有刷电动机优点描述

序　号	优　点	描　述
1	较大的起动扭矩	用来克服传动装置的摩擦转矩和负载转矩
2	调速范围大	保证机器人的运行速度平稳
3	具有快速响应能力	可以适应复杂的速度变化
4	电动机的负载特性硬	较大的过载能力，确保运行速度不受负载冲击的影响

但同时，直流有刷电动机存在电刷摩擦、换向火花等不利因素，会影响机器人的性能或电动机的寿命。当然，目前制造的直流有刷电动机能够满足多数机器人应用领域的可靠性要求。

2. 交流伺服电动机

交流伺服电动机本质上是一种两相异步电动机，通常是无刷电动机，即电动机内部没有电刷结构，优点是结构简单、成本低，和有刷直流电动机相比，因无换向器，所以能承受更强的电流，达到更高的电压和转速；缺点是容易产生自转的情形、特性非线性且较软、效率较低。在工业领域，交流伺服驱动已有取代直流伺服驱动之势。但小型机器人的设计和应用，很少会使用交流伺服电动机。

3. 无刷直流电动机

直流电动机分为有刷直流电动机与无刷直流电动机，无刷直流电动机是在有刷直流电动机的基础上发展来的。无刷直流电动机的驱动电流主要有两种，分别是梯形波与正弦波。通常将梯形波方式称之为直流无刷电动机，正弦波方式称之为交流伺服电动机。

无刷直流电动机在运行过程中为了减小转动惯量，通常采用"细长"的结构，就会导致体积很小，相比于有刷直流电动机小得多，因而重量上也会轻很多，由于质量小、体积小的特点，使之对应的转动惯量可以减少 40%～50%。在内部元件上，由于采用电子换向器取代了机械电刷和机械换向器，无刷直流电动机不仅继承了直流电动机的所有优点，而且同时也解决了因为电刷的存在而引起的一系列问题，另外还具有了交流电动机的结构简单、运行可靠、调速范围广、寿命长、噪声小、维护方便等优点。在解决了有刷直流电动机缺点的同时，又保留了其优点的无刷直流电动机，一经出现就在市场上得到了大规模的普及。但是也不是所有的应用场景都会用到无刷直流电动机，由于电子换向器较为复杂，因此通常其尺寸也较机械式换向器大，加上控制较为复杂（通常无法做到一通电就工作），因此在要求功率大、体积小、结构简单的应用场景中，还是要选择使用有刷直流电动机。

图 2-9 给出了市场上容易买到的、常用于制作机器人的几种直流无刷电动机。

a）航模用无刷电动机

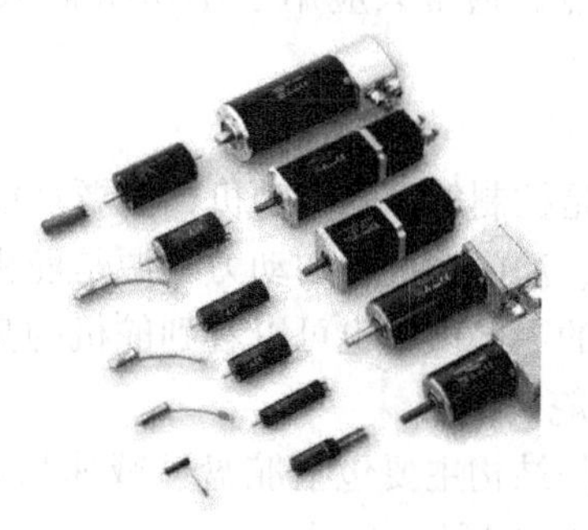

b）MAXON Motor A.G.

图 2-9　无刷电动机实物图

图 2-9a 所示是一种在航模上常用的无刷电动机，由于它体积小、质量小，并且功率很大，适合用来驱动风扇等设备。图 2-9b 所示是 MAXON Motor 生产的高性能、高质量的空心杯无刷电动机以及配套的减速机、编码器等。

4. 空心杯直流电动机

空心杯直流电动机属于直流永磁电动机，它与有刷直流电动机、无刷直流电动机的主要区别是采用无铁心转子，也叫空心杯型转子。该转子是直接采用导线绕制成的，没有任何其他的结构支撑这些绕线，绕线本身做成杯状，就构成了转子的结构，如图 2-10 所示。

图 2-10　空心杯电动机转子

空心杯电动机的优势概括见表 2-5。

表 2-5　空心杯电动机的优势

序　号	优　势	描　述
1	没有铁心	最大限度地降低了铁损耗，能量转换效率较高
2	激活快、制动迅速，响应极快	在运行区间的高速运转状态下，转速调节灵敏
3	可靠的运行稳定性	自适应能力强，自身转速波动能控制在±29%以内
4	电磁干扰少	采用高品质的电刷、换向器结构，换向火花小，可以免去附加的抗干扰装置
5	能量密度大	与同等功率的铁心电动机相比，其质量、体积减小了 1/3～1/2

空心杯技术是一种转子的工艺和绕线技术，因此可以用于直流有刷电动机和无刷电动机中。

5. 步进电动机

步进电动机是将电脉冲信号按照特定的规则转换为角位移或直线位移的元件，每输入一个脉冲信号，转子就转动一个角度或者前进一步，其角位移和线位移量与脉冲数成正比，转速或线速度与脉冲频率成正比。步进电动机由于存在过载能力差、调速范围相对较小等缺点，通常只应用于小型机器人或简易型机器人中，如针式打印机，其功率通常在 0.3～2W。

6. 舵机

舵机是控制舵面的电动机，主要功能是控制角度，可以实现特定角度的转向。遥控模型控制舵面、油门等机构的动力来源是舵机最早出现的场景，因为舵机功能性强、结构简单，在机器人的零部件中也可以看到舵机的身影。

（1）舵机结构

舵机的结构主要包括舵盘、减速齿轮组、位置反馈电位计、直流电动机、控制电路板等，如图 2-11 所示。

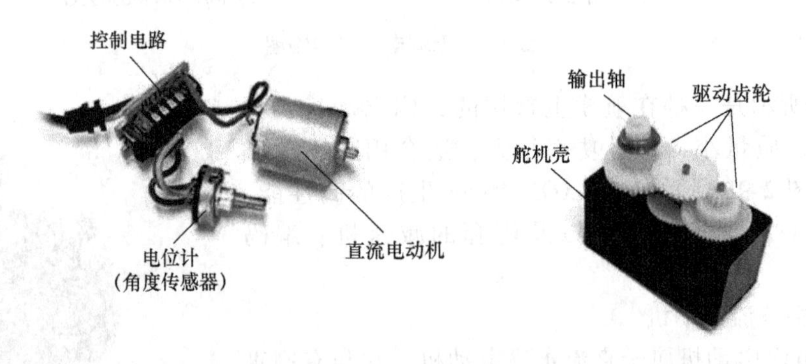

图 2-11　舵机结构

（2）舵机工作原理

舵机的工作原理与伺服电动机的工作原理相近，控制电路板通过控制信号去解读目标位置的信息，之后依据电位计输出的电压值解读电动机当前的位置信息，若两个结果得到的位置信息不相同，此时控制电动机转动，带动一系列的齿轮组减速后传动至输出舵盘，而舵盘和位置反馈电位计是相连的，舵盘转动的同时，带动位置反馈电位计，电位计输出的电压信号也随之改变，这样控制电路板就可以知道现在的转角，然后根据目标位置决定电动机的转动方向和速度，到达目标后即停止。

（3）舵机控制

舵机的控制信号为脉宽调制（PWM）信号，给控制引脚提供一定的脉宽，它的输出轴就会保持在一个相对应的角度上，无论外界转矩怎样改变，直到给它提供一个另外宽度的脉冲信号，它才会改变输出角度到新的对应的位置上。其中脉冲宽度在0.5~2.5ms，相对应的舵盘位置为0°~180°。舵机是一种位置伺服的驱动器，转动范围一般不能超过180°，适用于那些需要角度不断变化并可以保持的驱动当中，例如机器人的关节、飞机的舵面等。不过也有一些特殊的舵机，转动范围可达到5周之多，主要用于模型帆船的收帆，俗称帆舵。

在实际应用中，舵机控制电路处理的并不是脉冲的宽度，而是其占空比，即高低电平之比。以周期20ms、高电平时间2.5ms为例，实际上如果给出周期10ms、高电平时间1.25ms的信号，对大部分舵机也可以达到一样的控制效果。但是周期不能太短，否则舵机内部的处理电路可能紊乱；这个周期也不能太长，如果控制周期超过40ms，舵机就会反应缓慢，并且在承受扭矩时会抖动，影响控制品质。

2.3 机器人通信系统

通信系统在智能机器人、群体机器人系统构建中非常重要，是机器人同外界进行信息交换的纽带。根据通信对象不同，机器人的通信方式可以划分为内部通信和外部通信，前者是通过机器人内部各部件的软硬件接口来协调模块间的功能行为，而后者一般是通过独立的通信专用模块与机器人连接，可实现人机之间的信息交互或者机器人之间的信息交互。

1. 有线通信与无线通信

根据有线与无线的空间介质角度进行区分，可以把通信方式分为有线通信与无线通信；有线通信的方式须借助于有形媒质（电线或者光缆）来传输信息，信号稳定，抗干扰能力强，但是受限于线的长度。无线通信则是利用电磁波信号可以在自由空间中传播的特性进行信息传输的一种通信方式，相比有线通信，无线通信不会受限于线的长度，但存在信号不稳定等缺点。在机器人系统中，通常使用的是无线通信方式，实际上在现实中也很少见到机器人拖着线缆到处移动的情况。

常用的区域自建无线组网方式有蓝牙（Bluetooth）、Zig-Bee、Wi-Fi等通信技术。

2. 无线宽带（Wi-Fi）

Wi-Fi（基于IEEE 802.11协议）是当前最流行的无线局域网接入技术。Wi-Fi无线网络通常由小范围内的互联接入点组成，传输速度非常快，并且不会受限于传输线的长度，通常传输距离在100m左右，适用于高速数据传输的业务。由于低功耗和高速连接等优点，Wi-Fi在办公楼、家庭等室内场合得到了非常广泛的应用，很多室内移动运行的机器人也采用该类型通信技术。但如果机器人在室外环境中要完成导航的任务，第四代（4G）甚至第五代手机网络是一种较好的选择，可提供很好的网络覆盖。另外，需要注意的是，如果一个射频的发射源或者接收器在移动，根据多普勒效应电波的频率会发生变化，这在通信中可能导致一些问题的出现，所以 Wi-Fi 并不是为高速移动的主机设计的。

3. 蓝牙（Bluetooth）通信

蓝牙通信技术是一种短距离无线电技术，能够在 10m 左右的半径范围内实现点对点或一点对多点的无线数据和声音传输，其数据传输带宽可达 1Mbit/s，通信介质为频率在 2. 402～2. 480GHz 之间的电磁波。蓝牙技术可以有效简化移动通信终端设备之间的通信，数据传输迅速高效，通常应用于局域网中各类多媒体设备，如笔记本计算机、打印机、传真机、数码照相机、移动电话和高品质耳机等，可以实现在小范围内各类设备之间即时通信。图 2-12 所示为蓝牙组网示意图。

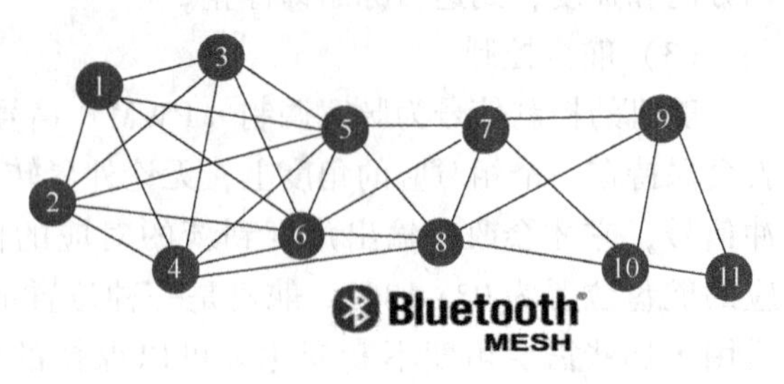

图 2-12　蓝牙组网示意图

4. 机器人上位机与下位机通信

在机器人系统中，上位机与下位机两者之间通常采用无线通信方式，以通信控制器作为中间过渡环节，实现上位机与下位机之间数据与控制命令的转换。上位机根据下位机传输的信号进行控制决策，将命令调制通过无线发射器发出，无线接收设备接收命令并解调后，将命令送给主控机来操控机器人的各种动作。

此外，在多机器人系统中，机器人通过各类传感器的融合使用来获取内部与外部环境信息，还需要在机器人之间进行信息的传递以实现相互之间的信息共享与协作，这对通信的实时性、可靠性都提出了较高要求。研究适用多机器人系统分布式控制结构的特定环境的通信机制是当前机器人技术中的一个重要研究课题。机器鼠走迷宫竞赛目前涉及的主要是单个机器人的通信机制，故此处不赘述。

2.4　机器人自主导航与路径规划

Leonard 和 Durrant-Whyte 将移动机器人导航定义为 3 个子问题，“我在哪儿”“我要去哪儿”及“怎么去”，实质就是环境建模、定位与导航、路径规划等问题。

导航就是按照一定的要求，从起始位置行进到目标位置。机器人为了完成导航的任务，需要结合自身的传感系统对内部姿态和外部环境信息进行感知，通过对环境空间信息的存储、识别、搜索等操作寻找最优或次优的无碰撞路径，继而通过这条路径实现无碰撞运动到达终点。

常用的导航方式包括磁导航、惯性导航、视觉导航、激光导航等方式。磁导航需要在通往目标的行进路径上埋设多条引导电缆，每条引导电缆流过不同频率的电流，通过感应线圈对电流强度的检测来感知路径信息。惯性导航是利用陀螺仪和加速度计等惯性传感器测量移动机器人的移动角度和加速度等情况，最终通过计算得到机器人当前位置和下一步的位置。视觉导航指机器人运用视觉传感器获取周围环境的局部图像，例如使用摄像头、照相机等设备，之后经过图像处理、算法计算进行自身位姿估计和位置定位，根据当下行驶路径中的障碍物继续规划下一步的动作及行驶路径，但是视觉导航中的图像数据计算量大，对于运算芯片要求较高。激光导航顾名思义主要基于激光雷达等方式来获取环境信息，构建环境地图。

1. 环境地图的构建

构建地图属于环境建模，指机器人通过感知环境状态，自动生成二维或三维的环境地图，将实际的物理空间抽象成可用算法处理的虚拟空间，在计算机中呈现数字化的地图，目的是用于绝对坐标系下的位姿估计。

即时定位与地图构建（Simultaneous Localization and Mapping，SLAM）是自主机器人常用的地图构建技术，机器人可以基于激光雷达、红外、里程计等各类传感器，采集各项环境数据，运用 Gmapping 等算法进行地图绘制。地图的表示可以用拓扑图（地铁、公交路线图常用）、网格图（将机器人的工作空间划分成网状结构）或直接用传感器读入的数据来描述环境，不同表示方法存在着数据存储量、计算量、环境噪声干扰等问题，可以有选择地采用。

2. 机器人定位

确定机器人在工作环境中的具体位置，叫作机器人定位。可以利用构建的环境信息、地图信息、传感器的观测值等数据信息，经过计算得到当下机器人的位姿情况。

移动机器人定位方式主要分为两种：相对定位和绝对定位。

相对定位又称局部位置跟踪，是指机器人在已知初始位置的情况下，计算当下位置距离初始位置的距离、角度，从而推算出机器人当下所在的位置，通常也称航迹推算法。这种定位方法有一定的优点，比如机器人可以不需要去感知外部环境信息，仅通过自身的移动情况即可实现自我位置的推算。但其缺点也是明显的，随着时间的增加，定位的精确度会越来越低，因为误差会随时间累积，影响精确定位。因此相对定位只适于短时间、短距离运动的位姿估计，长时间运动时还需要配备其他的传感器或者软件算法对相对定位的结果进行校正，常用的有里程计法、惯性导航定位法。里程计法是移动机器人定位中被广泛采用的方法之一，具体做法是在移动机器人的车轮上安装光电编码器，通过编码器记录的车轮转动的圈数进而来计算机器人的位移和偏转角度，但会产生系统误差。惯性导航定位法通常用陀螺仪来测量机器人的角速度，用加速度计测量机器人的加速度，通过计算得到机器人偏移的角度和位移，进而得出机器人当前的位置和姿态。

绝对定位又称为全局定位，初始状态下机器人不知道自己的初始位置，要求在此情况下确定自己的所在位置，一般需要应用全球卫星定位技术。全局定位系统通常使用 GPS、中国北斗，其中 GPS 能够实施全球性、全天候、实时连续的三维导航定位服务，精度较高，适用于室外移动机器人。

3. 机器人的路径规划

路径类似于人们常说的“道路”，具有位置、距离和方向属性。路径规划就是形成路径的方法与策略，是按照一定的性能指标（如代价最小、行驶路线最短、行驶时间最短、无障碍物等指标），控制机器人从当前位置到目标位置之间寻找一条最优路径。

根据对环境信息的掌握程度，机器人的路径规划可以划分为 3 种类型：需要事先掌握全部地图信息的全局路径规划、需要通过传感器实时采集环境信息进而计算自身位姿的局部路径规划以及二者优势结合的混合型路径规划，见表 2-6。

表 2-6 路径规划类型

序　号	类　型	描　述
1	基于地图的全局路径规划	属于静态规划，需要掌握全部的地图信息，例如栅格法、可视图法、概率路径法、拓扑法、神经网络法等
2	基于传感器的局部路径规划	属于动态规划，掌握的环境信息是不完整的，需要传感器实时采集环境信息、实时处理与计算
3	混合型路径规划	全局路径规划与局部路径规划的优点相结合，全局路径规划的“粗糙”路径作为局部路径规划的目标

其中，全局路径规划属于静态规划，需要事先通过多种方式采集地图信息，进行环境建模，然后根据先验环境模型找出从起点到目标点的符合性能要求的最优路径。基于传感器的局部路径规划属于动态规划，需要实时采集环境数据（如障碍物大小、形状及位置）等进行实时的数据处理与计算，才能确定机器人在地图中所处的位置。在复杂的工作环境下进行路径规划时，比如无人驾驶汽车在高速行驶时，可能会出现算法复杂、计算成本过高等问题。

路径规划问题一直是机器人领域研究的热点问题，人们采用了多种算法甚至是智能仿生算法来进行各种场景各种复杂环境下的路径规划，虽然业界投入了大量的研究，但机器人的路径规划在当前依然有较多的问题需要进一步深入研究与解决：

1）机器人路径规划的性能要求是多样的，也需要综合来考虑，比如最短路径、最短时间、最佳安全性能和最低代价，若需要同时满足最优解，它们之间可能会发生冲突。如何权衡平衡点，解决性能指标的冲突问题，是未来路径规划研究需要考虑的方向。

2）复杂环境下的路径规划。复杂多变的环境中存在许多随机和不确定的因素，会导致在设计算法时，算法本身很难实现，同时数据量的增加也会导致运算量变大，从而难以得到最优解或者无法得到解。

在迷宫问题中，机器鼠的路径规划亦是本书的重点研究内容。

第3章 机器鼠概述

机器鼠（Micromouse），又称电脑鼠，是一种具有人工智能的轮式机器人，通常由IEEE国际电脑鼠走迷宫竞赛的参赛选手制作，一般由嵌入式微处理器、传感器和机电系统构成。在比赛中，机器鼠从迷宫的起点出发，通过完全自主的智能，找到迷宫的中心位置，并记录自己走过的路径，从中找到解迷宫的最短路径，最后尝试通过自己记忆的最短路径，从迷宫的起点进行冲刺到达迷宫的中心位置，所用时间最短者获胜。

3.1 机器鼠起源

3.1.1 机器鼠解迷宫任务概述

一般来说，一只能实现“走迷宫”任务的机器鼠需要具备下列三个基本功能：

1）能够快速且稳定地在迷宫中行走的能力。

2）能够迅速正确地判断行走方向的能力。

3）能够记忆路径并且规划路径的能力。

一只机器鼠本质上是一个小型的智能机器人，在迷宫中，机器鼠就相当于一个人置身于迷宫之中，它需要电动机运动部件，使其能够如同人的双腿，在迷宫中自由行走；需要传感器，使其能够如同人的双眼，判断前方是否存在“墙壁”；需要嵌入式微控制器，使其能够如同人的大脑，记忆路径并且规划路径，避免不必要的时间浪费，快速地完成解迷宫任务。

3.1.2 机器鼠的发展历史

谈到机器鼠，就不能不提到信息论之父——克劳德·艾尔伍德·香农（Claude Elwood Shannon），事实上，香农是最早一批开创人工智能概念先河的科学家。1956年夏天，在美国达特茅斯（Dartmouth）学院举行的人工智能会议上，“人工智能”（Artificial Intelligence）一词首次被提出，标志着人工智能（AI）作为一门新兴学科的正式诞生。香农是达特茅斯人工智能会议的发起人之一，故而亦成为这一新学科的创始人之一。得益于在信息论方面的工作和从小对制作工具的热爱，他早早地就迷恋上了智能机器。人们熟知的计算机和人类对弈国际象棋，也是由香农最早提出这一概念，并在杂志上阐述如何完成这项任务。他不仅开创了将人工智能应用于计算机国际象棋的先河，还发明了可以自动穿越迷宫的电子老鼠，证明了计算机可以通过学习来提高智能。

1950 年，香农创造了现在机器鼠的先驱，那是一只名叫“忒修斯”的机械打造的老鼠（以下“机械鼠”均特指 1977 年机器鼠概念正式提出前创造的机器鼠，包括香农创造的“忒修斯”），可以在迷宫中自己学习寻找路径，目标是在迷宫中找到一块黄铜奶酪，如图 3-1 所示。当机器鼠通过不断地碰壁寻找到到达黄铜奶酪的路径的时候，就记忆下了从出发点到黄铜奶酪的正确路径，把机器鼠放回到出发点的时候机器鼠就可以一次不差地按照正确的路径找到黄铜奶酪。看到这个就会发现，这与现代机器鼠的规则玩法简直一模一样。当然在 1950 年的时候并没有出现类似于机器鼠的竞赛，香农只是用汽车载着自己制作的机械鼠和迷宫场地在全国各地展示，用以吸引大众的目光，展示机器也可以具有学习能力。虽然这在美国各地取得了不小的反响，但由于技术保密和科技水平的局限性，这一成果只在贝尔实验室进行展览，并没有大范围地兴起。

1972 年，在《机械设计》杂志发起的一场比赛中，只靠捕鼠器的弹簧驱动的机械鼠不断地与其他机械鼠竞争，看哪只机械鼠能绕着跑道跑出最长的距离。获胜者名为“Mouse-mobile”，跑了 825. 3ft（1ft = 0. 3048m）。

1977 年，IEEE Spectrum 杂志提出了机器鼠的概念，“机器鼠是一种小型的由微处理器控制的机器人车辆，在复杂迷宫中具有解码和导航的能力。”电气和电子工程师协会（IEEE）通过 IEEE Spectrum 杂志发起了“Micromouse”挑战赛，要求读者制造具有“自主大脑”的迷你机械鼠，机械鼠通过不断地尝试从 10ft×10ft 的迷宫中寻找出路。这一比赛直到 1979 年才正式进行评选，IEEE Spectrum 杂志收到了大约 6000 份参赛作品，并从这些作品中选出了 15 个来完成比赛。从比赛的结果上看，这些机械鼠并不具备杂志社所要求的“拥有自主的大脑”，参加比赛的机械鼠几乎都没能完成比赛，最后获胜的是一只速度较快只能摸索着墙壁前进的机械鼠，如图 3-2 所示。因为沿着墙壁总是可以找出迷宫出路，根本就没有智能的成分体现，所以比赛结果看起来让人大失所望。但这是第一场真正的机器鼠走迷宫的竞赛，标志着机器鼠走迷宫竞赛的正式诞生。

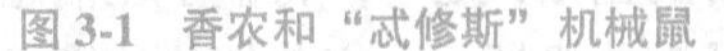
图 3-1 香农和“忒修斯”机械鼠

图 3-2 1979 年参加比赛的机械鼠“Moonlight Flash”

IEEE Spectrum 杂志在 1979 年举办的“Amazing Micromouse Competition”，更像是一种方案的征集和集中展示。直到 1980 年朴茨茅斯理工学院的约翰·比林斯利（John Billinsley）教授修改了“Amazing Micromouse Competition”规则，不再让机器鼠寻找迷宫的出路，而是让机器鼠找到迷宫的中心。这一规则的变化彻底杜绝了没有任何计算功能只能沿着墙壁摸索前进的机器鼠，同时得到了现代机器鼠比赛的核心规则，以至于40多年过去了，世界范围内的机器鼠比赛依旧在延续这种竞赛规则。

1980年伦敦的欧洲计算协会组织举办了第一届全欧洲范围内的机器鼠竞赛。此次比赛吸引了欧洲超过200多个与会者的问询并有100人确认参与。由于技术水平的局限最终可以进行比赛的仅有9只机器鼠。不过值得可喜的是，由尼克·史密斯（Nick Smith）制作的那只名叫“Sterling”的机器鼠成功完成了比赛并且获得了比赛第一名，这是当年唯一一只找到迷宫中心并且知道自己在迷宫中心的机器鼠。尽管它的速度只有0.18m/s，表现得不是那么惊人，但是在机器鼠比赛的历史上，无论是过去还是现在都是一项了不起的壮举。恰巧与会的人员有5名来自日本新科学基金会的代表，他们把这项比赛带回了日本并在当年的11月份举办了首届全日本机器鼠比赛。

1981年，机器鼠比赛在欧洲开始出现了热度。在巴黎举办的一场小型世界博览会上举办了法国第一次的机器鼠比赛。同年，在英国的温布利举办了第二届全英机器鼠大赛。至此机器鼠比赛已经形成了一年一度的竞赛，但只是局限在部分国家和地区，并没有形成全球性的国际赛事。

随着日本经济的腾飞及在科技产业的大力投入，日本对于这种半导体的科技比赛进入了一种痴迷的状态，1985年在日本的筑波市举办了“首届世界机器鼠大赛”。为了鼓励参赛，世界上许多国家都派出了参赛的队伍，他们带着各种各样的机器鼠参加了本次的比赛。不出意外，第一届的世界冠军是来自日本的“Noriko-1”机器鼠。甚至排名前六位的都是来自日本的机器鼠，直到第七位才看到了来自英国的戴夫·伍德菲尔德和他的新机器鼠“Enterprise”。这时西方世界还没有意识到事情的严重性，在之后的国际性赛事中他们再也没能出现和东方相抗衡的机器鼠。

3.1.3 机器鼠与人工智能

人工智能（Artificial Intelligence）这一概念自1956年“达特茅斯夏季人工智能研究计划”研讨会上被提出，但一直以来都没有一个明确统一的定义。目前的共识是人工智能是计算机科学的一个分支，因此计算机科学将人工智能定义为对“智能主体”的研究，即任何可以通过感知环境来进行决策以最大机会实现目标的设备。另外一个更为巧妙的定义这样描述人工智能：“系统具备正确识别外部数据，从数据中学习并能把学习到的东西灵活运用来完成特定目标或任务的能力”。这一描述更好地突出了人工智能的关键点不是载体，而是在人工系统的能力上。无论怎样定义，都需要构建一个具有一定智能的人工系统，研究如何让计算机去完成过去需要类人大脑智慧能力才能胜任的工作，即研究如何应用计算机的软硬件来模拟智能行为的基本理论、方法和技术。

香农作为人工智能领域的先驱之一，他发明的机械鼠可以自动导航并穿越迷宫，证明了计算机可以通过学习提高其智能。机械鼠是人工智能的早期尝试，具备了环境感知和自我学习能力的机器鼠可以说是人工智能的一个最小体现。作为一种集电动机运动部件、嵌入式微控制器、传感器于一身，可以自动、快速找寻迷宫出口的机械装置，机器鼠人工智能的部分主要在于它自动寻找迷宫出口的智能算法，能够完成一种类似于人的“思考”，从而实现在固定算法之下的迷宫破解。通过机器鼠进行人工智能的基础学习是一个很好的选择。

3.2 机器鼠竞赛

自从1985年的首届世界机器鼠大赛成功举办之后，机器鼠的比赛迅速在全球兴起，越来越多的国家和地区开始举办自己的机器鼠比赛。现在国际电气和电子工程师协会（IEEE）每年都会发布国际标准的机器鼠走迷宫竞赛规则，各个国家和地区都会按照国际标准的规则组织自己的机器鼠比赛。

目前国际上比较有名的一些国家和地区的机器鼠比赛分别有以下几个：

1）全日本机器鼠国际公开赛（All Japan Micromouse Competition），每年11月份在日本举办。

2）台湾机器鼠智能机器人竞赛（Taiwan Micromouse Intelligent Robot Contest），每年9月份在中国台湾地区举办。

3）APEC机器鼠国际公开赛（APEC Micromouse Contest），每年3月份在美国举办。

4）新加坡机器人运动会（Singapore Robotic Games）在每年1月份举办，机器鼠作为其中一个赛项可供选择，与国际上的“Micromouse”叫法不同的是，在新加坡叫“Picomouse”。

5）葡萄牙机器鼠国际公开赛（Portuguese Micromouse Contest），每年4月份在葡萄牙举办。

6）英国机器鼠国际公开赛（UK Micromouse Contest），每年6月份在英国举办。

7）中国IEEE国际标准机器鼠走迷宫竞赛，每年的5月份在中国天津市举办。

其他国家和地区如埃及、印度、智利在机器鼠方面也有国际性的竞赛举办，却很少能找到竞赛的正式举办信息，因此在这里简单地提及，需要详细了解的读者可以自行去查阅更多的资料。

机器鼠比赛引入中国大陆的时间比较晚，在2007—2009年的时候由中国计算机学会牵头，在广州周立功单片机发展有限公司的赞助下举办了两次全国性的机器鼠竞赛。此后便形成了每年一届的全国性机器鼠比赛，直到2012年的机器鼠比赛过后，由于某种原因导致全国性的机器鼠比赛消失了。

机器鼠这一风靡全国的赛事随着全国赛的消失，也慢慢地变成了区域性比赛。其中国内做得最好的是天津的“启诚杯”智能鼠走迷宫竞赛，从2009年至今仍在天津每年举办比赛，并于2016年起开始举办每年一次的“启诚杯”中国IEEE Micromouse国际邀请赛。

随着人工智能专业的全国风靡，机器鼠比赛也重新开始受到各地学校的关注，各个区域的教学和比赛中也在不断尝试重新引入机器鼠比赛，相信未来机器鼠的发展会迎来一波新的高峰。

3.3 认识机器鼠实物

机器鼠（Micromouse）是一种由传感器、嵌入式微控制器、机电运动部件构成的智能行走装置。

3.3.1　机器鼠概貌

机器鼠主要的层级结构为感知层、决策层、执行层。感知层利用传感器感知环境和自身的变化，完成避障功能的同时获取“墙体”位置信息，有利于后续算法的决策；决策层相当于机器鼠的“大脑”，根据感知层获取的信息进行动作决策和规划，主要依靠嵌入式微控制器实现；执行层主要由电动机和编码器组成，可实现前进、转弯等动作；三层之间相辅相成，共同协作助力机器鼠完成解迷宫任务。迷宫与机器鼠如图 3-3 所示。

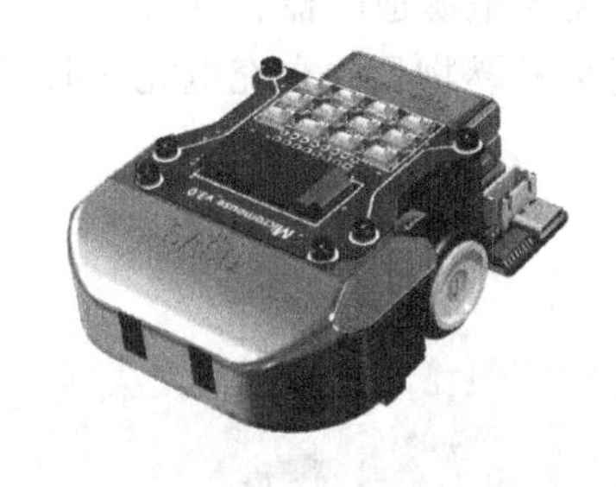

图 3-3　迷宫与机器鼠

3.3.2　机器鼠实训平台

人工智能机器鼠实训平台如图 3-4 所示。

机器鼠实训平台的基本组成包括焊接组装完全的机器鼠成品、可充电锂电池、平衡充、电源适配器、下载/仿真器以及配套资料，如图 3-5 所示。

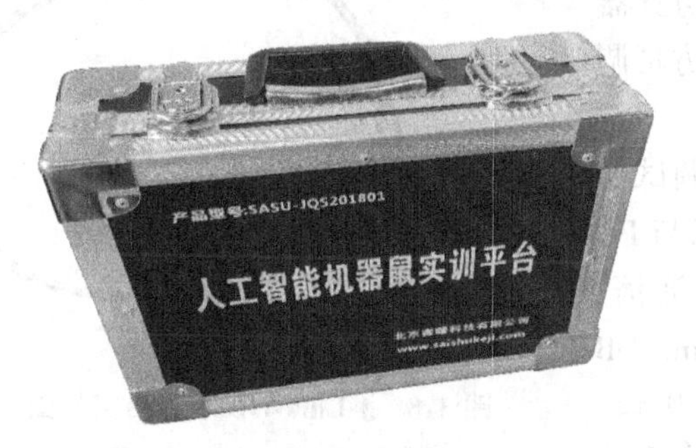

图 3-4　人工智能机器鼠实训平台
（规格：外观尺寸 23cm×29cm×10cm，内置单层的黑色铝框试验箱）

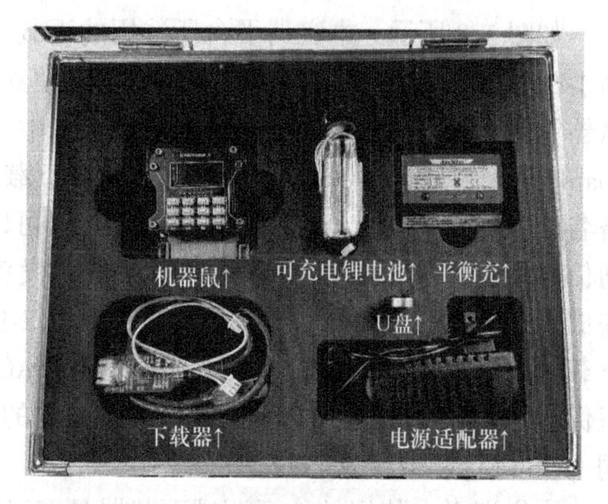

图 3-5　人工智能机器鼠实训平台的组成

1. 可充电锂电池

如图 3-6 所示，本平台所选用的可充电锂电池为 eco 系列的 2S 锂电池，标称电压为 7.4V、标称容量为 300mA · h、电池质量为 16g、尺寸为 38mm×17mm×14mm。该电池引出了两组导线，其中两根组成的为电源输出导线，连接到机器鼠的 J1 排针上，3 根组成的为锂电池平衡充电导线，待电量不足时连接到平衡充的对应端口进行充电。在实际使用中，请勿将锂电池导线进行短接，以免产生短路从而发生危险。若发现电池鼓包，需联系相关人员进行调换。

2. 平衡充/电源适配器

平衡充需与配套的电源适配器组合使用，用以给本实训平台所配备的可充电锂电池进行充电。其中电源适配器型号为 HJ-1000800，尺寸为 73mm×50mm×27mm，线长 1.45m，可连接 100~240V、50~60Hz 交流电源作为输入，提供 10V、800mA 的输出。平衡充型号为 PHQ-CPU7V4，尺寸为 68mm×48mm×24mm，需连接本实训平台配备的电源适配器对 2S 锂电池进行充电，可充电锂电池类型为 LI-ION 和 LI-PO，如图 3-7 所示。在进行使用时，绿灯指示是否连接了交流电源适配器，红灯指示是否正在充电。该设备在充电时会略微发热，在充电过程中需远离易燃物品并在充电完成时及时断电。在充电过程中建议有人进行看管，以免发生意外。

图 3-6 安装魔术贴的可充电锂电池

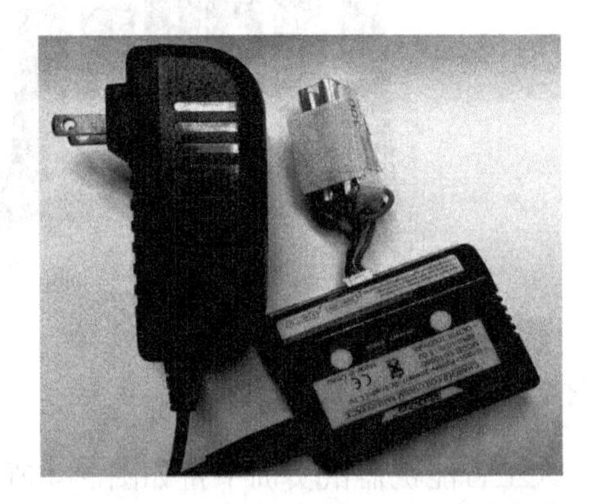

图 3-7 电源适配器、平衡充及可充电锂电池

3. 下载器

如图 3-8 所示，本实训平台所选用的下载/仿真器为 J-Link-OB，它是一组由 SEGGER 开发的独立仿真调试器下载程序，通常设计用于企业评估中（“on-board”），因此有“OB”后缀。本套仿真下载调试设备名为“J-Link-OB”，具有 USB 通信功能，可以与 PC 通信，并通过 SWD/JTAG 方式与可支持的设备通信，完成调试仿真下载任务。本实训平台使用的 J-Link-OB 下载/仿真器相比原版的 J-Link-OB 少了 JTAG 接口，只保留了 SWD 接口，可以对使用 ARM 内核的众多公司 MCU 进行调试下载。

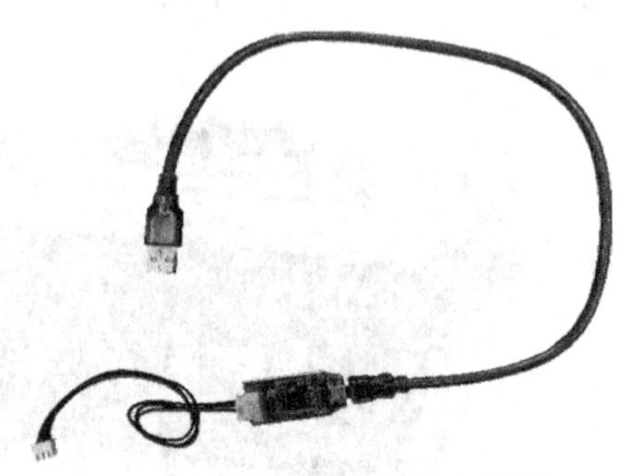

图 3-8 J-Link-OB 下载器实物图

本实训平台使用的仿真调试下载器具有以下特点：

1）采用四线制，接口简化：有 VCC、SWDIO、SWCLK、GND 共 4 个接口，相比 JTAG，可以节省几个 I/O 端口，适应高速调试、下载。

2）完全兼容传统的 J-Link，具备 J-Link 所有功能。

3）数据线通用，使用 Mirco USB 接口。

4）3.3V 输出，也可以给目标板供电，方便用户调试和程序下载。

5）板载自恢复熔丝，避免短路造成危害，使核心板更加安全。

6）加装透明热缩管，美观且更加贴心保护。

图 3-9 所示为 J-Link-OB 下载器连接示意图。

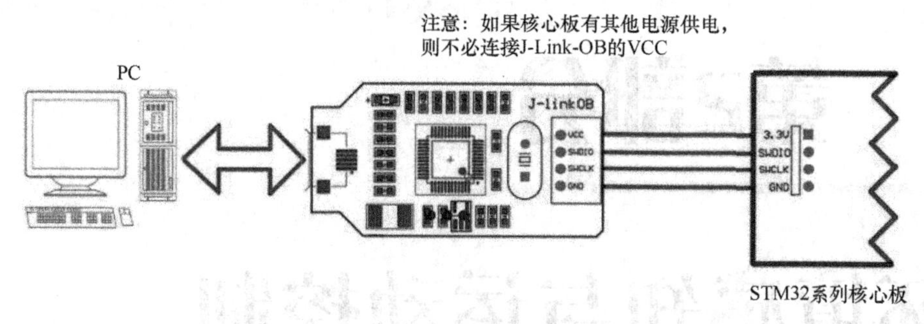

图 3-9 J-Link-OB 下载器连接示意图

4. 配套资料

本实训平台配备有资料 U 盘，置于机器鼠实训平台上层，其中部分空间存储有本实训平台必备软件与资料，包括课程资料、开发环境配置所需的安装软件、实践程序代码、电路原理图、产品使用说明书等；剩余容量可供使用者进行程序备份、调试日记存储等。

第2部分

环境感知与运动控制

一个人想要从迷宫的起点走到终点需要经过很多次尝试，一些方向感不好的人甚至怎么也找不到终点。把机器鼠（见图 4-0）放到复杂的迷宫起点，虽然机器鼠并不知道迷宫的道路，但它很快就可以自主运行到迷宫的终点，并在检索路径后，找到路径最优解，再次出发时可以在极短的时间内到达终点。

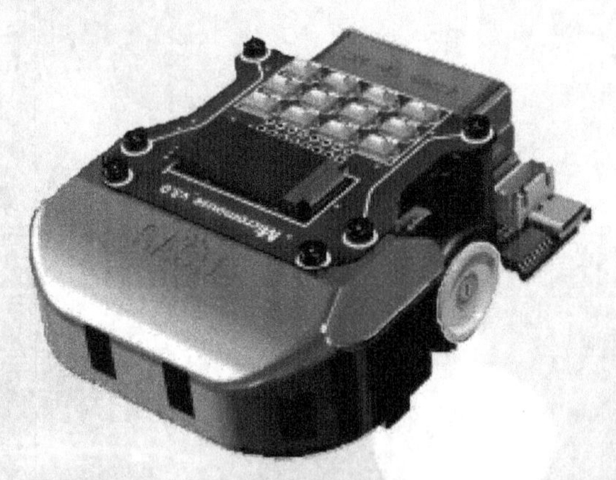

图 4-0　机器鼠

机器鼠是如何感知迷宫的墙体并自动绕行的呢？

第 4 章 信息感知系统

信息感知对社会发展、科学进步有着不可估量的推动作用。对于机器人来说，无论是同外部环境进行交互还是感知自身的状态，都需要通过特定的传感器获取对应的信息。传感器就是机器人的感觉器官，能使机器人实现类似于人的看、听、嗅等感知能力。

4.1 信息感知基本过程

在日常生活中，人们会根据天气预报决定出门穿衣厚度，根据路况信息决定出行路线，这样的场景经常出现在人们的生活中，这些行为的背后都需要信息感知，那么什么是信息感知呢？相关定义指出，“信息感知是信息使用者对信息的感觉和知觉的总称，是信息使用者吸收和利用信息的开始。”简而言之，信息用户通过一些途径获取信息，这里的信息用户可以指人类，也可以指一些仪器设备，例如机器鼠。对于机器鼠来说，信息感知主要包括环境感知和自身感知两部分。

环境感知是什么？对于人类来说，环境感知是指周围环境的客观事物通过视觉、听觉、嗅觉等感觉器官在人的大脑中直接反映出来。例如人通过听觉从广播里获取到前方道路拥堵的信息，通过视觉获取到前方有障碍物的信息。正是由于人类具有环境感知的能力，可以获取到周围环境的有效信息，人类才能在之后做出合理的行为动作决策。

自身感知是什么？对于人类来说，自身感知就是指自身的变化通过一些神经细胞传输给大脑，在人脑中直接反映。例如当人不经意间受伤流血时，一般都会先感觉到疼痛的信息，然后再找伤口的位置；当人在过独木桥要跌倒的时候，大脑会接收到即将跌倒的信息，之后身体做出一定的反应来改变这种趋势。当个体自身产生变化时，这些来自于个体内部的信息可以快速反馈给个体，帮助个体及时做出反应。

机器鼠作为模仿人类智能的一种微型机器人，其智能系统可划分为 3 个层级，决策层、感知层与执行层，决策层相当于机器鼠的“大脑”，感知层相当于机器鼠的“感官”系统，执行层相当于机器鼠的“四肢躯干”。本章主要介绍的就是感知层，此层是机器鼠能够实现搜索迷宫的前提和基础。自身感知能够帮助机器鼠准确感知自身的平衡状态，在进行转弯、前行等动作时，可以通过自身调节，快速、稳定地完成动作；环境感知能够帮助机器鼠获得“墙体”的位置信息，有助于机器鼠准确下达并执行避障任务，在后续章节中将详细讲述机器鼠如何记录这些“墙体”的位置环境信息，以达到快速走出迷宫的目的。各层级软硬件架构体系如图 4-1 所示。

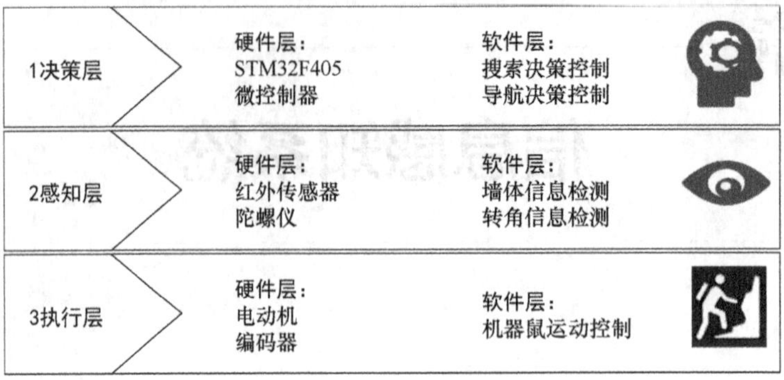

1决策层	硬件层： STM32F405 微控制器	软件层： 搜索决策控制 导航决策控制
2感知层	硬件层： 红外传感器 陀螺仪	软件层： 墙体信息检测 转角信息检测
3执行层	硬件层： 电动机 编码器	软件层： 机器鼠运动控制

图 4-1　机器鼠的软硬件架构体系

4.2　机器鼠常用传感器

机器鼠实现信息感知主要依靠传感器技术，例如可以依靠红外传感器实现环境感知，依靠陀螺仪、里程计等传感器实现自身感知，二者相辅相成。

要想实现解迷宫的任务，机器鼠首先要获取迷宫的墙体位置信息，所以需要传感器检测机器鼠周围的墙体信息，示例机器鼠采用了在左方、左斜方、左前方、右前方、右斜方、右方的6个方向均安装红外传感器（一共6个）的方案，如图4-2所示，这些传感器相当于机器鼠的"眼睛"，可及时获取机器鼠周围6个方向的墙体信息。此外，在机器鼠加速、转弯等动作时会出现身体侧倾不稳等问题，需要获取机器鼠自身角度变化信息，并且根据变化值对机器鼠进行矫正，可通过里程计等方式实现。

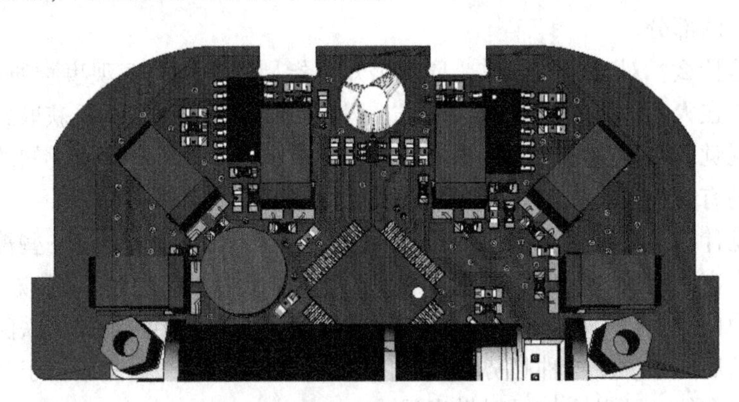

图 4-2　机器鼠红外传感器位置分布图

4.2.1　红外传感器

红外传感器是指利用红外线物理性质的测量装置。红外线是频率介于微波与可见光之间的电磁波，波长在760nm~1mm之间，是低于红光频率的非可见光。任何自身具有一定温度（绝对零度以上）的物质都能发出红外辐射。采用红外线测量，无须与被测物体直接接触，因而无摩擦、灵敏度高、响应快。

普通的红外传感器由一对红外发射二极管和红外接收二极管组成。红外二极管主要具有光谱特性和发光特性。红外发射二极管发出的光不是单一波长，以ST188为例，其波长分布基本上如图 4-3 所示。从图 4-3 可以看出，光谱分布曲线有一个相对发光强度最大的地方（最大光输出），相对应的有一个波长，被称为峰值波长。红外发射二极管发光强度随波长变化，绘制出分布曲线，即为光谱分布曲线。曲线确定后，可随之确定器件的有关主波长、纯度等相关色度参数。在谱线的峰值两侧，有两个点的发光强度为峰值（最大发光强度）的一半，这两点之间的波长宽度称为谱线宽度，亦称半功率宽度或半高宽度，单位为 nm。半高宽度是红外发射二极管单色性的参数，半高宽度越窄，发光越纯，即单色性越好。

红外发光二极管是基于流过它们的正向电流的大小而发光的，其发光特性是指其发光强度或辐射强度随正向电流的大小而变化。当电流在额定值范围内时，发光强度约与电流成正比。如图 4-4 所示，当正向电流为 1A 时，其发光强度大概是正向电流为 100mA 时的 8 倍。

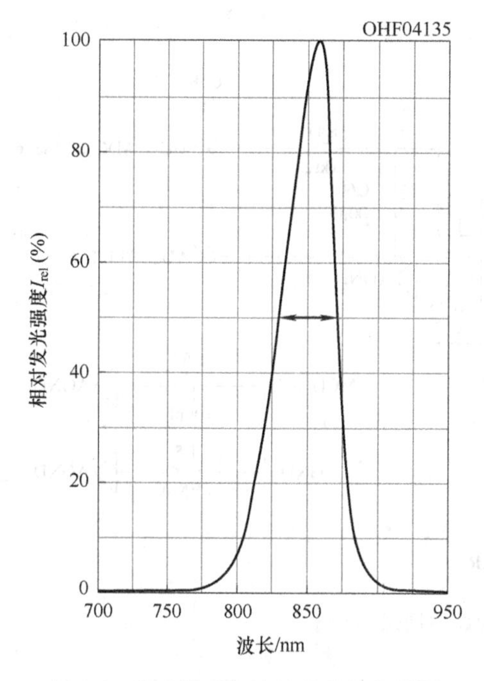

图 4-3　发光强度与波长关系的光谱图

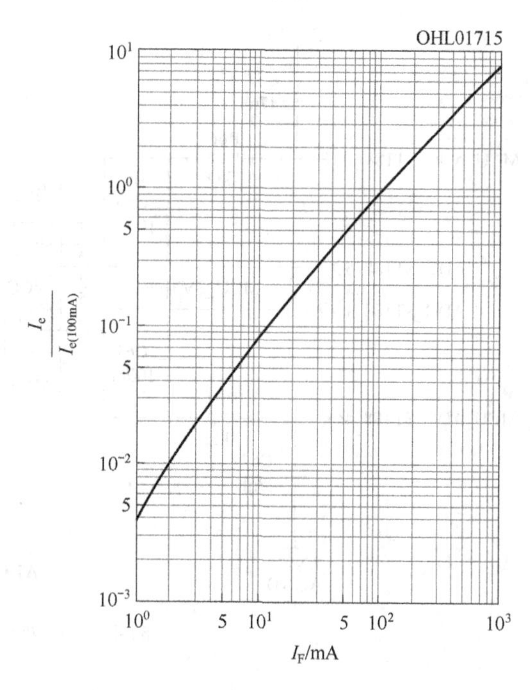

图 4-4　发光强度与正向电流特性曲线

红外传感器恰好利用红外二极管的发光特性和光谱特性两大特性，红外发射二极管接收电信号并将其转换为红外光，发出波长为峰值波长的红外线，如果前方有障碍物，就会被反射，反射出来的红外线就会被红外接收二极管所接收。红外接收二极管接收到脉冲信号后，将其转换为波动电信号输出，距离信息为连续模拟量，通过 ADC（模/数转换）将模拟量转换为数字量后，单片机即可判断是否有障碍物以及其距离。如果前方无障碍物，则不会有反射，红外接收二极管也不会接收到相应的红外光。红外传感器工作原理示意图如图 4-5 所示。

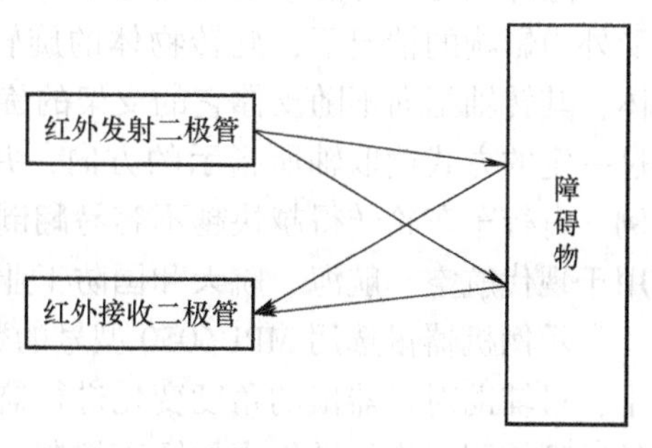

图 4-5　红外传感器工作原理示意图

红外传感器主要由红外发射二极管和红外接收二极管组成，通过控制晶体管的通断，可以实现控制红外发射二极管是否发出红外线，红外接收二极管始终处于工作状态，当前方有障碍物的时候，红外发射二极管发出的红外光就会被红外接收二极管接收到，通过 ADC 将模拟量转换为数字量，再根据数据的大小判断距离的远近。红外传感器电路原理图如图 4-6 所示。

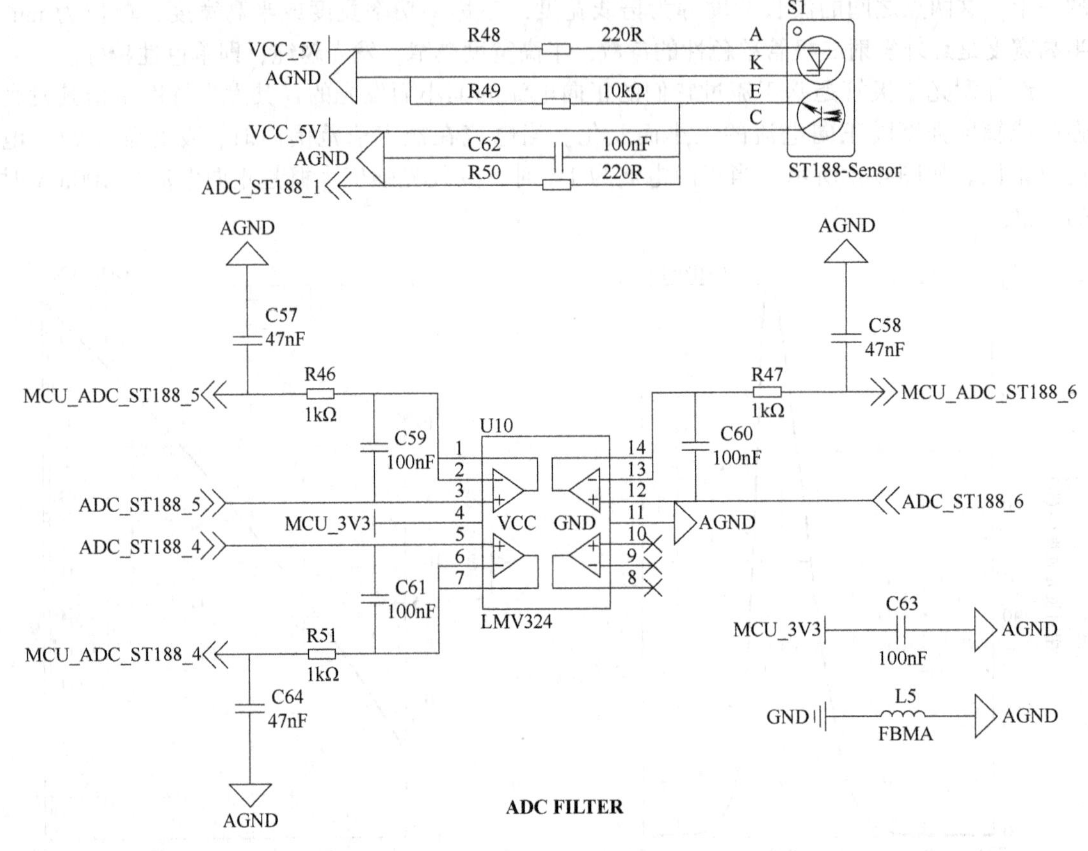

图 4-6　红外传感器电路原理图

4.2.2　陀螺仪

陀螺仪是一种能够精确确定运动物体方向的仪器，其依据是基于角动量守恒原理，在不受外力影响的情况下，旋转物体的旋转轴所指示的方向保持不变。它主要是一个旋转的物体，其转轴指向不随支撑它的支架的旋转而改变。根据这一原理，可以保持装置的方向，通过一定的方式读取轴所指示的方向，并将数据信号反馈给控制机构。以常见的骑自行车为例，自行车车轮转得越快越不容易翻倒，因为车轴有一个力使它保持水平。陀螺仪被广泛应用于现代航空、航海、航天和国防工业中。

示例机器鼠选用 MPU6050 型号的数字陀螺仪芯片，如图 4-7 所示。在机器鼠动作过程中，可辅助对机器鼠的角度变化进行监测，并将数据信号返回给单片机，用以实现转向动作的闭环控制或直行动作中的矫正控制。

MPU6050 是 InvenSense 公司推出的全球首款集成六轴运动处理组件，其内部包含一个三轴陀螺仪和一个三轴加速度计，由于陀螺仪和加速度计在较多重合的场合下使用，许多制造商将它们结合起来，封装成一个半导体芯片，如图 4-8 所示，三轴陀螺仪和三轴加速度计加起来就是六轴，故也称之为六轴姿态传感器。与多组件解决方案相比，MPU6050消除了组合陀螺仪与加速度计时间轴之差的问题，减少了大量的封装空间，并可利用自身的数字运动处理器（Digital Motion Processor，DMP）实现基于硬件引擎的加速，并通过I^2C接口将完整的多轴融合计算数据输出至应用端。

图4-7　MPU6050芯片

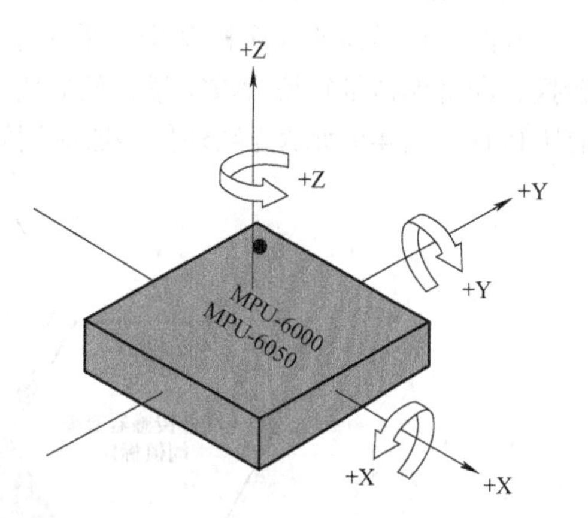

图4-8　MPU6050检测轴及其方向示意图

4.2.3　里程计

里程计是一种利用从移动传感器获得的数据来估计物体位置随时间的变化而改变的装置，是移动机器人相对定位中常用的一种比较有效的传感器，可基于机器人运动学模型为其提供实时的位姿信息。

里程计的信息可以从车轮编码、IMU陀螺仪等各种来源获取，例如在机器人轮胎上安装计数编码器，可以获取轮胎转动的距离，从而估计机器人的移动距离，还可以测量机器人的速度、加速度、位移等，完成这种运动估计的装置均称为里程计。借助于里程计，根据机器人的运动信息，可以对其位姿和速度做出准确估计，快速、精确的数据采集，设备标定以及处理过程是高效使用该方法的基础。

里程计的模型分为两种：圆弧模型与直线模型。在圆弧模型中，会同时考虑机器人位移和航向角的变化，预测的轨迹与机器人的运动轨迹更加接近。而直线模型是对圆弧模型的一种简化，在极短的时间内，它会假设航向角没变化。

里程计的数据在短距离内是稳定、精确的，误差也比较小，所以可以根据里程计的数据提供的信息去过滤一些观察数据。相比之下，一般激光、视觉传感器测量的数据容易受到环境影响，而里程计的数据不依赖外界环境，这是相对于激光及视觉传感器的优势所在。

4.3　机器鼠传感器应用实践

1. 实践目标

机器鼠完成解迷宫任务的前提是感知环境以及自身信息，其中获得障碍物的位置是至关重要的，但是由于机器鼠本身以及迷宫环境的差异，在相同的传感器、相同的程序代码条件下，仍然会存在运行结果的差异，所以需要根据机器鼠以及迷宫环境的特性，对红外传感器进行微调，使传感器灵敏度达到最优。

本节以红外传感器微调为例进行相关实践与代码解读。

2. 知识要点

(1) ADC（模/数转换）

在红外传感器的程序控制中，采用多路 ADC 方式进行电压值的读取，ADC 是指模/数转换，即将模拟量转换为数字量，然后将读取的数据与设置的阈值相比较，可判断前方是否有障碍物。图 4-9 所示为红外传感器应用知识要点。

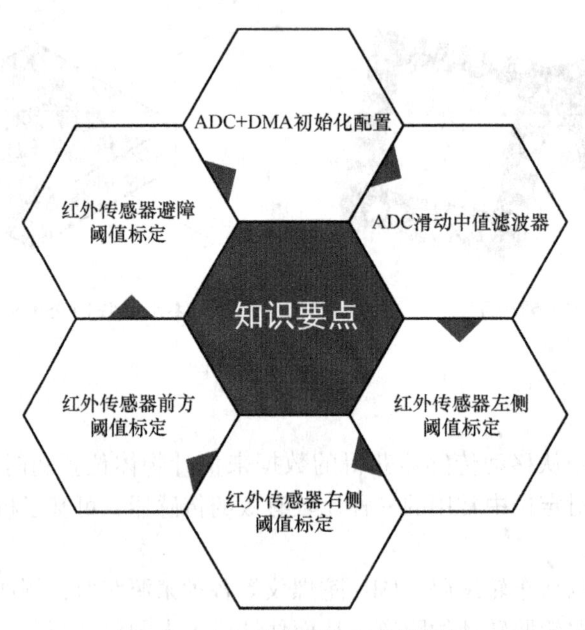

图 4-9 红外传感器应用知识要点

(2) 红外传感器功能

根据图 4-2 所示，示例机器鼠在左方、左斜方、左前方、右前方、右斜方、右方六个方位共安装了六个红外传感器，左右两侧的红外传感器是为了判断机器鼠左右侧是否有障碍物，通常情况下，无障碍物时相应变量的数值维持在较高数值，有障碍物时，障碍物距离机器鼠越近，数值越小。正前方左右两个红外传感器是为了检测机器鼠前方是否有障碍物，其数值大小及变化规律与左右两侧红外传感器相同。左斜方和右斜方的两个红外传感器是为了在机器鼠的直线行进过程中做偏移矫正，使其一直运行在赛道中央。

3. 代码解读

根据红外传感器的电子原理，当有障碍物时，红外发射二极管发出的红外光会被红外接收二极管接收到，通过 ADC 将模拟量转换为数字量，根据数据大小判断距离的远近。STM32 的 ADC 是一个 12 位逐次逼近模/数转换器，有 18 个通道，能测量 16 个外部信号源和 2 个内部信号源。每个通道的 A/D 转换可以在单次、连续、扫描或不连续模式下进行，ADC 结果可以左对齐或右对齐，同时存储于 16 位数据寄存器中。

由于 STM32 系列单片机的 ADC 外设挂载在 APB2 高速时钟总线上，首先需要能对应 I/O 口和 ADC 的时钟。随后将定义 ADC_InitTypeDef 类型的结构体变量，对其中的成员变量进行赋值操作。示例机器鼠选择使用其中的 ADC1 通道，并设置 ADC 工作模式为独立模式、单次转换，转换由软件触发，而非外部触发，数据采用右对齐方式，之后调用标准库函数进行初始化。相关代码如下：

```
void ADC_DMA_Init(void)
{
    //定义初始化相关变量
    ADC_InitTypeDef ADC_InitStructure;
    DMA_InitTypeDef DMA_InitStructure;
    GPIO_InitTypeDef GPIO_InitStructure;
    ADC_CommonInitTypeDef ADC_CommonInitStructure;

    //ADC - I/O 初始化
    RCC_AHB1PeriphClockCmd(RCC_AHB1Periph_GPIOA, ENABLE);  //使能 GPIOA 时钟
    GPIO_InitStructure.GPIO_Pin = GPIO_Pin_0|GPIO_Pin_1|GPIO_Pin_2|GPIO_Pin_3|;
        //通道 PA0、PA1、PA2、PA3、PA4、PA5、PA6
    GPIO_Pin_4|GPIO_Pin_5|GPIO_Pin_6;
    GPIO_InitStructure.GPIO_Mode = GPIO_Mode_AN;     //模拟输入
    GPIO_InitStructure.GPIO_PuPd = GPIO_PuPd_NOPULL ;  //不带上下拉
    GPIO_Init(GPIOA, &GPIO_InitStructure);        //初始化

    //ADC - 配置初始化
    RCC_APB2PeriphClockCmd(RCC_APB2Periph_ADC1, ENABLE);  //使能 ADC1 时钟
    ADC_TempSensorVrefintCmd(ENABLE);    //使能内部温度传感器
    ADC_CommonInitStructure.ADC_Mode = ADC_Mode_Independent; //独立模式
    ADC_CommonInitStructure.ADC_TwoSamplingDelay = ADC_TwoSamplingDelay_20Cycles;
      //两个采样阶段之间延迟 20 个时钟 - 0.95μs，最快为 0.71μs
    ADC_CommonInitStructure.ADC_DMAAccessMode = ADC_DMAAccessMode_Disabled;
      //禁止 DMA 直接访问模式
    ADC_CommonInitStructure.ADC_Prescaler = ADC_Prescaler_Div4;
      //预分频 4 分频。ADCCLK=PCLK2/4=84/4=21MHz，ADC 时钟最好不要超过 36MHz
    ADC_CommonInit(&ADC_CommonInitStructure);  //初始化

    ADC_InitStructure.ADC_Resolution = ADC_Resolution_12b;  //12 位模式
    ADC_InitStructure.ADC_ScanConvMode = ENABLE; //扫描模式
    ADC_InitStructure.ADC_ContinuousConvMode = ENABLE;  //开启连续转换
    ADC_InitStructure.ADC_ExternalTrigConvEdge = ADC_ExternalTrigConvEdge_None;
      //禁止触发检测，使用软件触发
    ADC_InitStructure.ADC_ExternalTrigConv = ADC_ExternalTrigConv_T1_CC1;  //外部触发通道
    ADC_InitStructure.ADC_DataAlign = ADC_DataAlign_Right;  //右对齐
    ADC_InitStructure.ADC_NbrOfConversion = ADC_CHANNEL_SIZE;
        //n 个转换在规则序列中，也就是只转换规则序列 n
    ADC_Init(ADC1, &ADC_InitStructure);     //ADC 初始化

    ADC_RegularChannelConfig(ADC1, ADC_Channel_0, 7, ADC_SampleTime_480Cycles);
     //ADC 采样周期，1/21×480 = 22.9μs
```

```
    ADC_RegularChannelConfig(ADC1, ADC_Channel_1,  6, ADC_SampleTime_480Cycles);
    ADC_RegularChannelConfig(ADC1, ADC_Channel_2,  5, ADC_SampleTime_480Cycles);
    ADC_RegularChannelConfig(ADC1, ADC_Channel_3,  1, ADC_SampleTime_480Cycles);
    ADC_RegularChannelConfig(ADC1, ADC_Channel_4,  2, ADC_SampleTime_480Cycles);
    ADC_RegularChannelConfig(ADC1, ADC_Channel_5,  3, ADC_SampleTime_480Cycles);
    ADC_RegularChannelConfig(ADC1, ADC_Channel_6,  4, ADC_SampleTime_480Cycles);

    ADC_DMACmd(ADC1, ENABLE);
    ADC_Cmd(ADC1, ENABLE);      //开启 A/D 转换器
    ADC_DMARequestAfterLastTransferCmd(ADC1, ENABLE);
    ADC_SoftwareStartConv(ADC1);      //开启 A/D 转换，软件触发
}
```


假设已经知道红外传感器的上下限阈值，机器鼠就可以判断是否有墙和转角等信息。上下限阈值是在红外传感器的标定中确定的。在后面的“4. 调试步骤”中，会详细讲解标定的过程。

机器鼠前端装有 6 个红外传感器，按照顺时针方向进行统计，分别是正左方、左斜方、左前方、右前方、右斜方、正右方 6 个方位，如下代码分别对这 6 个方位的红外传感器进行独立编码，每个方位的红外传感器都有判断墙体与转角的独立算法，保证通过 6 个红外传感器获取的墙体和转角数据进行综合运算后得到的结果会更加精确。

判断墙体和转角的代码如下，代码较长，读者可结合注释进行学习与练习。

```
void DETECT_Handle(void)
{
    uint8_t NumWall = 0;      //检测无墙状态的次数
    DETECT_SmoothSampler(); //红外传感器数据滑动采样
    //墙体信息检测
    for(int n = 1; n < 7; n ++)
    {
      DetectStructure.CntWithWall = 0;   //墙体计数器
      DetectStructure.CntOutWall = 0;    //无墙计数器
      DetectStructure.CntEdge = 0;      //边沿触发计数器
      for(int i = DETECT_SAMPLE_CHANNL - 1; i >= 0; i --)
      {
        if(n==3 || n==4)  //前方红外传感器用下限值检测墙体
        {
          if(i>=5 && DetectStructure.AdcSamplesBuff[n][i] < InfraStructure.InfraThresholdLSL[n])
            DetectStructure.CntWithWall++;
        }
        else
        {
          if(i>=5 && DetectStructure.AdcSamplesBuff[n][i] > InfraStructure.InfraThresholdUSL[n])
            DetectStructure.CntOutWall++;
          else if(DetectStructure.AdcSamplesBuff[n][i] <= InfraStructure.InfraThresholdUSL[n])
```

```
            DetectStructure.CntWithWall++;
        }

        switch(n)
        {
          case 1: //正左方红外传感器：墙体+转角
            if(i==5)   //根据最新 5 组数据判断墙体，否则停止搜索
            {
              if(DetectStructure.CntWithWall>=4)
              {
               DetectStructure.WallLeft = true;
               DetectStructure.CornerLeft = false;
               DetectStructure.CornerEnable[0] = true; //转角检测使能
                goto TheNext;
              }
              else
                DetectStructure.WallLeft = false;
            }
            else if(i==0)//搜索转角信息结束
            {
               if(DetectStructure.CntOutWall>=3 && DetectStructure.CntWithWall>=NumWall &&
DetectStructure.CornerEnable[0])
              {
              DetectStructure.CornerLeft = true;
              DetectStructure.CornerEnable[0] = false; //转角检测失能
              }
              else
                DetectStructure.CornerLeft = false;
            }
            break;
```

下面是基于左斜方红外传感器进行墙体与转角的判断，根据最新采集的 5 组数据进行判断：

```
          case 2: //左斜方红外传感器：墙体+转角
            if(i==5)   //根据最新 5 组数据判断墙体，否则停止搜索
            {
              if(DetectStructure.CntWithWall>=4)
              {
                DetectStructure.WallLeftOblique = true;
                DetectStructure.CornerLeftOblique = false;
                DetectStructure.CornerEnable[1] = true; //转角检测使能
                goto TheNext;
              }
```

```
            else
                DetectStructure.WallLeftOblique = false;
        }
        else if(i==0)//搜索转角信息结束
        {
            if(DetectStructure.CntOutWall>=3 && DetectStructure.CntWithWall>=NumWall &&
DetectStructure.CornerEnable[1])
            {
             DetectStructure.CornerLeftOblique = true;
             DetectStructure.CornerEnable[1] = false;   //转角检测失能
            }
            else
                DetectStructure.CornerLeftOblique = false;
        }
        break;
```


下面是基于左前方红外传感器进行墙体判断，该方位红外传感器只用于判断前方是否有墙体，无须判断拐角。根据最新采集的 5 组数据进行墙体判断：

```
    case 3: //左前方红外传感器:墙体
      if(i==5 && DetectStructure.CntWithWall>=4)//根据最新 5 组数据判断墙体,否则停止搜索
      {
        DetectStructure.WallFrontL = true;
        goto TheNext;
      }
      else
      {
        DetectStructure.WallFrontL = false;
      }
      break;
```

下面是基于右前方红外传感器进行墙体判断，该方位传感器只用于判断前方是否有墙体，无须判断拐角。根据最新采集的 5 组数据进行：

```
    case 4: //右前方红外传感器:墙体
      if(i==5 && DetectStructure.CntWithWall>=4)  //根据最新 5 组数据判断墙体，否则停止搜索
      {
        DetectStructure.WallFrontR = true;
        goto TheNext;
      }
      else
      {
        DetectStructure.WallFrontR = false;
      }
      break;
```

下面是基于右斜方红外传感器进行墙体与转角的判断，根据最新采集的 5 组数据进行：

```
case 5: //右斜方红外传感器：墙体+转角
    if(i==5)   //根据最新 5 组数据判断墙体，否则停止搜索
    {
      if(DetectStructure.CntWithWall>=4)
      {
        DetectStructure.WallRightOblique = true;
        DetectStructure.CornerRightOblique = false;
        DetectStructure.CornerEnable[2] = true; //转角检测使能
        goto TheNext;
      }
      else
        DetectStructure.WallRightOblique = false;
    }
    else if(i==0)//搜索转角信息结束
    {
      if(DetectStructure.CntOutWall>=3 && DetectStructure.CntWithWall>=NumWall &&
DetectStructure.CornerEnable[2])
      {
      DetectStructure.CornerRightOblique = true;
      DetectStructure.CornerEnable[2] = false; //转角检测失能
      }
      else
      DetectStructure.CornerRightOblique = false;
    }
    break;
```

下面是基于正右方红外传感器进行墙体与转角的判断，根据最新采集的 5 组数据进行：

```
case 6: //正右方红外传感器：墙体+转角
    if(i==5)   //根据最新 5 组数据判断墙体，否则停止搜索
    {
     if(DetectStructure.CntWithWall>=4)
     {
       DetectStructure.WallRight = true;
       DetectStructure.CornerRight = false;
       DetectStructure.CornerEnable[3] = true; //转角检测使能
       goto TheNext;
     }
     else
       DetectStructure.WallRight = false;
    }
    else if(i==0)//搜索转角信息结束
    {
```

```
                if(DetectStructure.CntOutWall>=3  &&  DetectStructure.CntWithWall>=NumWall  &&
DetectStructure.CornerEnable[3])
                {
                 DetectStructure.CornerRight = true;
                 DetectStructure.CornerEnable[3] = false;  //转角检测失能
                }
                else
                  DetectStructure.CornerRight = false;
              }
              break;
           }
         }

TheNext:
      DetectStructure.CntEdge = 0;           //边沿触发计数器
    }
}
```


4. 调试步骤

调试时需要用到相关软件，可以根据人工智能机器鼠实训平台使用说明书文档进行安装并使用。

（1）红外传感器标定的程序调试

1）下载测试程序。通过下载器将机器鼠与计算机进行连接，下载示例程序并进入在线调试（Debug）模式。进入在线调试模式前，首先需确保单片机内载入的程序为当前编译链接生成的程序，具体做法为：将程序进行编译链接（Build，快捷键为〈F7〉）之后先进行一次下载（Download，快捷键为〈F8〉）。完成此操作之后，单击 Debug 按钮进入在线调试模式，按钮位置如图 4-10 所示。如果单片机内载入的程序与当前编译链接后生成的程序不同，则单击 Debug 按钮后先进行最新版本的程序下载，然后再进入在线调试（Debug）模式。

图 4-10 Debug 按钮

2）对相关变量进行监控。将在线调试下的 Watch 窗口调出，具体操作方法为：单击菜单栏 View→Watch Windows→Watch 1 命令（本操作需要在 Debug 后进行）。弹出 Watch 1 窗口后，将窗口调整到适宜位置，如图 4-11、图 4-12 所示。

通过 Watch 1 窗口可对程序中声明的全局变量进行监视，其中 PID_L. vi_FeedBack 和 PID_R. vi_FeedBack 为编码器返回值。PID_L 结构体为左轮的 PID 调节器，包括给定值、反馈值、偏差值、PID 调节器控制器参数等，具体含义与计算方法请参考 pid. c 文件。AdcStructure 结构体为红外传感器的检测值，其中 AdcValue［1］到 AdcValue［6］为直接检测出的 ADC 数值。此外，用户可在下方输入自己设定的全局变量进行监控。

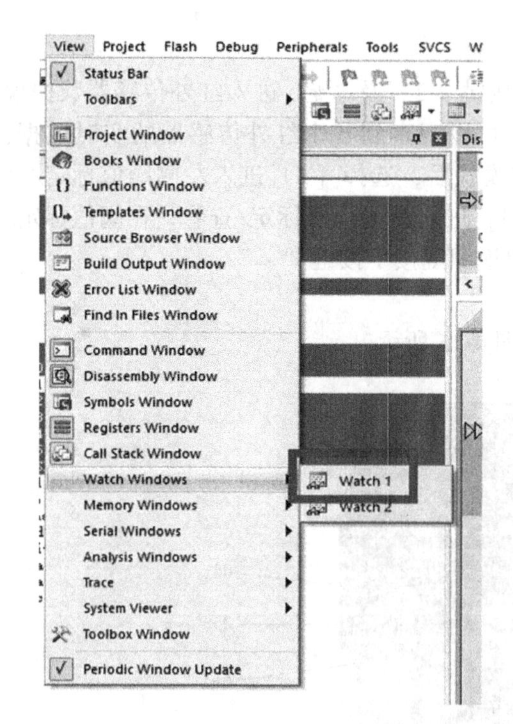

图 4-11　调出 Watch 窗口

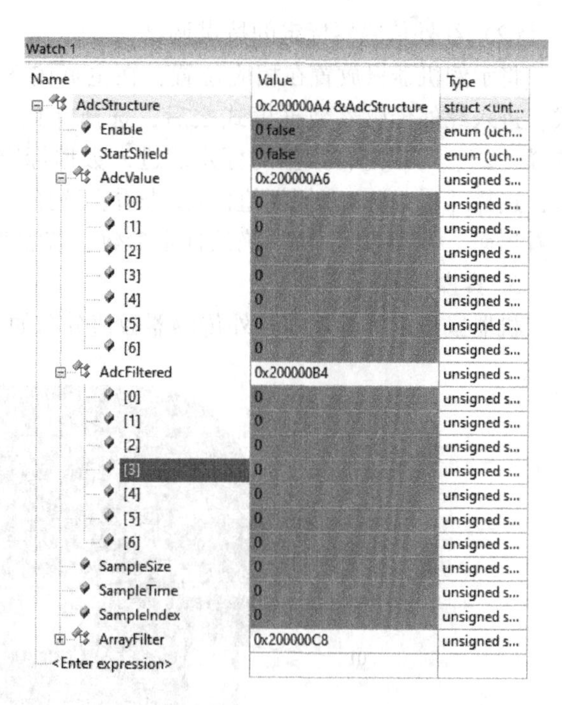

图 4-12　Watch 1 窗口传感器初始值

3）开始运行。如图 4-13 所示，单击“运行”（Run）按钮之后程序便会正常执行，同时可见 Watch 1 窗口中各变量的数值更新，如图 4-14 所示。其中 AdcFiltered［1］和 AdcFiltered［6］为判断机器鼠左右侧是否有障碍物的变量，判断其上限值（标定值）；AdcFiltered［3］和 AdcFiltered［4］为前侧两个红外传感器的检测值，根据下限值（标定值）判断机器鼠前方是否有障碍物；AdcFiltered［2］和 AdcFiltered［5］为左斜方向和右斜方向的红外传感器，用于在机器鼠的直线行进过程中做偏移矫正，使其一直运行在赛道中央。

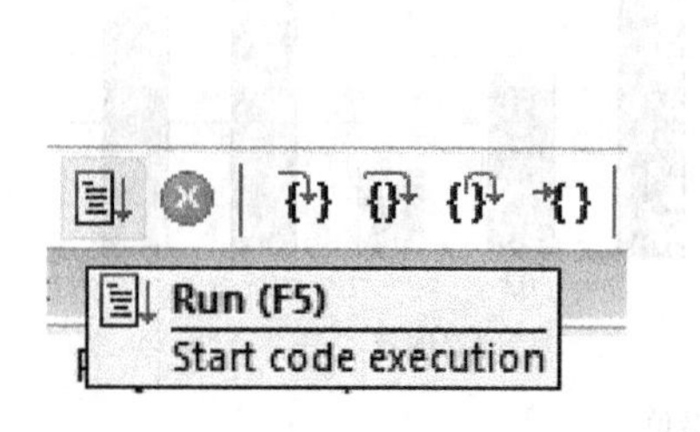

图 4-13　开始运行（Run）按钮

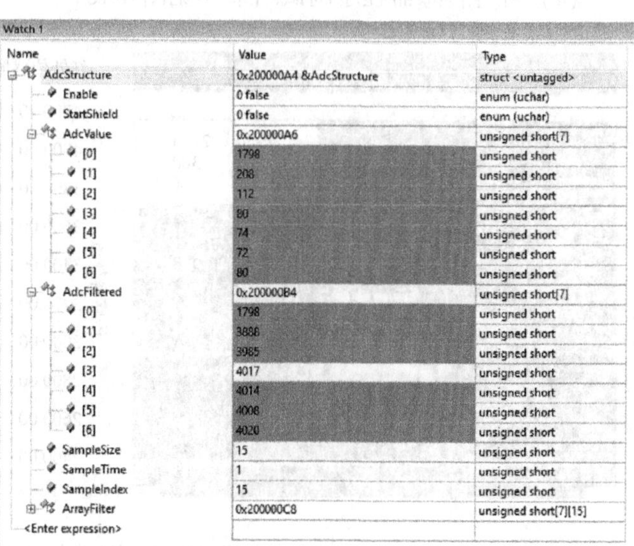

图 4-14　运行后，Watch 1 窗口中的变量

（2）红外传感器标定的按键调试

将示例机器鼠放置在相应位置，在主页按下按键“2”及“#”进入红外传感器数据模式。进入红外传感器数据模式之后，选择［1］，可以观察到 6 个红外传感器的实时数据；选择［2］，可以进行数据的标定。进入数据标定模式后，选择［1］进入左侧阈值标定/查看；选择［2］进入右侧阈值标定/查看；选择［3］进入前侧阈值标定/查看。在阈值标定/查看界面，按下按键“#”确认标定参数。若需要返回则按下按键“＊”。

5. 实操效果

机器鼠显示屏呈现的红外传感器数值分布如图 4-15 所示。

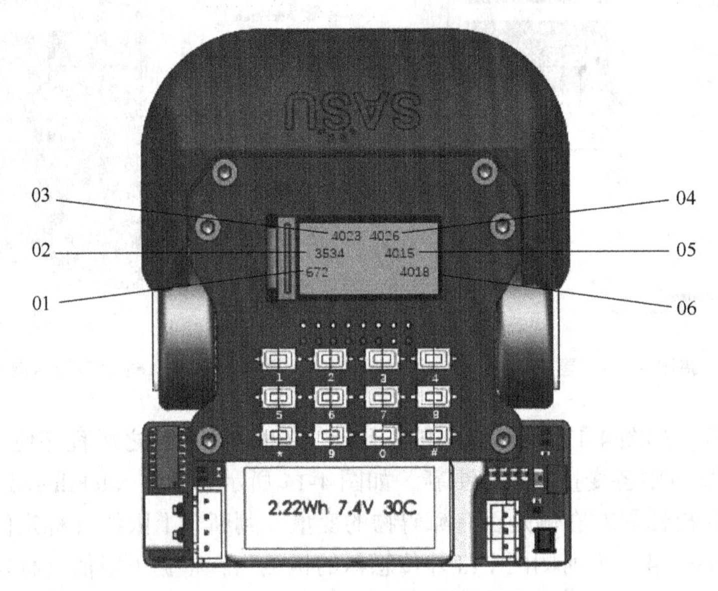

图 4-15　机器鼠红外传感器数值分布

（1）红外传感器程序调试结果（见图 4-16）

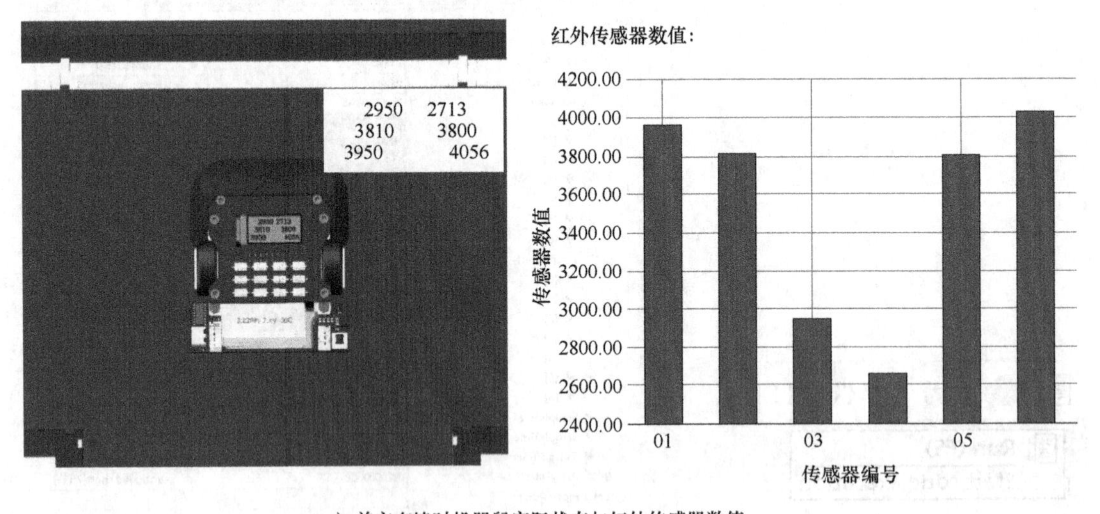

a）前方有墙时机器鼠实际状态与红外传感器数值

图 4-16　红外传感器程序调试结果

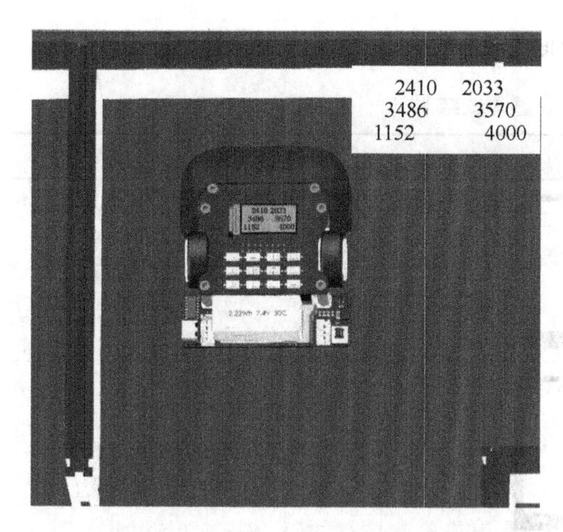

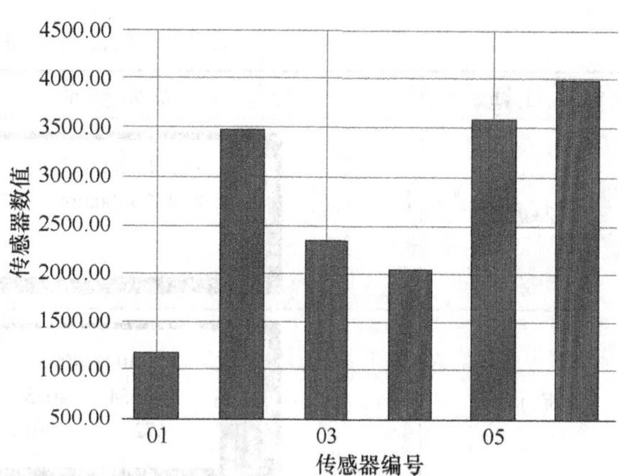

b）左、前方有墙时机器鼠实际状态与红外传感器数值

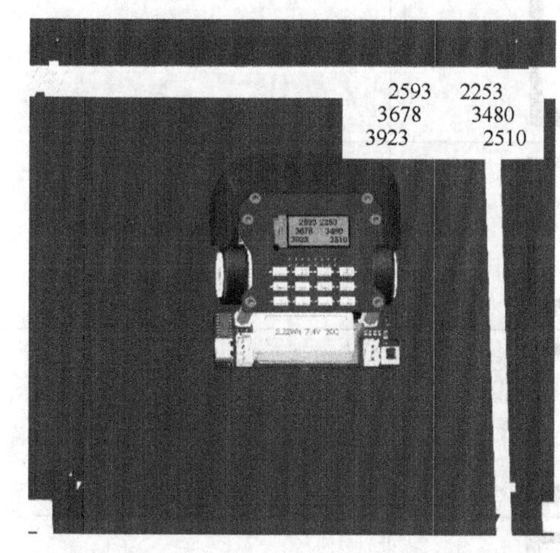

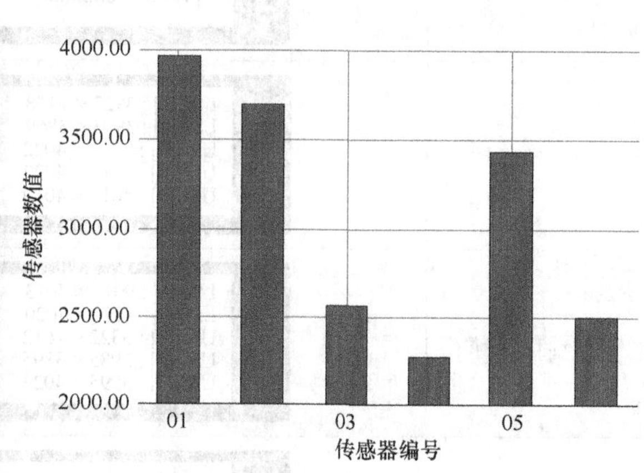

c）前、右方有墙时机器鼠实际状态与红外传感器数值

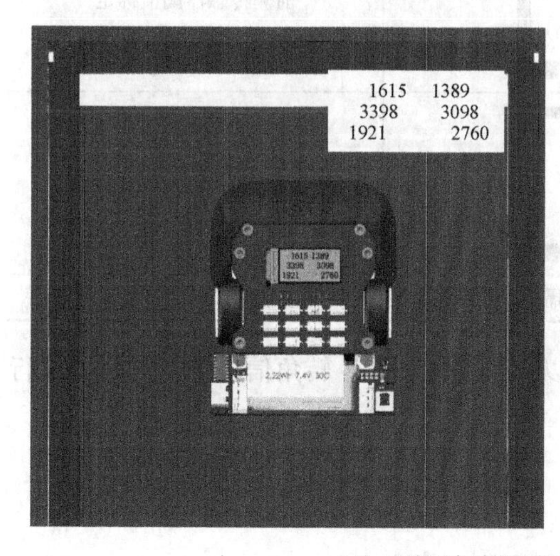

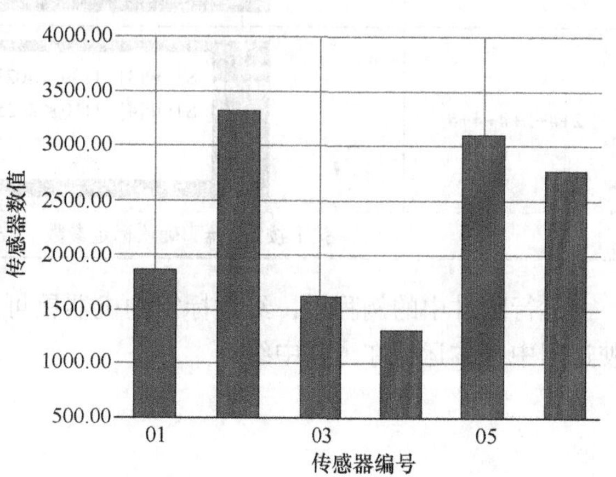

d）无路可走时机器鼠实际状态与红外传感器数值

图 4-16　红外传感器程序调试结果（续）

（2）红外传感器按键调试结果（见表4-1，为便于显示，以下仅列出机器鼠显示屏内容）

表 4-1　红外传感器按键调试结果

按　键	界 面 显 示	说　明
2+#	> [1] Real timeData > [2] Calibration	红外传感器数据模式
2+#+1+#	4023 4026 3534 4015 672 4018	6个红外传感器的实时数据
2+#+2+#	> [1] CalibrationLeft > [2] CalibrationRight > [3] CalibrationFront > [4] CalibrationStop	传感器标定模式
2+#+2+#+1+#	LSL[1] : 3922 < 1458 LSL[2] : 3993 < 3869 USL[4] : 0 < 4022 USL[5] : 4017 < 4022 USL[6] : 4019 < 4019	左侧传感器阈值标定
2+#+2+#+2+#	LSL[5] : 901 < 4013 LSL[6] : 737 < 4020 USL[1] : 3322 < 1612 USL[2] : 3985 < 3895 USL[3] : 3995 < 4023	右侧传感器阈值标定
2+#+2+#+3+#	LSL[3] : 4023 < 4023 LSL[4] : 4025 < 4025	前侧传感器阈值标定
2+#+2+#+4+#	STOP[3] : 1139 < 4023 STOP[4] : 1110 < 4025	机器鼠碰撞检测阈值标定/查看
按下按键“#”确认标定参数。若需要返回则按下按键“*”		

运行附件中的例程后，经过标定的机器鼠可以识别墙体位置、转角信息等，且机器鼠行驶过程中基本运行在道路中线。

第 5 章

嵌入式控制系统

控制系统是机器人系统中最重要的组成部分，一方面它通过传感器系统收集环境信息，进行分析处理，建立环境模型；另一方面它通过人机交互系统或通信系统接收指令，进行任务规划，再根据环境模型产生相应的行为动作。

如前所述，机器鼠主要的层级结构为决策层、感知层、执行层，本章主要描述的就是机器鼠三大层级结构中充当“大脑”的决策层。决策层可与感知层和执行层进行双向信息传递，当感知层感知到环境和自身的信息时，将信息传递给决策层，决策层根据获取的信息对执行层下达动作指令，执行层接到指令，完成执行动作。当感知层感知到新的环境和自身信息时，决策层将根据接收到的信息重新决策，如此循环往返，直至机器鼠到达迷宫终点。

决策层主要有两大任务：整合从感知层接收到的信息进行路径规划决策；控制机器鼠前进、转弯等一系列动作。本章将主要介绍决策层的控制结构。

5.1 嵌入式控制系统介绍

1. 嵌入式控制系统概述

嵌入式控制系统是以应用为驱动，基于现代计算机技术的一种特殊计算机系统，可以根据用户的需求（如功能、可靠性、成本、体积、功耗、环境等）灵活剪裁软硬件模块。嵌入式控制系统因其可靠性高、实时性好、对象适应性强及控制灵活、具有反馈等优点，被广泛应用于人们生活的方方面面，例如手机、智能手环/手表、洗衣机、工业控制设备等都属于嵌入式系统。

嵌入式控制系统就是一个具有控制功能的嵌入式系统。按照控制系统的功能，嵌入式控制系统可以分为通用控制器和专用控制器，DCS（集散控制系统）、PLC（可编程控制器）、IPC（工业 PC）属于通用控制器；EC（嵌入式控制器）和 ECS（嵌入式控制系统）等属于专用控制器。机器鼠因其搜索迷宫的特殊功能需求，使用的控制系统是专用控制器的一种，图 5-1 所示是典型的专用控制器的硬件构成。

2. 嵌入式处理器简介

嵌入式处理器是嵌入式系统的核心部件，与通用处理器相比，嵌入式处理器体积更小、集成度更高、价格更低，能适应嵌入式系统有限的空间约束和较低的成本需求；具有可扩展的处理器结构，使满足各种应用需求的高性能嵌入式系统快速开发成为可能；除此之外，嵌入式系统还有系统精简、功耗低、系统软件固化为存储器芯片等优点，可有效提高指令的执行速度与系统可靠性，支持实时多任务，存储区保护功能强大。

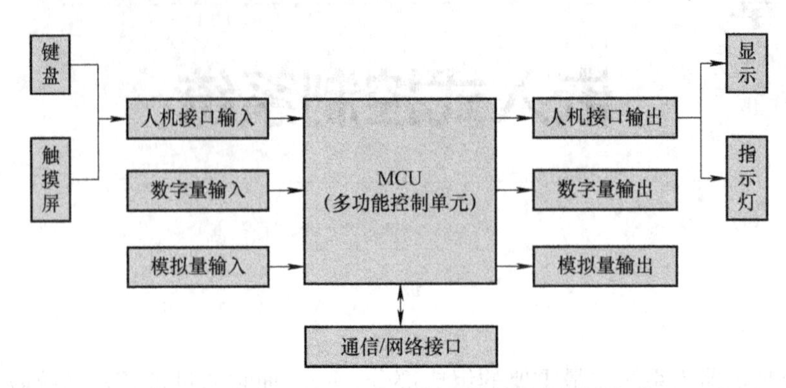

图 5-1　嵌入式控制系统中专用控制器的硬件构成

3. 嵌入式处理器的种类

图 5-2 给出了嵌入式处理器的种类。

(1) 嵌入式微处理器（Micro-Processor Unit，MPU）

微处理器（MPU）是由通用计算机 CPU 演化而来的，是构成计算机的核心部件，与 CPU 相比，主要区别在于，MPU 只保留了与嵌入式应用密切相关的硬件功能，去除了其他的冗余功能部件，并在工作温度、抗电磁干扰、可靠性等方面，相比一般的计算机 CPU 都做了各种强化。

(2) 嵌入式微控制器（Micro-Controller Unit，MCU）

MCU 又称单片机，是指以微处理器为核心，内部集成了 ROM、RAM、总线、定时器、看门狗、A/D 转换器、D/A 转换器等种种必要功能和外设的芯片，相同的微处理器内嵌有不同的内存和外设并进行封装，可以形成不同的微控制器芯片。嵌入式单片机能最大程度地匹配不同的应用需求，减少能源浪费损耗，同时亦在一定程度上降低了成本。

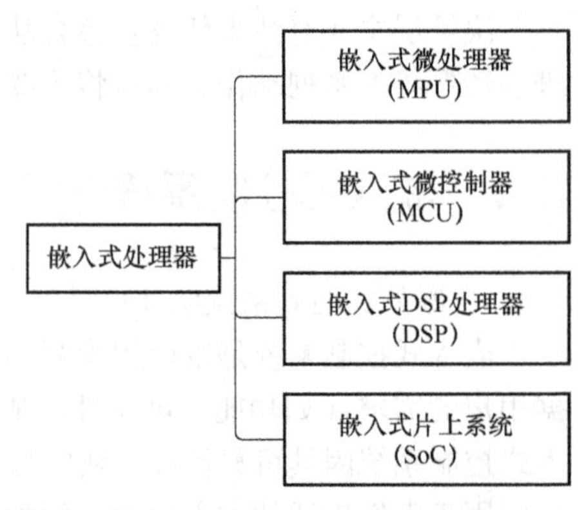

图 5-2　嵌入式处理器的种类

(3) 嵌入式 DSP 处理器（Digital Signal Processor，DSP）

嵌入式 DSP 处理器是一种专门用于信号处理的嵌入式处理器，由于其内部采用程序与数据分离的哈佛结构，具有特殊的硬件乘法器，被广泛用于流水线操作，目前主要应用于对处理器速度要求高、矢量运算较多的相关领域。

(4) 嵌入式片上系统（System on Chip，SoC）

随着超大规模集成电路设计的普及化、电子设计自动化的推进和半导体技术的快速发展，现在已经有可能在硅片上实现更复杂的系统。SoC 即是指有专用目标的集成电路，它包含了整个系统及嵌入式软件的全部内容。

4. ARM 微处理器

英国 ARM 公司作为知识产权供应商，并不直接从事芯片生产，而是通过转让设计许可的方式生产具有自身特色的芯片，世界各大半导体厂商均采购 ARM 公司设计的 ARM 微处理器核，并根据不同的应用领域添加相应的外围电路，从而形成自己的 ARM 微处理器芯片进入市场。

ARM 微处理器的特点如下：

1）体积小、功耗低、成本低、性能好。

2）支持 Thumb（16 位）/ARM（32 位）双指令集。

3）大量使用寄存器，使指令执行速度更快速。

4）大量的数据操作在寄存器中完成。

5）寻址方式灵活简单，执行效率高。

6）指令长度固定。

ARM 微处理器目前有 Classic、Cortex-M 及 Cortex-A 等系列。图 5-3 所示为 ARM 处理器阶梯图。

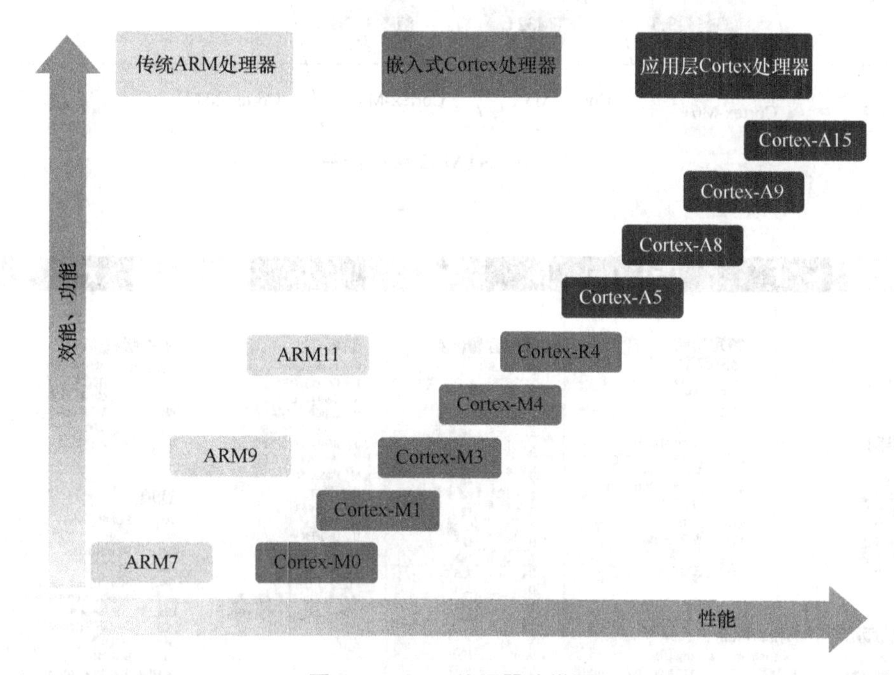

图 5-3　ARM 处理器阶梯图

5. STM32 系列产品

STM32 系列产品是意法半导体公司生产的基于 ARM 的 32 位微控制器（MCU）。意法半导体公司是半导体行业产品线最广泛的制造商之一，从分立二极管和晶体管到复杂的片上系统（SoC）器件，包括参考设计、应用制造及完整的平台解决方案，其主要产品有 3000 多款，是各行业的主要供应商。图 5-4 简单展示了 STM32 系列产品相对应的 ARM 处理器以及市场需求定位。

图 5-5 为 STM32 系列产品命名的要求，根据产品的名称能够获取芯片的一个基本信息。以 STM32F405RGT6 为例，“STM32F405” 是指基础型 32 位微处理器，“R” 是指 64&66 引脚，“G” 是指内存容量为 1024KB，“T” 是指芯片封装为 QFP，“6” 是指芯片正常工作的温度范围为−40～+85℃。

STM32 系列产品的优异性表现如下：

1）价格极低：最大的优点是用 8 位机的价格可获得 32 位机的配置。

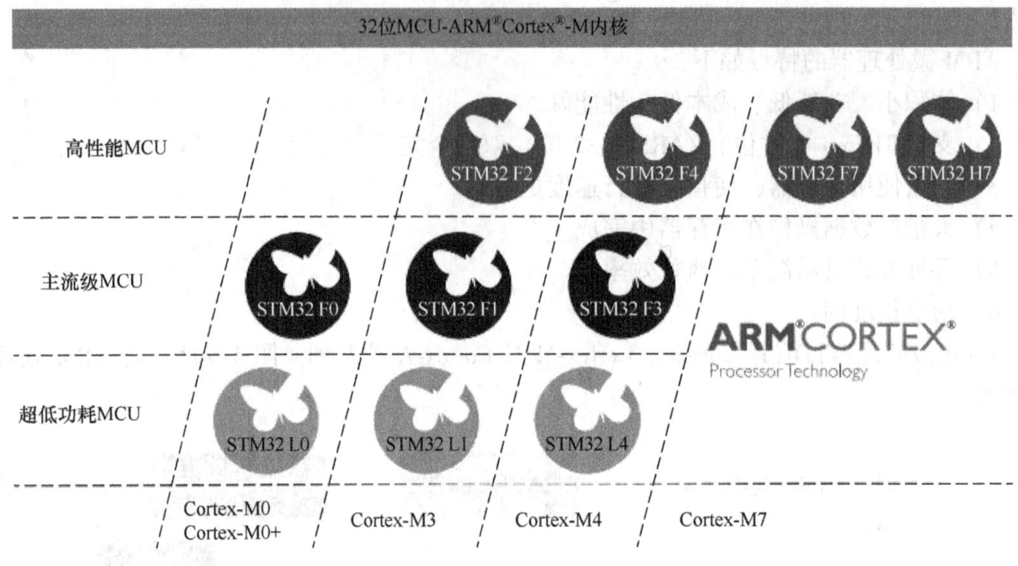

图 5-4 STM32 系列产品

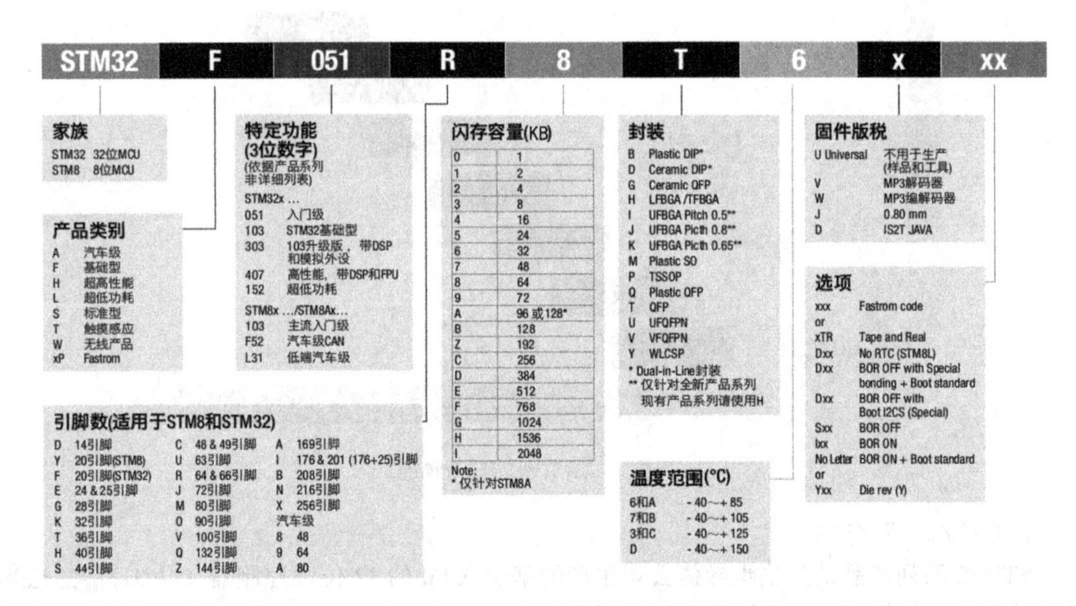

图 5-5 STM32 系列产品的命名要求

2）超多外设：拥有包括 I^2C、USB、CAN、ADC 等众多外设接口及功能，具有极高的集成度。

3）型号丰富：仅 M3 内核就有 F100、F101、F107、F207、F217 等多个系列上百种型号，有 QFN、LQFP、BGA 等封装可供选择。同时 STM32 系列产品还推出了 STM32L 和 STM32W 等超低功耗和无线应用的 M3 芯片。

4）实时性能优秀：具有 84 个中断、16 个可编程优先级，所有引脚均可作为中断输入。

5）功耗控制突出：每一个外设都有自己独立的时钟开关，通过关闭相应外设的时钟可降低功耗。

6）开发成本超低：开发无需昂贵的仿真器，仅需一个串口即可下载代码，并支持 SWD

和 JTAG 调试端口。SWD 调试可以为设计带来更多的便利，只需要两个 I/O 端口就可以实现仿真调试。

5.2　机器鼠的主控电路

相信通过对前面内容的学习，读者对于嵌入式控制系统以及 STM32 系列产品都有了一定的了解，机器鼠同样也可以称为一个实现搜索迷宫特定功能的专用嵌入式控制系统，本节将对机器鼠的主控系统进行介绍。

图 5-6 为机器鼠控制系统的硬件构成，根据机器鼠搜索迷宫的需求，选取了意法半导体公司的 STM32F405RxT6 为机器鼠的控制芯片，选取矩阵键盘和 LCD 显示屏帮助完成机器鼠的人机交互，使用者可以自定义不同的菜单实现多种调试模式、多种测试参数等功能；选取红外传感器完成迷宫“墙体”的感知，以实现避障以及转弯等动作。

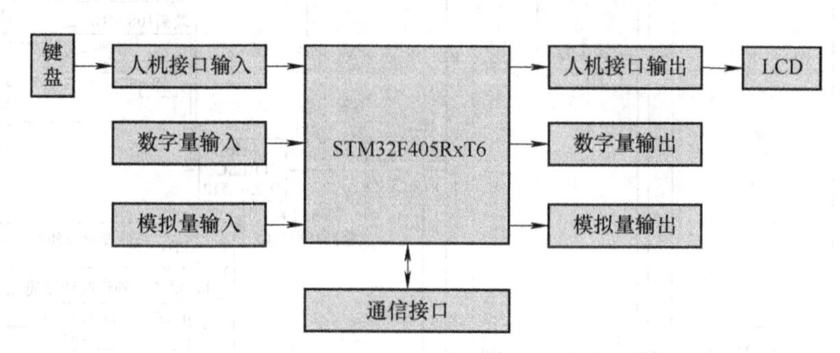

图 5-6　机器鼠控制系统的硬件构成

1. STM32 时钟系统

时钟系统类似于 CPU 的“脉搏”，就像人类的心跳。STM32 的时钟系统比较复杂，与简单的 51 单片机只需一个系统时钟就可以解决问题的情况不同，STM32 需要多个时钟源。为什么呢？首先，STM32 本身非常复杂，外设很多，但并不是所有外设都需要高频的系统时钟，比如看门狗和 RTC 只需要几十 kHz 频率的时钟即可满足需求。对于相同的电路，时钟越快，功耗越大，抵抗电磁干扰的能力就会越弱，因此，对于比较复杂的单片机，一般都采用多时钟源的方法。

STM32 支持 HSI、HSE、LSI、LSE 和 PLL 五种时钟源。其中，HSI、HSE 及 PLL 为高速时钟源，LSI、LSE 为低速时钟源。时钟源还可分为外部时钟源和内部时钟源，外部时钟源通过连接晶振的方式获取，HSE、LSE 即是外部时钟源，其他时钟源均为内部时钟源。STM32 时钟系统如图 5-7 所示。

① 此为进入 PLL 前的一个时钟分频系数（M），取值范围为 2~63，一般取 8。注意，这个分频因子对主 PLL 和 PLLI2S 都有效。

② 此为 STM32F4 的主 PLL，该部分控制 STM32F4（PLLCLK）的主频率和 USB/SDIO/随机数发生器等外围设备的频率（PLL48CK）。其中，N 为主 PLL VCO 的倍频系数，取值范围为 64~432；P 为系统时钟的主 PLL 分频系数，取值范围为 2、4、6、8；Q 为 USB/SDIO/随机数产生器等的主 PLL 分频系数，取值范围为 2~15。

③ 此为 STM32F4 I2S 部分的 PLL，主要用于设置 STM32F4 I2S 内部输入时钟频率。其

中，N 为 PLLI2S VCO 的倍频系数，取值范围为 192~432；R 为 I2S 时钟的分频系数，取值范围为 2~7。

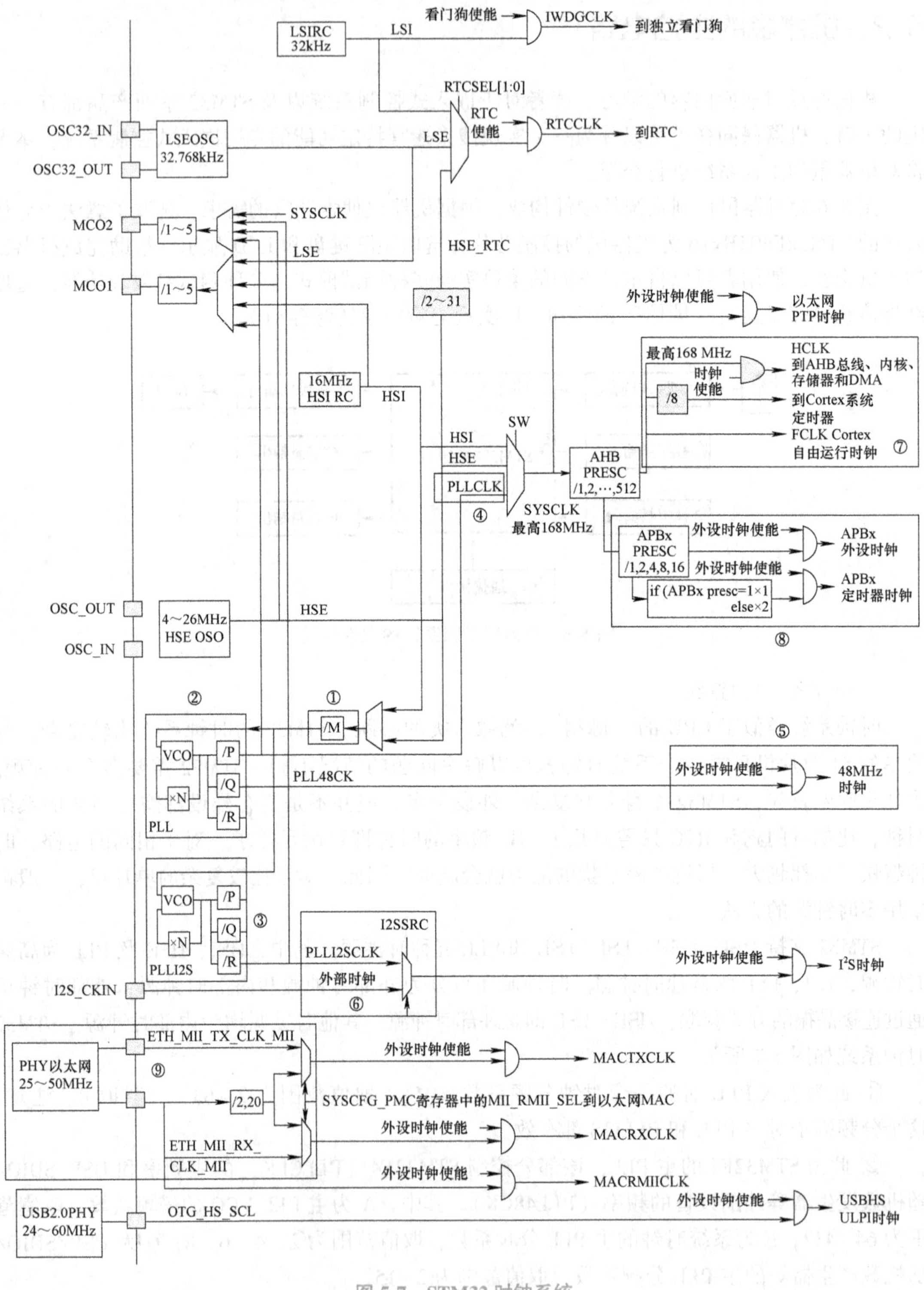

图 5-7 STM32 时钟系统

④ 此为PLL之后的系统主时钟（PLLCLK），STM32F4的最高主频为168MHz，因此通常将PLLCLK设置为168MHz（$M=8$，$N=336$，$P=2$），通过SW选择SYSCLK=PLLCLK，得到系统工作频率为168MHz。

⑤ 此为PLL之后的USB/SDIO/随机数发生器时钟频率，因为USB必须是48MHz才能正常工作，故这个频率一般设置为48MHz（$M=8$，$N=336$，$Q=7$）。

⑥ 此为I2S时钟，I2SSRC选择内部PLLI2SCLK或外部I2SCKIN作为时钟。

⑦ 此为Cortex系统定时器，也就是SYSTICK的时钟。

⑧ 此为STM32F4很多外设的时钟源，即两个总线桥：APB1和APB2，其中APB1是低速总线（最高42MHz），APB2是高速总线（最高84MHz）。

⑨ 此为STM32F4内部以太网MAC时钟的来源。对于MII接口来说，必须向外部PHY芯片提供25MHz时钟，该时钟可以连接到PHY芯片的晶体振荡器，或使用STM32F4的MCO输出来提供。

对于APB1和APB2，需要理解二者的区别，APB1连接低速外设，包括电源接口、备份接口、CAN、USB、I^2C1、I^2C2、UART2、UART3等；APB2可连接高速外设，包括UART1、SPI1、Timer1、ADC1、ADC2、所有常用I/O端口（PA~PE）、次级I/O端口等。

Stm32f4xx_ rcc. c文件包含许多时钟设置，可以打开该文件查看其功能。通常通过时钟设置函数的名称即可知道该函数的功能。对于系统时钟，这是由SystemInit初始化函数的SetSysClock( )函数默认确定的，是通过宏定义设置的。

2. STM32通用定时器

STM32通用定时器由一个基于可编程预分频器（PSC）驱动的16位自动加载计数器（CNT）构成，可用于测量输入信号的脉冲长度（输入捕获）或产生输出波形（输出比较和PWM）等。利用定时器预分频器和RCC时钟控制器预分频器，可以将脉冲长度和波形周期从几微秒调整到几毫秒。STM32的各个通用定时器是完全独立的，彼此之间不共享任何资源。

STM32的通用TIMx（TIM2、TIM3、TIM4和TIM5）定时器功能包括：

1）16位上、下、上/下自动加载计数器(TIMx_CNT)。

2）16位可编程（可实时修改）分频器(TIMx_PSC)，计数器分频系数为1~65535之间的任意数值。

3）4个独立通道(TIMx_CH1~4)，可用于：

①输入捕获；②输出比较；③PWM生成（边缘或中间对齐模式）；④单脉冲模式输出。

4）外部信号(TIMx_ETR)可用来控制定时器和定时器的互连（用一个定时器控制另一个定时器）同步电路。

5）如下事件发生时产生中断/DMA：

① 更新：计数器溢出（上/下），计数器初始化（通过软件或内部/外部触发）；

② 触发事件（计数器启动、停止、初始化或内部/外部触发器计数）；

③ 输入捕获/输出比较；

④ 支持增量式（正交）编码器和霍尔传感器电路定位；

⑤ 触发输入作为外部时钟或者定期的电流管理。

3. 有限状态机

有限状态机主要用以描述对象在其生命周期里需要经历的状态序列，以及如何响应来自外部的事件，简言之，有限状态机是一个用来建模对象的工具。

有限状态机有四个主要元素：现态、事件、动作、次态。

1）现态：指对象当前所处的状态。

2）事件：当事件被满足时，就会触发动作，或者执行一次状态的迁移。

3）动作：事件满足后所执行的动作。动作执行后，有可能迁移到新的状态（次态），也有可能仍保持原有状态（现态）。

4）次态：事件满足后，待迁移的新状态，是相对于“现态”而言的，当“次态”被激活后，它会立即转变为新的“现态”。

图 5-8 为一个简单的有限状态机的状态转移图，初始化之后，整个程序就绪，当事件满足时，将运行特定程序，执行特定动作，动作执行完成后，整个程序进入次态或回归等待就绪状态。

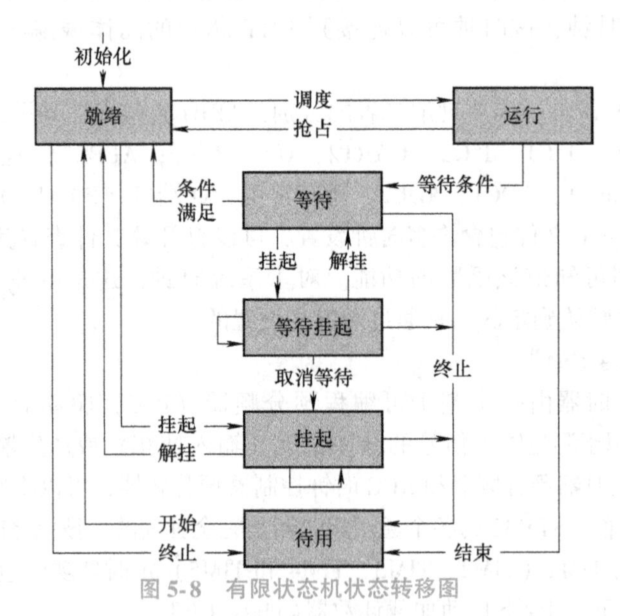

图 5-8　有限状态机状态转移图

4. 电子原理

示例机器鼠选取了意法半导体公司的 STM32F405RxT6 为主控芯片运行控制算法，选取矩阵键盘和 OLCD 显示屏帮助完成机器鼠的人机交互。机器鼠最小系统中包括一些去耦电容，其两端连接芯片的 VCC 和 GND，主要功能是减弱 STM32 芯片外围设备和内部模块对电源电压的影响，提供稳定的电源，使芯片更稳定地工作。此处去耦电容使用非极性电容，无正、反之分，容值为 0.1μF。

此外，最小系统中还有两个供调试使用的发光二极管（LED），在调试程序时可控制 LED 的状态来判断程序的逻辑正确与否和程序的执行情况。LED 有正负极之分，该设计中与电阻相接的一端为负极，另一端为正极。若无法分辨 LED 的正负极，焊接前可使用万用表进行判断，将万用表档位手动拨到“短路”档，再将两支表笔分别放置于 LED 两端，如果 LED 是亮的，就表示接红表笔的那一端是正极，另一端为负极。确定好正负极后将 LED 焊接在电路板上，如果反向焊接，则 LED 不会发光。电路板上 LED 正极、负极端如图 5-9 所示。

图 5-9　LED 正负极辨别

第 6 章 运动控制系统

在完成控制决策之后，机器鼠就要有所“行动”。本章将描述机器鼠三大层级结构中的最后一层——执行层。执行层主要受决策层的控制，当感知层感知到环境和自身的信息时，决策层根据获取的信息做出下一步运动决策，决策层将决策下达给执行层，执行层通过驱动机械装置，完成指定动作。

机器鼠的运动执行结构主要的任务就是能够准确接收到决策层的决策信息，在直行动作时能够平稳加速、匀速直行、平稳减速，在转弯动作时可以平稳顺滑地转弯，机器鼠动作执行的顺滑平稳程度将直接决定机器鼠解迷宫的速度。

6.1 机器鼠行走结构

机器人运动执行器根据运动轨迹可分为固定轨迹和非固定轨迹，固定轨迹主要用于工业机器人中，它可以完成抓握、提举等一系列手臂动作，是对人体手臂动作的模拟和拓展；非固定轨迹一般是指具有多方位移动功能的机器人，是对人类行走功能的模拟和延伸。机器鼠主要利用机器人的行走结构来解决行走迷宫的相关问题。

根据迷宫环境及机器鼠对行走速度、稳定性等的需求，机器鼠多采用三轮式行走结构，如图 6-1 所示。

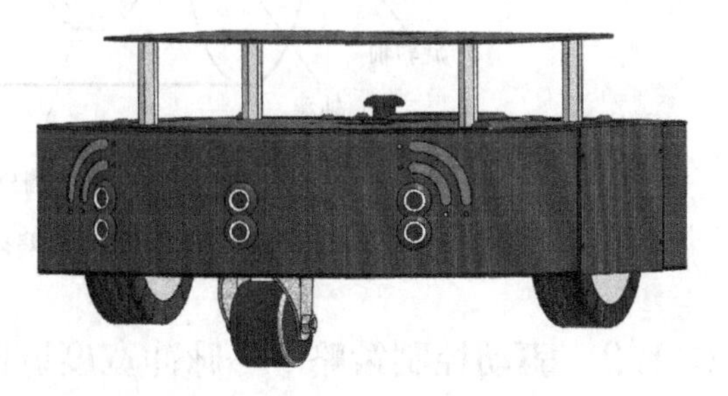

图 6-1 三轮车机器人示意图

三轮车是一种最基本的车轮式机器人行走结构，其前进主要依靠的是两个后轮的独立驱动，前轮一般是没有驱动力的从动轮，用以保持车身的稳定。这种三轮车的行走结构组成简单，依靠控制两后轮的转速差即可进行转弯，旋转半径可以根据需要随意设置，但旋转中心必须在连接两个后驱动轮的连线上，所以无法实现在平面内横向移动。本示例中机器鼠行进与典型的三轮车行走一样，主要依靠的是两个后轮的独立驱动，它没有安置前轮，只是在前轮的位置安装其他物件，代替前轮用以保持车身的稳定。

根据双轮差速移动机器人的运动模型，通过控制左右轮电动机的旋转速度，就可以完成机器人的直线行走、旋转及转弯等运动控制。

6.1.1 驱动元件

根据机器鼠的体积限制以及控制要求，选取空心杯直流电动机作为机器鼠机械结构的驱动元件。

1. 空心杯直流电动机

结合第2章机器人基础内容，空心杯直流电动机采用无铁心转子，磁转子直接采用导线绕制而成，绕线本身变成杯状转子，无需任何其他结构支撑，所以具有突出的节能、灵敏、控制方便和运行稳定等特点，是一种高效的能量转换装置。

2. 编码器

为保证机器鼠平稳行走以及转弯，转速需要闭环控制，所以需要通过编码器对电动机的实时转速进行监测，编码器可以将角位移或者直线位移转换为电信号，方便微处理器读取。

示例机器鼠选用的空心杯电动机配套有512线高分辨率编码器。光电编码器的典型组成部件为光栅和光电二极管，如图6-2所示。其中光栅也称作码盘，与电动机输出轴连接在一起，这样当电动机转动时，光敏元件时而被遮挡，接收不到光源发出的光线，时而不被遮挡，可以接收到光源发出的光线，这个旋转会输出多个脉冲信号。编码器是512线编码器，即指旋转一周可以产生512个脉冲信号。微处理器可以读取这些脉冲信号并使用定时器等外设进行计数与计时，从而折算出电动机的实时转速。

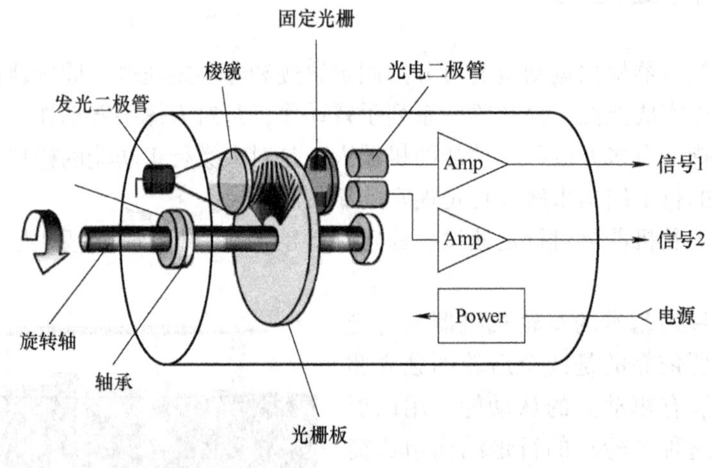

图6-2 编码器原理示意图

6.1.2 驱动控制策略——脉冲宽度调制（PWM）

直流电动机的主要控制方法是脉宽调制（Pulse Width Modulation，PWM，亦称脉冲宽度调制），这种控制方式是通过控制逆变电路的开关装置的通断，使输出端得到一系列振幅相同的脉冲，这些脉冲用来代替正弦波或所需要的波形。通过按照一定的规律调节每个脉冲的宽度，可以改变逆变电路的输出电压和输出频率。

在实际应用中，PWM通过单片机产生一系列具有**一定频率、一定幅值、占空比可调**的矩形波，驱动功率开关管将恒定的直流电压转换为具有一定频率、宽度可调的矩形波脉冲电压。由于该矩形波频率较高，通过面积等效原理进行转换，即可对输出的平均电压进行调节，从而进行电动机转速的调整。

如图 6-3a 所示，假设 S 先导通（t_{on}），此时所有电源电压会加在电枢上，然后切断 S（t_{off}），则电枢失去电源动力，通过 VD 续流，如此一次次循环，则电枢端电压波形如图 6-3b 所示，电动机电枢端平均电压则为

$$U_d = \frac{1}{T}\int_0^{t_{on}} U_s \mathrm{d}t = \frac{t_{on}}{t_{on} + t_{off}} U_s = \frac{t_{on}}{T} U_s = \rho U_s$$

$$\rho = \frac{t_{on}}{t_{on} + t_{off}} = \frac{t_{on}}{T}$$

式中，ρ 为 PWM 波的占空比，改变 ρ 可进行输出电压的调节，实现电动机调速。

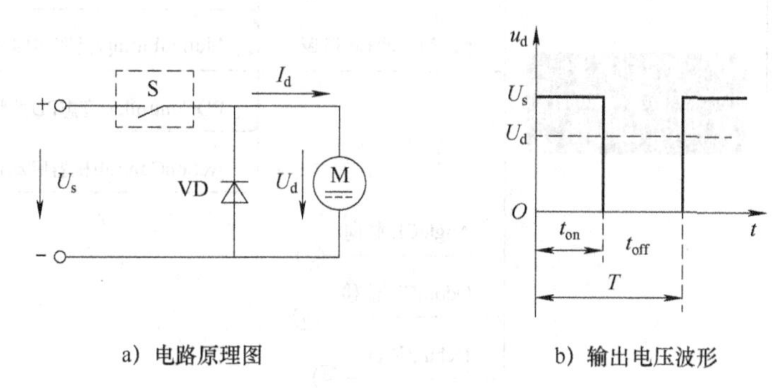

a）电路原理图　　b）输出电压波形

图 6-3　PWM 调速

6.2　机器鼠运动控制实践

1. 实践目标

机器鼠在整个迷宫中需要依靠运动机构完成加速、匀速、减速、转弯等动作，运动的流畅度以及稳定性是决定机器鼠走出迷宫所需时间的重要因素之一，通过实践部分了解机器鼠的运动控制逻辑、PID 算法等。

2. 知识要点

运动控制逻辑：机器鼠的动作控制器主要设定有六种动作，分别是停止运动、等待、巡逻、转向、位移和调试，如图 6-4 所示。

1）停止运动：当机器鼠停止运动时，机器鼠左右电动机的速度赋值为 0m/s。

2）等待：当机器鼠执行转角动作后，会执行等待动作，等待时间可通过按键进行设置。

3）巡逻：机器鼠前进时，将其视为巡逻，在巡逻过程中会一直进行控制中心的计算，主要用于机器鼠姿态矫正，使机器鼠保持在赛道中心线上，贝塞尔曲线拟合运动轨迹是通过计算控制中心值取 5 个数据点，来预测机器鼠的运动轨迹，保证机器鼠在运行过程中是平滑过渡的；姿态 PD 控制器用来进行机器鼠的姿态矫正；机器鼠的初始动作为停止，当机器鼠开始运动时，机器鼠动作为巡逻，当机器鼠获取到的信息为转向时，切换动作为转向，当机器鼠转角后，切换动作为等待，当机器鼠等待过后，继续切换动作为巡逻，当机器鼠搜索结束时，切换状态为停止运动。

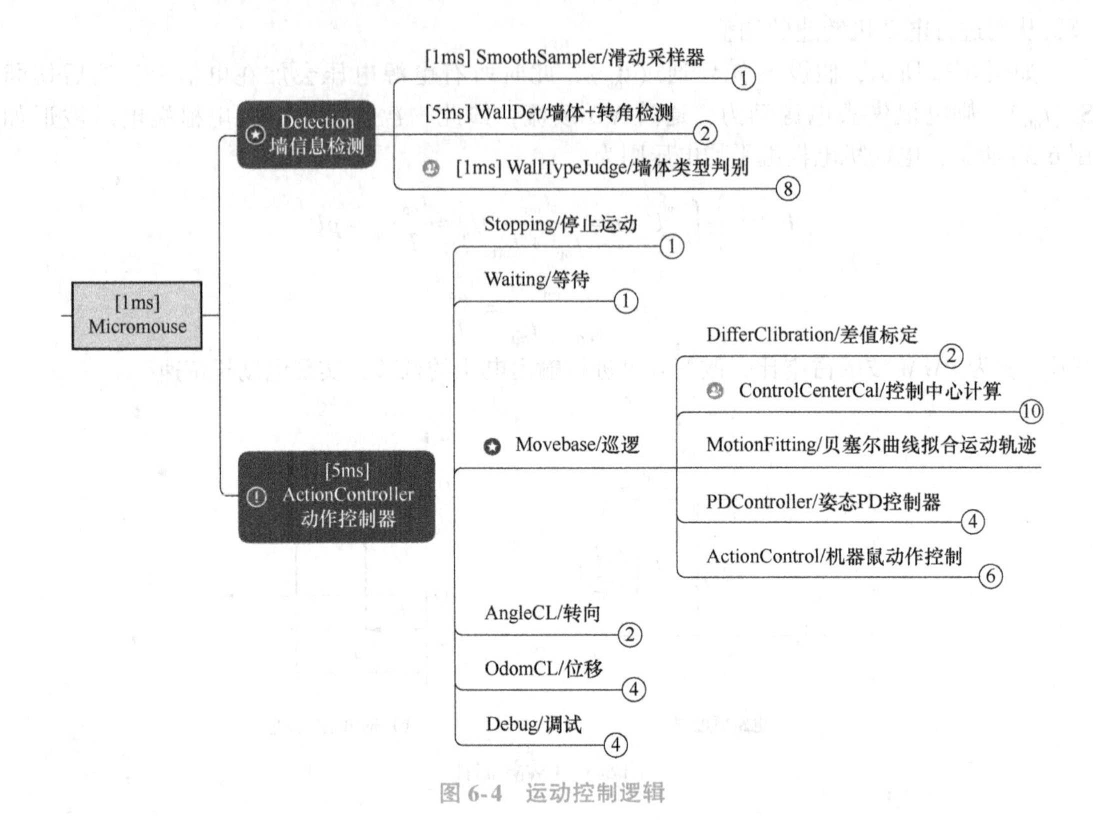

图 6-4　运动控制逻辑

4）转向：当机器鼠获取到的信息为转向时，可执行向左转 90°、向右转 90°、向右转 180°，最大转角不超过 180°。

5）位移：对于地图中两个相邻的坐标点，机器鼠的位移就是从一个坐标点移动到另一个坐标点，这一段距离就是位移，在程序中也叫步长，是固定的 18cm。机器鼠在巡逻过程中使用里程计，当机器鼠在巡逻过程中获取到的信息为转向时，清除巡逻用的里程计数据，重新赋值，让机器鼠移动到坐标的中心点；机器鼠将数据发送给上位机的里程计，当机器鼠每位移一步，就给上位机发送一次数据，对应仿真平台上仿真机器鼠的位移距离。

6）调试：通过按键【5】开启调试模式，可通过机器鼠的前进、后退和双轮的偏差系数（主要用于在无矫正的条件下，让机器鼠走直线）进行机器鼠的运动调试；可通过设置转向度数，进行机器鼠的向左、向右转向完成机器鼠转向调试；机器鼠前向矫正标志，主要用于开启和关闭机器鼠的前向矫正功能。

3. 电子原理

示例机器鼠选用了 IR4427 集成芯片进行 PWM 控制，电路原理图如图 6-5 所示。

该芯片为门电路控制的电动机驱动芯片，采用 CMOS 电平输入，可承受最高 25V 的电压输入和 1.5A 的输出电流。该芯片内部原理如图 6-6 所示，详细芯片资料可参考芯片手册。

4. 代码解读

示例机器鼠采用 STM32 对电动机进行 PWM 速度控制，控制逻辑如下：首先进行对应定时器的初始化，通过调取速度设置函数进行左右两个电动机的速度设定。当给出速度设定值后，由相应的代码进行当前转速的实时监测，然后通过 PID 算法进行计算，给出控制量，使得若干个控制周期后实际转速等于设定转速。转角的角度也是通过控制电动机来实现的。

在机器鼠的示例程序中，PID 控制参数为自定义的 PID 结构体，成员变量分别代表当前设定值、反馈值、偏差值、比例项参数、积分项参数、微分项参数、输出值等信息。

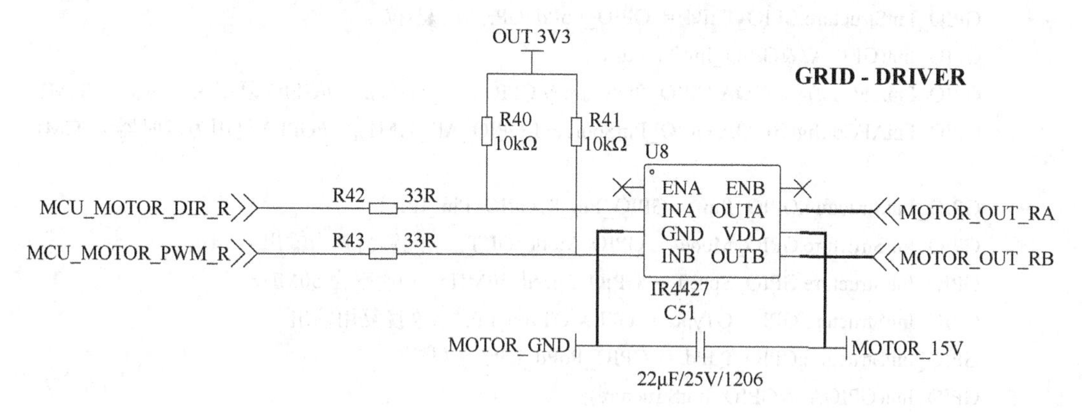

图 6-5 IR4427 电路原理图

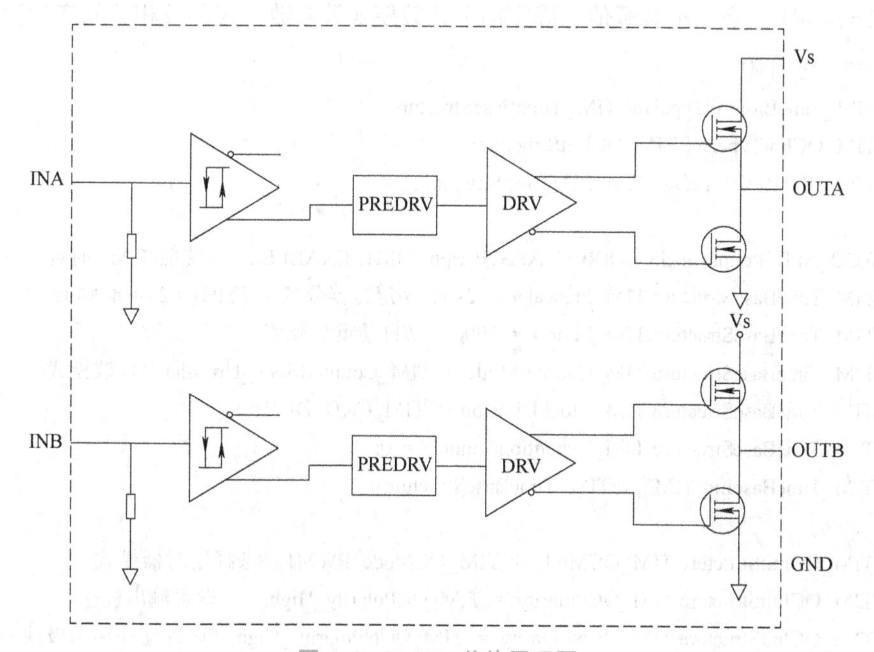

图 6-6 IR4427 芯片原理图

（1）第一步，初始化定时器参数

1）电动机初始化：初始化内容包括 I/O、使能 GPIO 时钟、PING 值、配置引脚设定为复用功能、速率、上拉、复用定时器等信息。

```
void MOTOR_Init(void)
{
    GPIO_InitTypeDef GPIO_InitStructure;    //初始化电动机 - I/O
    RCC_AHB1PeriphClockCmd(RCC_AHB1Periph_GPIOA, ENABLE);    //使能 GPIOA 时钟
    GPIO_InitStructure.GPIO_Pin = GPIO_Pin_9 | GPIO_Pin_11;
    GPIO_InitStructure.GPIO_Mode = GPIO_Mode_AF;    //配置引脚为复用功能
```

```
GPIO_InitStructure.GPIO_Speed = GPIO_Speed_50MHz;   //速率为 50MHz
GPIO_InitStructure.GPIO_OType = GPIO_OType_PP;   //推挽复用输出
GPIO_InitStructure.GPIO_PuPd = GPIO_PuPd_UP;    //上拉
GPIO_Init(GPIOA, &GPIO_InitStructure);
GPIO_PinAFConfig(GPIOA,GPIO_PinSource9,GPIO_AF_TIM1);   //GPIO 复用为定时器 - TIM1
GPIO_PinAFConfig(GPIOA,GPIO_PinSource11,GPIO_AF_TIM1);  //GPIO 复用为定时器 - TIM1

GPIO_InitStructure.GPIO_Pin = GPIO_Pin_8|GPIO_Pin_10;
GPIO_InitStructure.GPIO_Mode = GPIO_Mode_OUT;  //配置引脚为输出
GPIO_InitStructure.GPIO_Speed = GPIO_Speed_50MHz;  //速率为 50MHz
GPIO_InitStructure.GPIO_OType = GPIO_OType_PP;  //推挽复用输出
GPIO_InitStructure.GPIO_PuPd = GPIO_PuPd_UP;   //上拉
GPIO_Init(GPIOA, &GPIO_InitStructure);
```

2）初始化重复计数器（TIM1）的参数，包括初始化使能 TIM1 时钟、定时器分频 168MHz/2=84MHz、自动重装载值、确定向上计数模式等参数，代码及相关的变量注释如下。


```
//初始化 TIM1
TIM_TimeBaseInitTypeDef TIM_TimeBaseStructure;
TIM_OCInitTypeDef TIM_OCInitStructure;
TIM_BDTRInitTypeDef TIM_BDTRInitStructure;

RCC_APB2PeriphClockCmd(RCC_APB2Periph_TIM1, ENABLE);   //使能 TIM1 时钟
TIM_TimeBaseStructure.TIM_Prescaler = 2- 1;  //定时器分频 168MHz / 2 = 84MHz
TIM_TimeBaseStructure.TIM_Period = 2000;   //自动重装载值
TIM_TimeBaseStructure.TIM_CounterMode = TIM_CounterMode_Up; //向上计数模式
TIM_TimeBaseStructure.TIM_ClockDivision = TIM_CKD_DIV1;
TIM_TimeBaseStructure.TIM_RepetitionCounter = 0;
TIM_TimeBaseInit(TIM1, &TIM_TimeBaseStructure);

TIM_OCInitStructure.TIM_OCMode = TIM_OCMode_PWM1; //选择定时器模式
TIM_OCInitStructure.TIM_OCPolarity = TIM_OCPolarity_High;   //设置输出极性
TIM_OCInitStructure.TIM_OCNPolarity = TIM_OCNPolarity_High; //设置互补输出极性
TIM_OCInitStructure.TIM_OutputState = TIM_OutputState_Enable;   //选择输出比较状态
TIM_OCInitStructure.TIM_OutputNState = TIM_OutputNState_Enable; //比较输出使能
TIM_OCInitStructure.TIM_OCIdleState = TIM_OCIdleState_Set;  //选择空闲状态下的非工作状态
TIM_OCInitStructure.TIM_OCNIdleState = TIM_OCNIdleState_Reset;  //选择互补空闲状态下的非
工作状态
TIM_OCInitStructure.TIM_Pulse = 0;

TIM_OC2PreloadConfig(TIM1, TIM_OCPreload_Enable);
TIM_OC2Init(TIM1, &TIM_OCInitStructure);
TIM_OC4PreloadConfig(TIM1, TIM_OCPreload_Enable);
TIM_OC4Init(TIM1, &TIM_OCInitStructure);
```

3）初始化带制动功能的互补通道配置，包括 ARPE 使能。

```
//带制动功能的互补通道配置
TIM_BDTRInitStructure.TIM_Break = TIM_Break_Disable;
TIM_BDTRInitStructure.TIM_BreakPolarity = TIM_BreakPolarity_Low;
TIM_BDTRInitStructure.TIM_OSSRState = TIM_OSSRState_Enable;
TIM_BDTRInitStructure.TIM_OSSIState = TIM_OSSIState_Enable;
TIM_BDTRInitStructure.TIM_LOCKLevel = TIM_LOCKLevel_OFF;
TIM_BDTRInitStructure.TIM_DeadTime = 0x2B;
TIM_BDTRInitStructure.TIM_AutomaticOutput = TIM_AutomaticOutput_Enable; //Enable the Auto
Outputting.
TIM_BDTRConfig(TIM1, &TIM_BDTRInitStructure);

TIM_ARRPreloadConfig(TIM1, ENABLE);  //ARPE 使能
TIM_Cmd(TIM1, ENABLE);
TIM_CtrlPWMOutputs(TIM1, ENABLE);
```

4）调取速度设置函数对左侧与右侧两个电动机的初始速度、编码器计数、电动机减速比、轮子直径、轮子间距等进行初始化设置。

```
//Motor- L
MotorStructureL.EncoderLine = 512.f;  //编码器线数=光栅数 6×4
MotorStructureL.ReductionRatio = 5.0f;  //电动机减速比
MotorStructureL.EncoderValue = 0;  //编码器计数
MotorStructureL.DiameterWheel = 0.024f;  //轮子直径(m)
MotorStructureL.IntervalWheel = 0.06;  //轮子间距(m)
MotorStructureL.Speed = 0;  //速度(m/s)
//Motor- R
MotorStructureR.EncoderLine = 512.f;  //编码器线数=光栅数 16×4
MotorStructureR.ReductionRatio = 5.0f;  //电动机减速比
MotorStructureR.EncoderValue = 0;  //编码器计数
MotorStructureR.DiameterWheel = 0.024f;  //轮子直径(m)
MotorStructureR.IntervalWheel = 0.06;  //轮子间距(m)
MotorStructureR.Speed = 0;  //速度(m/s)

if(EEPROM_ReadOneByte(EEPROM_ADDR_DIFFERRATIO) == EEPROM_DATA_OK)
{
    UNION_BIT16 UnionBit16;
    UnionBit16.U8[0] = EEPROM_ReadOneByte(EEPROM_ADDR_DIFFERRATIO + 1);
    Delay_Ms(10);
    UnionBit16.U8[1] = EEPROM_ReadOneByte(EEPROM_ADDR_DIFFERRATIO + 2);
    Delay_Ms(10);
    MotorStructureR.SpeedDifferRatio = (float)UnionBit16.U16 / 1000.f;
}
else
    MotorStructureR.SpeedDifferRatio =0.985f;
}
```

（2）第二步，设置左轮与右轮的速度

根据上个步骤设置的左轮与右轮的车轮直径、轮子间距、电动机减速比等相关参数，换算成汽车的行驶速度，从而控制机器鼠的速度大小。

```
MOTOR_STR    MotorStructureL;
MOTOR_STR    MotorStructureR;
void Motor_LoopControl(MOTORCHANEL chanel,float speed)
{
    if(speed > MOTOR_SPEED_MAX)
        speed = MOTOR_SPEED_MAX;
    else if(speed < - MOTOR_SPEED_MAX)
        speed = - MOTOR_SPEED_MAX;

    if(MOTOR_L == chanel) //MOTOR_L
    {
        PID_L.vi_Ref = (float)(speed*MOTOR_CONTROL_T / MotorStructureL.DiameterWheel / PI*
MotorStructureL.EncoderLine * 4.0f * MotorStructureL.ReductionRatio);
        PID_SpeedCalc(&PID_L);
        MOTOR_SetPwmValue(MOTOR_L,PID_L.vl_PreU);
    }

    else if(MOTOR_R == chanel)//MOTOR_R
    {
        PID_R.vi_Ref = (float)(speed * MOTOR_CONTROL_T / MotorStructureR.DiameterWheel / PI *
MotorStructureR.EncoderLine * 4.0f * MotorStructureR.ReductionRatio);
        PID_SpeedCalc(&PID_R);
        MOTOR_SetPwmValue(MOTOR_R,PID_R.vl_PreU);
    }
}
```

（3）第三步，初始化

分别初始化左侧轮子与右侧轮子的 PID 控制参数；初始化整车的姿态 PD 控制器参数、设定无墙状态下的 PD 控制器参数、墙体转换后的临时 PD 参数、依靠前方传感器控制的 PD 参数。

```
void PID_Init(void)
{
    //PID- L 参数初始化
    PID_L.vi_Ref = 0 ;
  PID_L.vi_FeedBack = 0 ;
  PID_L.vi_PreError = 0 ;
  PID_L.vi_PreDerror = 0 ;
  PID_L.v_Kp = 2.5;
  PID_L.v_Ki = 1.3;
  PID_L.v_Kd = 0;
  PID_L.vl_PreU = 0;
```

```
    //PID-R 参数初始化
    PID_R.vi_Ref = 0 ;
    PID_R.vi_FeedBack = 0 ;
    PID_R.vi_PreError = 0 ;
    PID_R.vi_PreDerror = 0 ;
    PID_R.v_Kp = 2.5;
    PID_R.v_Ki = 1.3;
    PID_R.v_Kd = 0;
    PID_R.vl_PreU = 0;

    //姿态 PD 控制器参数初始化
    PDStructure.p_zero = 0.0002f;
    PDStructure.p_one = 0.00005f;
    //PDStructure.p_two = 0.0f;
    PDStructure.d_zero = 0.0005f;
    PDStructure.LastError = 0;

    //无墙状态 PD
    PDNoWallStructure.p_zero = 0.00005f;
    PDNoWallStructure.p_one = 0.0f;
    PDNoWallStructure.d_zero = 0.0f;
    PDNoWallStructure.LastError = 0;

    //墙体转换后的临时 PD 参数
    PDCutStructure.p_zero = 0.0001f;
    PDCutStructure.p_one = 0.0001f;
    PDCutStructure.d_zero = 0.0001f;
    PDCutStructure.LastError = 0;

    //依靠前方传感器控制的 PD
    PDFrontWallStructure.p_zero = 0.0005;
    PDFrontWallStructure.p_one = 0.0001;
    PDFrontWallStructure.d_zero = 0.0001;
    PDFrontWallStructure.LastError = 0;
}
```

（4）第四步，对机器鼠速度 PID 的这三个参数进行调整

因为 PD 的参数为 0，所以简称 PI 调整，如下代码仅对 PI 的部分进行公式计算。

```
signed int PID_SpeedCalc(V_PID * pp)
{
  float   error,d_error,dd_error,I_error ;

  error = pp- >vi_Ref -  pp- >vi_FeedBack;
```

```
    d_error = error - pp->vi_PreError;
    dd_error = d_error - pp->vi_PreDerror;

    pp->vi_PreError = error;
    pp->vi_PreDerror = d_error;

    if( ( error < VV_DEADLINE ) && ( error > - VV_DEADLINE ) )
    {
            pp->vi_PreError = 0;
            pp->vi_PreDerror = 0;

            pp->tClear++;

            if(pp->tClear >50)                    //500ms
            {
                pp->vl_PreU = 0;
                pp->tClear = 0;
            }
    }
    else
    {
            //PID 积分包和,必要时启用,消抖
            I_error = pp -> v_Ki *  error;
            if(I_error >= (VV_MAX/5))
            {
            I_error = VV_MAX/5;
            }
            else if(I_error <= (VV_MIN/5))
            {
            I_error = VV_MIN/5;
            }
            pp->vl_PreU += (pp -> v_Kp * d_error + I_error + pp->v_Kd * dd_error)/3;
            pp->vl_PreU += (pp -> v_Kp * d_error + pp -> v_Ki * error + pp->v_Kd * dd_error);
            pp->tClear = 0;
    }
      pp->vl_PreU = pp->vl_PreU;
    if( pp->vl_PreU >= VV_MAX )
    {
            pp->vl_PreU = VV_MAX;
    }
    else if( pp->vl_PreU <= VV_MIN )
    {
            pp->vl_PreU = VV_MIN;
    }
    return (pp->vl_PreU);
}
```

（5）第五步，对机器鼠控制姿态的 PID 参数进行调整

```
float PID_PoseController(PD_STA * Pd)
{
      Pd->Error = MovebaseStructure.ControlCenter - PD_CONTROL_MIDDLE;
   if (abs(Pd->Error - Pd->LastError) > PD_CONTROL_DEADLINE)
   {
      Pd->Error = Pd->Error > Pd->LastError ? Pd->LastError + PD_CONTROL_DEADLINE : Pd->
LastError- PD_CONTROL_DEADLINE;
   }

   float turn_P = (float)abs(Pd->Error/100) * Pd->p_one + Pd->p_zero;

   Pd->SpeedDiff = (float)(Pd->Error * turn_P) + (Pd->Error - Pd->LastError) * Pd->d_zero;

   Pd->LastError = Pd->Error;

     if(Pd->SpeedDiff > PD_SPEEDDIFF_MAX)
        Pd->SpeedDiff = PD_SPEEDDIFF_MAX;
     else if(Pd->SpeedDiff < - PD_SPEEDDIFF_MAX)
        Pd->SpeedDiff = - PD_SPEEDDIFF_MAX;

     return Pd->SpeedDiff;
}
```

（6）第六步，机器鼠左转弯与右转弯的转角闭环控制

当左转弯时，右轮顺时针转动，左轮逆时针转动，当完成转弯动作时（转弯结束后），左右轮的速度同时设定为 0，等待下一步指令；当右转弯时，右轮逆时针转动，左轮顺时针转动，当完成转弯动作时，左右轮的速度同时设定为 0。

```
void ANGLE_Handle(void)
{
     if(AngleCLStructure.Enable)
     {
        if(AngleCLStructure.AngleArm < 0)       //左转
        {
          if(OdomStructure.Angle - AngleCLStructure.AngleArm < AngleCLStructure.Tolerance) //转角结束
          {
             MotorStructureL.Speed = 0.0f;
             MotorStructureR.Speed = 0.0f;
             AngleCLStructure.Enable = false;
             ODOM_ClearForMovebase();
             MouseStructure.ThisAction = (ACTTIONMODE)AngleCLStructure.LastAction;   //机器鼠动作
切换
```

```
        }
        else
        {
          MotorStructureL.Speed = - AngleCLStructure.Speed;
          MotorStructureR.Speed = AngleCLStructure.Speed;
        }
      }
      else      //右转
      {
        if(AngleCLStructure.AngleArm - OdomStructure.Angle < AngleCLStructure.Tolerance) //转角结束
        {
          MotorStructureL.Speed = 0.0f;
          MotorStructureR.Speed = 0.0f;
          AngleCLStructure.Enable = false;
          ODOM_ClearForMovebase();
          MouseStructure.ThisAction = (ACTTIONMODE)AngleCLStructure.LastAction;  //机器鼠动作
切换
        }
        else
        {
          MotorStructureL.Speed = AngleCLStructure.Speed;
          MotorStructureR.Speed = - AngleCLStructure.Speed;
        }
      }
    }
}
```


为了方便读者使用，本书示例机器鼠可通过按键进入调试模式，该模式可以设置机器鼠前进或后退的步长以及左转或右转的角度。在不同状态下按下不同按键可以触发相应的下一状态，代码可通过书籍参考资料查看。机器鼠运动过程中，需要通过程序实时监测防止碰到墙壁，该功能通过机器人巡逻功能模块实现，其代码如下。

1）机器鼠巡逻控制：结合控制中心的运算与 PD 姿态控制器，完成对地图的巡逻和搜索的任务。代码如下：

```
/**
*@brief      机器鼠巡逻控制
** /
void MOVEBASE_Handle(void)
{
    MOVEBASE_ControlCenterCal();          //控制中心计算
    //MOVEBASE_MotionFitting();          //贝塞尔曲线-运动轨迹拟合

    if( DetectStructure.CntSwitchWall < 10)
```

```
    {
      PDStructure.LastError = 0;
      MovebaseStructure.SpeedDiff = PID_PoseController(&PDCutStructure);  //PD 姿态控制——正常控制
    }
    else
    {
      PDCutStructure.LastError = 0;
      if(DetectStructure.WallType ! = WALL_NONE)
      {
        if(MouseStructure.PdParamDebug)    //调试参数
          MovebaseStructure.SpeedDiff = PID_PoseController(&PDDebugStructure);
  //PD 姿态控制——正常控制
        else        //默认参数
          MovebaseStructure.SpeedDiff = PID_PoseController(&PDStructure); //PD 姿态控制——正常控制

        PDNoWallStructure.LastError = 0;
      }
      else
      {
        MovebaseStructure.SpeedDiff = PID_PoseController(&PDNoWallStructure);  //PD 姿态控制——
无墙矫正
        PDStructure.LastError = 0;
      }
    }

    if(MovebaseStructure.Enable)      //巡逻使能开启后
    {
      if(MovebaseStructure.DifferCalibrated || MovebaseStructure.Speed < 0.5f)  //初始中值标定完成
      {
        MotorStructureL.Speed = MovebaseStructure.Speed - MovebaseStructure.SpeedDiff;  //搜索速度
        MotorStructureR.Speed = MovebaseStructure.Speed + MovebaseStructure.SpeedDiff;
      }
      else
      {
        MotorStructureL.Speed = 0.5f - MovebaseStructure.SpeedDiff;
        MotorStructureR.Speed = 0.5f + MovebaseStructure.SpeedDiff;
      }
    }
    else
    {
      MotorStructureL.Speed = 0;
      MotorStructureR.Speed = 0;
    }
}
```

2）获取补边偏差值：偏差值是以 50 分为基准分数，如果机器鼠在行驶过程中获取的偏差值小于 50，需要及时对左轮与右轮的移动基础结构进行调整；如果偏差值大于 50，那表明当前机器鼠的状态良好，不需要调整。

```
/**
*@brief      获取补边偏差值
**/
void MOVEBASE_DifferClibration(void)
{
    if(abs(MovebaseStructure.ControlCenter) <50 && ! MovebaseStructure.DifferCalibrated)
    {
      MovebaseStructure.DifferObliqueL = AdcStructure.AdcFiltered[2] - InfraStructure.InfraThresholdLSL[2];

      MovebaseStructure.DifferObliqueR = AdcStructure.AdcFiltered[5] - InfraStructure.InfraThresholdLSL[5];

      MovebaseStructure.DifferL = AdcStructure.AdcFiltered[1] - InfraStructure.InfraThresholdLSL[1];
      MovebaseStructure.DifferR = AdcStructure.AdcFiltered[6] - InfraStructure.InfraThresholdLSL[6];

      MovebaseStructure.DifferCalibrated = true;

      BUZZER_Enable(BuzzerOK);
    }
}
```


3）控制中心用于判断道路墙体的类型，从而根据机器鼠所处的状态进行控制，包括左侧墙壁与右侧墙壁同时存在、只有单侧墙壁（只有左侧或只有右侧）、处于十字路口或者 T 字路口时双侧都没有墙壁这几种情况，机器鼠智能控制中心分别对这几种情况进行判断、计算，最后进行决策。

```
/**
*@brief      控制中心计算
**/
void MOVEBASE_ControlCenterCal(void)
{
    int differL,differR;

    DETECT_WallTypeJudge();  //道路墙体类型判别

    switch((uint8_t)DetectStructure.WallType)
    {
      case WALL_BOTHSIDES:      //左右墙
        if(AdcStructure.AdcFiltered[2] > InfraStructure.InfraThresholdUSL[2]
          || AdcStructure.AdcFiltered[5] > InfraStructure.InfraThresholdUSL[5])  //传感器数据超出双墙范围
        {
          MovebaseStructure.ControlCenter = 0;
```

```
    }
    else
    {
      differL = AdcStructure.AdcFiltered[2] - InfraStructure.InfraThresholdLSL[2];
      differR = AdcStructure.AdcFiltered[5] - InfraStructure.InfraThresholdLSL[5];
      MovebaseStructure.ControlCenter = (int) (differL - differR* InfraStructure.RatioOblique);
      MOVEBASE_DifferClibration();  //红外传感器左右中值标定
    }
    break;

  case WALL_SINGLELEFT:      //单墙：左侧
    if(AdcStructure.AdcFiltered[2] > InfraStructure.InfraThresholdUSL[2])//传感器数据超出双墙范围
    {
      MovebaseStructure.ControlCenter = 0;
    }
    else
    {
      differL = AdcStructure.AdcFiltered[2] - InfraStructure.InfraThresholdLSL[2];
      MovebaseStructure.ControlCenter = (int) (differL - MovebaseStructure.DifferObliqueL);
    }
    break;

  case WALL_SINGLERIGHT:  //单墙：右侧
    if(AdcStructure.AdcFiltered[5] > InfraStructure.InfraThresholdUSL[5])//传感器数据超出双墙范围
    {
      MovebaseStructure.ControlCenter = 0;
    }
    else
    {
      differR = AdcStructure.AdcFiltered[5] - InfraStructure.InfraThresholdLSL[5];
      MovebaseStructure.ControlCenter = (int) (MovebaseStructure.DifferObliqueR - differR);
    }
    break;

  case WALL_NONE:          //无墙：十字/T 字道路
    if(AdcStructure.AdcFiltered[1] < InfraStructure.InfraThresholdUSL[1]
      && AdcStructure.AdcFiltered[6] < InfraStructure.InfraThresholdUSL[6])//横向传感器矫正姿态
    {
      differL = AdcStructure.AdcFiltered[1] - InfraStructure.InfraThresholdLSL[1];
      differR = AdcStructure.AdcFiltered[6] - InfraStructure.InfraThresholdLSL[6];
      MovebaseStructure.ControlCenter = (int) (differL - differR*InfraStructure.RatioHorizon);
    }
```

```
        else if(AdcStructure.AdcFiltered[1] < InfraStructure.InfraThresholdUSL[1])    //左边矫正
        {
          differL = AdcStructure.AdcFiltered[1] - InfraStructure.InfraThresholdLSL[1];
          MovebaseStructure.ControlCenter = (int) (differL - MovebaseStructure.DifferL);
        }
        else if(AdcStructure.AdcFiltered[6] < InfraStructure.InfraThresholdUSL[6])    //右边矫正
        {
          differR = AdcStructure.AdcFiltered[6] - InfraStructure.InfraThresholdLSL[6];
          MovebaseStructure.ControlCenter = (int) (MovebaseStructure.DifferR - differR);
        }
        else
        {
          MovebaseStructure.ControlCenter = 0;
          PDNoWallStructure.LastError = 0;
          PDStructure.LastError = 0;
        }
        break;
    }

    //控制中心限制
    if(MovebaseStructure.ControlCenter > 300)
    {
      MovebaseStructure.ControlCenter = 300;
    }
    else if(MovebaseStructure.ControlCenter <-300)
    {
      MovebaseStructure.ControlCenter =-300;
    }
    if(DetectStructure.CntSwitchWall < 10)
      DetectStructure.CntSwitchWall ++;
    else
      DetectStructure.CntSwitchWall = 10;
}
```


5. 实操效果

将示例机器鼠置于地上，在主界面按下按键［5］+#进入调试模式；进入调试模式之后，选择选项［1］，进入前进/后退模式，继续选择选项［1］为前进，选项［2］为后退，在选择前进或后退后，选择选项［0］进行前进或后退步长的设置，单步步长为16.8cm，设置完成后按下按键“#”等待1s，机器鼠执行相应的运动。

在调试模式界面选择选项［2］进入左转/右转模式，继续选择选项［1］为左转，选项［2］为右转，在选择左转或右转后，选择选项［0］进行转角角度的设置，设置完成后按下按键“#”等待1s，机器鼠执行相应的运动。具体的操作步骤及显示界面见表6-1。

表 6-1　操作步骤、显示界面及说明

按　键	显示界面	说　明
5+#	> [1] Movement > [2] Turnning > [3] FrontAdjust	调试模式： [1] 移动 [2] 转向 [3] 正面
5+#+1+#	> [1] Forward > [2] GoBack	[1] 前进 [2] 后退
5+#+1+#+1+#	Forward: 1 step	按下 1~5 键可分别设置相应数值的前进步数
5+#+1+#+2+#	GoBack: 1 step	按下 1~5 键可分别设置相应数值的后退步数
设置步数时按“0”可设置前进/后退的步长，按“#”确认数据		
5+#+2+#	> [1] TurnLeft > [2] TurnRight	[1] 左转 [2] 右转
5+#+2+#+1+#	Turn-L: 90 Angle	左转 90°
5+#+2+#+2+#	Turn-R: 90 Angle	右转 90°
设置转向时按“0”可设置转向度数，按“#”确认数据		
5+#+3+#	Adjust-Diseable	禁用
5+#+3+#+#	Adjust-Enable	开启

第3部分

路径搜索与最优决策

被大众熟知的迷宫游戏有各种各样的类型，其中大多是要求能够在最短的时间内到达终点。而要想抵达终点用时少，除了速度要快，也需要走过的路程越短越好，俗话说“少走冤枉路”。找到一条通往终点最合适的路径，才能达到解迷宫的最佳效果。图 7-0 所示为迷宫游戏示意图。

图 7-0　迷宫游戏示意图

第 7 章 环境建模与决策

当身处迷宫中时，只有走过迷宫的每一条路才能做到了解迷宫。机器鼠也是如此，它需要先探索迷宫的每一个位置坐标并记录周围的墙体信息，探索完成之后才能了解迷宫的全貌，进而找到解迷宫的最优路线。在机器鼠行进的过程中，还需要按照一定的规则记录迷宫信息。

通过红外传感器，机器鼠在每个采样时刻可以得知自身前、左、右三个方向上一定距离内是否有墙体，而墙体毫无疑问是机器鼠走迷宫的主要路障。这些墙体信息有两个作用：一是指导机器鼠当下的搜索动作，避免机器鼠与墙体发生碰撞；二是进行环境建模，从而绘制出整体迷宫地图，用于决策机器鼠搜索方向以及计算迷宫出路。

7.1 迷宫环境建模

机器鼠解迷宫的总体思路可分为三步：

1）对迷宫问题进行数学抽象（**环境建模**），建立直角坐标系，定义方向，利用合适的数据结构存储迷宫相关信息，例如墙体的位置，使得机器鼠的“脑中”可以复现和调用出迷宫地图。

2）按照一定的搜索策略对迷宫进行高效**搜索**，在搜索过程中获取迷宫墙体信息并不断更新机器鼠“脑中”的迷宫地图。

3）基于迷宫搜索建立的迷宫地图，利用合适的算法进行**路径规划**，计算出一条破解迷宫的最优路径。

环境建模是解迷宫的第一步，是实现终极目标的基础，其具体内容包括：建立直角坐标系、绝对方向与相对方向相互转换、坐标转换、墙体信息存储。

7.1.1 坐标建立

在机器鼠正式比赛中，迷宫的尺寸为 16×16 标准方格大小，终点在迷宫正中心位置，即每行、每列各有 16 个方格，选择建立直角坐标系对这 256 个迷宫方格进行**唯一性编号**是十分合理的。根据迷宫墙体布局规则，起点处应三面有墙，机器鼠出发时头部朝向唯一没有墙的方向。由此我们以机器鼠位于起点时的初始状态为参考，定义**机器鼠位于起始点时的前方为 Y 轴正方向，后方为 Y 轴负方向，右边为 X 轴正方向，左边为 X 轴负方向**。用十六进制数 0~F 表示横、纵方向 16 个坐标位点。

如图 7-1 所示，图中绿色三角形表示机器鼠的位置，顶角表示头部朝向。那么根据机器鼠初始位置不同，建立的直角坐标系可分为两种：

1）机器鼠起点坐标为（0,0），如图 7-1a 所示，即机器鼠出发后面临的第一转弯处为**右转弯**。

2）机器鼠起点坐标为（F,0），如图 7-1b 所示，即机器鼠出发后面临的第一转弯处为**左转弯**。

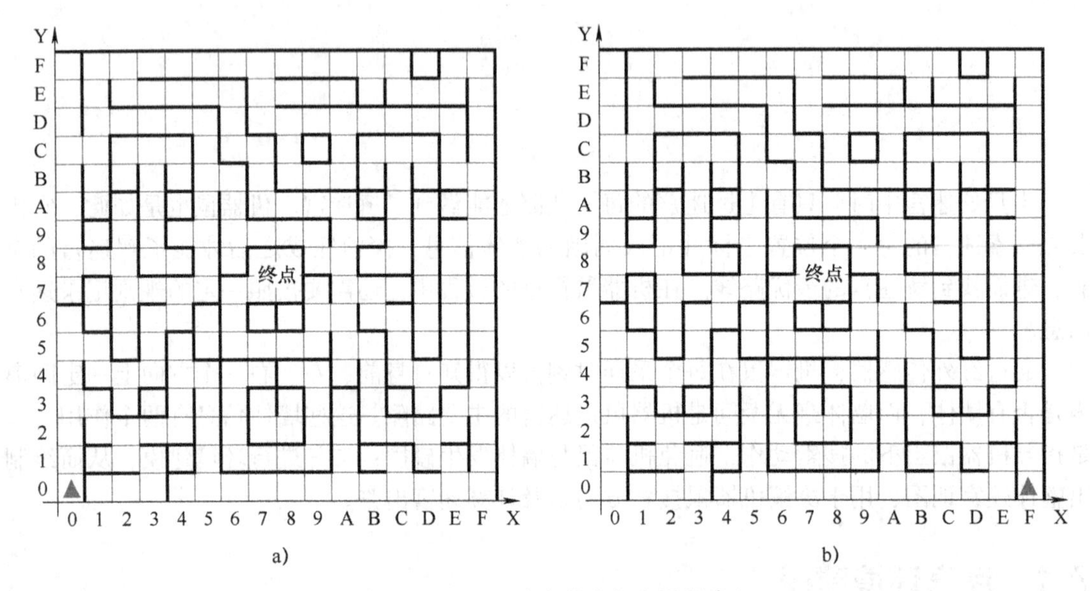

图 7-1　16 × 16 迷宫的直角坐标系建立

同理，对于 8 × 8 迷宫而言，以机器鼠初始朝向为绝对上方（Y 轴的正方向）建立坐标系，迷宫可分为两种：一种为第一个路口右转，终点位于起点的右上方，起点坐标（0,0），如图 7-2a 所示；另一种为第一个路口左转，终点位于起点的左上方，起点坐标（7,0），如图 7-2b 所示。注意此处默认终点在地图对角线位置。

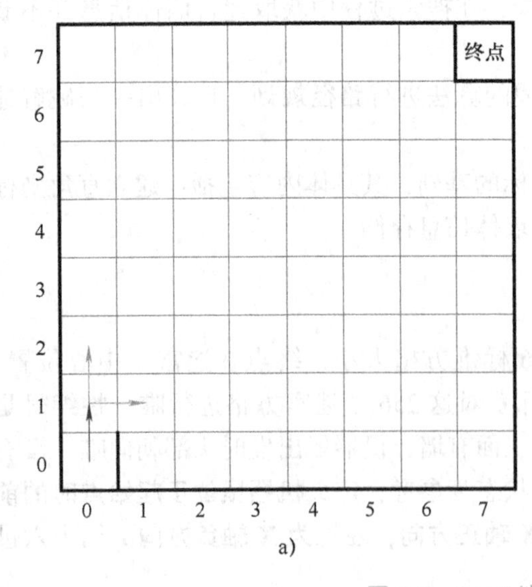

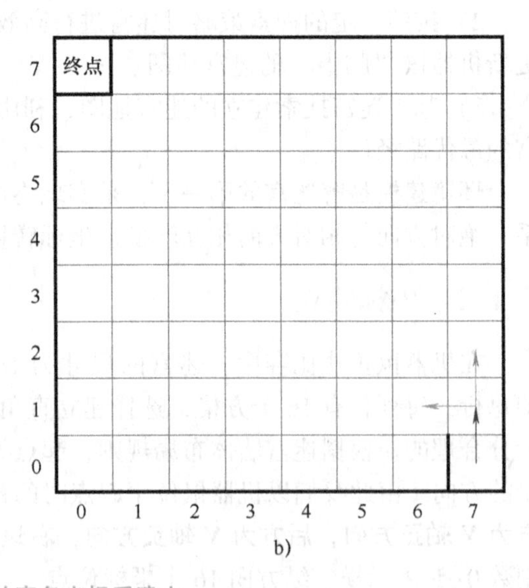

图 7-2　8 × 8 迷宫的直角坐标系建立

那么在进行环境建模初始化时，机器鼠就可以**通过检测第一个转弯口是左转弯还是右转弯来判断起点位置**，进而建立正确的**迷宫坐标系**。

有了迷宫坐标系后，还需要在机器鼠身上建立一个移动的**机器鼠坐标系**。因为以机器鼠作为参照物时，机器鼠身上的红外传感器位置和朝向是固定不变的；而以迷宫作为参照物时，这些信息就是不断变化的。为了便于表示和转换红外传感器的位置和朝向信息，在机器鼠身上也需要定义坐标系，不过不需要特别在意该坐标系中两个坐标轴的正负值定义，因为在本书中不会利用机器鼠坐标系中的距离量化，只需理所当然地以机器鼠头部朝向为上方向、尾部为下方向、右侧为右方向、左侧为左方向即可。同时使用四个整数表示这四个方向，定义上（前）方向为0，右方向为1，下（后）方向为2，左方向为3，如图 7-3 所示。

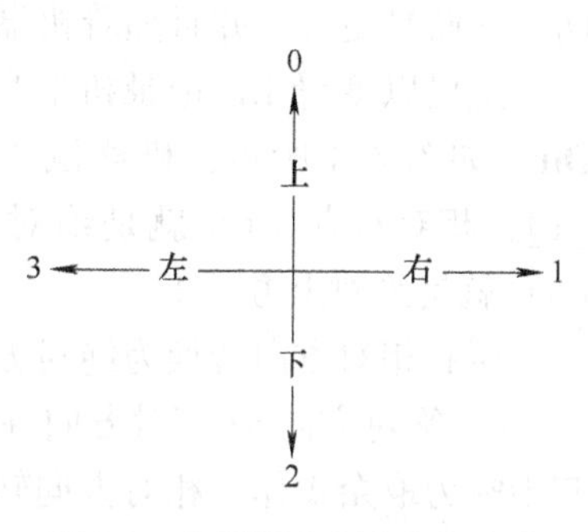

图 7-3　机器鼠坐标方向值定义

7.1.2　方向转换

对于静立在迷宫边的人来说，迷宫坐标系是静止的，而机器鼠坐标系是运动的，那么如何将随动的传感器信息转换为静止的墙体信息呢？这就涉及坐标系方向转换的问题。定义两个方向：

1）**绝对方向**：以迷宫坐标系为参照定义的上、下、左、右四个方向。

2）**相对方向**：以机器鼠坐标系为参照定义的上、下、左、右四个方向。

如图 7-4 所示，蓝色粗线表示的是绝对方向，与迷宫坐标系的定义一致；绿色细线表示的是相对方向，其“上方向”永远与机器鼠的**绝对朝向**保持一致。

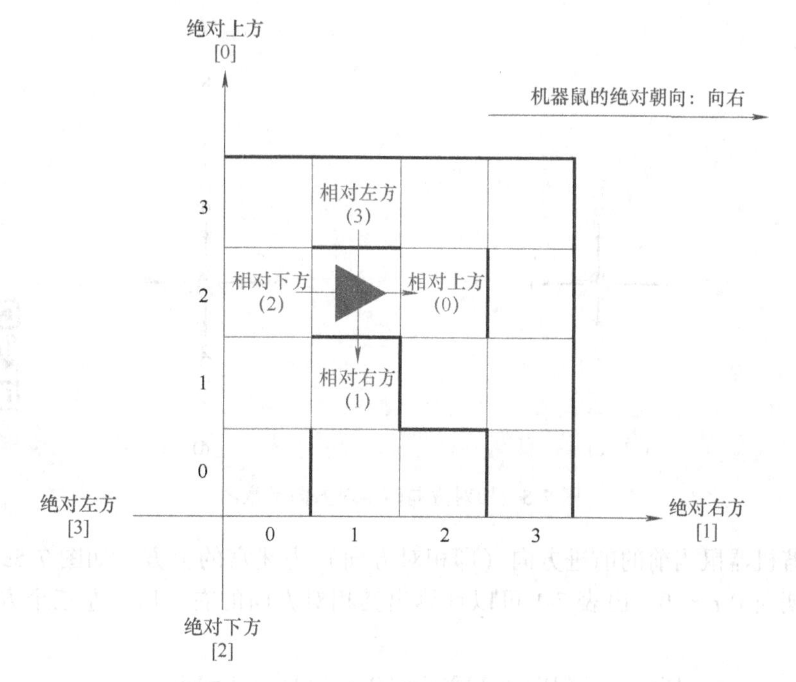

图 7-4　相对方向与绝对方向

图 7-4 彩图

1. 相对方向转换为绝对方向

相对方向转换为绝对方向主要用于将红外传感器的检测信息转换到迷宫对应的墙体信息。因为墙体是迷宫的一部分，将墙体信息定义在迷宫坐标系下的存储空间便于修改和访问。如果将墙体信息定义在随动的机器鼠坐标系中，则需要额外记录机器鼠当时的绝对朝向，存储量更大，并且随着机器鼠移动路径的增长，存储区的大小可能无法保证。

这里以变量 Dir 记录机器鼠前进方向上的绝对方向值，**即机器鼠的绝对朝向值始终为 Dir**。如图 7-4 所示，机器鼠头部的绝对朝向为向右，则其相对上方（0）就是绝对右方［1］；相对右方（1）就是绝对下方［2］；相对下方（2）就是绝对左方［3］；相对左方（3）就是绝对上方［0］。

所有相对方向转换为绝对方向的规律可以总结为

$$绝对方向 = (相对方向 + 绝对朝向)\ \%\ 4$$

其中% 为取余操作。相对方向转换为绝对方向对照表见表 7-1。

表 7-1　相对方向转换为绝对方向

绝对方向	相对方向
机器鼠前方	Dir
机器鼠右方	(Dir + 1)%4
机器鼠后方	(Dir + 2)%4
机器鼠左方	(Dir + 3)%4

图 7-5 所示为相对方向转绝对方向示意图。其中，橙色空心箭头表示绝对方向，黑色实心箭头表示相对方向，绿色三角表示机器鼠朝向。

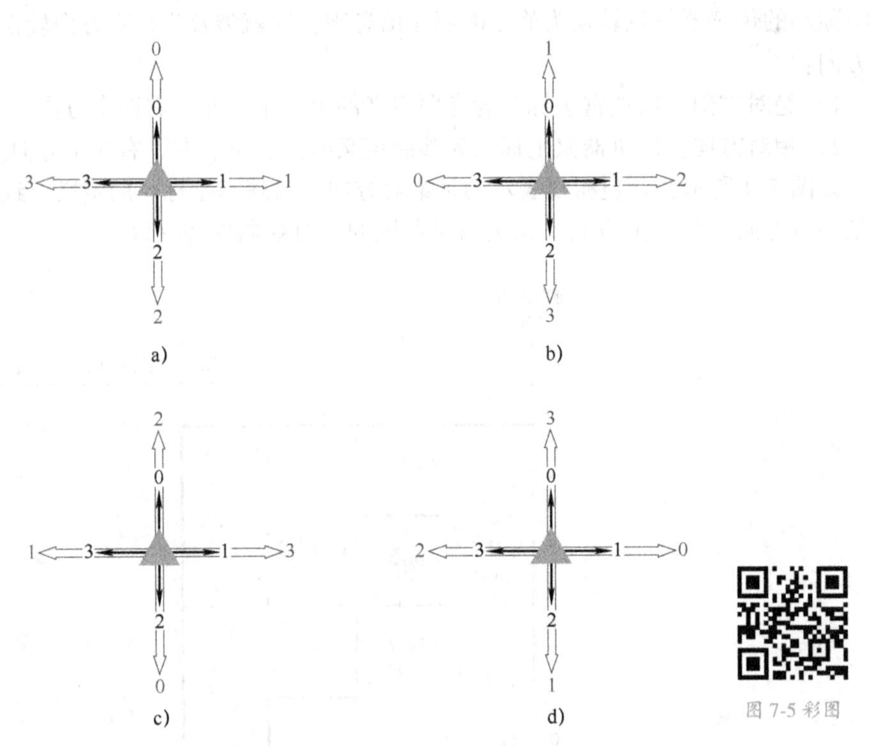

图 7-5 彩图

图 7-5　相对方向转绝对方向示意图

例如，若机器鼠当前的前进方向（即相对方向）为迷宫的上方，如图 7-5a 所示。此时机器鼠绝对朝向 Dir = 0，由表 7-1 可以计算出其相对方向的右、后、左三个方向的绝对方向值分别为

$$Dir_{rel-右} = (Dir + 1)\%4 = (0 + 1)\%4 = 1 = Dir_{abs-右}$$

$$Dir_{rel-后}=(Dir+2)\%4=(0+2)\%4=2=Dir_{abs-下}$$
$$Dir_{rel-左}=(Dir+3)\%4=(0+3)\%4=3=Dir_{abs-左}$$

对照图 7-3 可知这三个值为迷宫绝对方向的右方、下方和左方，即此时机器鼠的相对方向与绝对方向相同。

再如，当前机器鼠前进方向为迷宫绝对方向的左方，即此时 Dir = 3，如图 7-5d 所示。由表 7-1 可以计算出其相对方向右、后、左三个方向的绝对方向值分别为

$$Dir_{rel-右}=(Dir+1)\%4=(3+1)\%4=0=Dir_{abs-上}$$
$$Dir_{rel-后}=(Dir+2)\%4=(3+2)\%4=1=Dir_{abs-右}$$
$$Dir_{rel-左}=(Dir+3)\%4=(3+3)\%4=2=Dir_{abs-下}$$

参照图 7-3 可知，这三个值分别代表迷宫绝对方向的上方、右方和下方。可以看出，此时机器鼠的前方为迷宫的左方，机器鼠的左方为迷宫的下方，机器鼠的右方为迷宫的上方，机器鼠的后方为迷宫的右方。

2. 绝对方向转换为相对方向

机器鼠有时还需要根据绝对方向求出相对方向，比如要控制机器鼠转向某一个绝对方向，这时就需要计算出该绝对方向处于机器鼠的哪个相对方向上，机器鼠根据相对方向来决定转向。

根据绝对方向（Dir_{abs}）和机器鼠当前的绝对朝向（Dir）获得相对方向 Dir_{rel}，其计算公式如下：

$$Dir_{rel}=(Dir_{abs}-Dir)\%4$$

取余操作可以将计算值限定在 0~3 之间，满足方向定义，绝对方向转相对方向的对应关系见表 7-2。

表 7-2　绝对方向转换为相对方向

绝 对 方 向	相 对 方 向
上：0	(0−Dir)%4
右：1	(1- Dir)%4
下：2	(2- Dir)%4
左：3	(3- Dir)%4

例如，机器鼠当前的前进方向为迷宫的右方，如图 7-6b 所示。此时绝对朝向 Dir = 1，根据公式可计算出迷宫各个绝对方向相对于机器鼠的相对位置值：

$$(Dir_{abs-上}-Dir)\%4=(0-1)\%4=3=Dir_{rel-左}$$
$$(Dir_{abs-下}-Dir)\%4=(2-1)\%4=1=Dir_{rel-右}$$
$$(Dir_{abs-左}-Dir)\%4=(3-1)\%4=2=Dir_{rel-下}$$

即绝对上方在机器鼠的相对左方，绝对右方在机器鼠的相对前方，绝对下方在机器鼠的相对右方，绝对左方在机器鼠的相对下方。

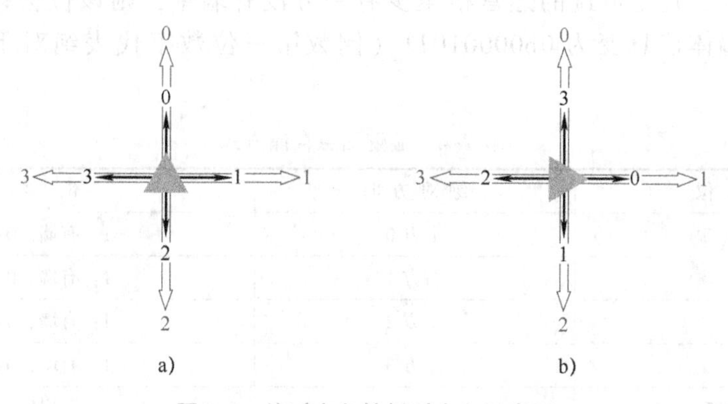

图 7-6　绝对方向转相对方向示意图

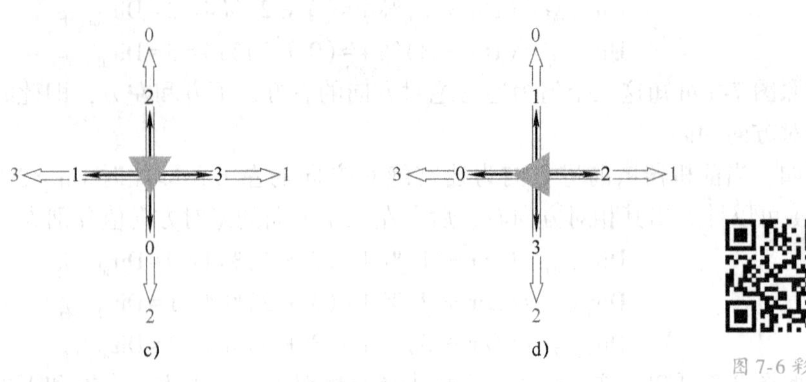

图 7-6 彩图

图 7-6　绝对方向转相对方向示意图（续）

图 7-6 中，橙色空心箭头表示绝对方向，黑色实心箭头表示相对方向，绿色三角表示机器鼠朝向。

7.1.3　坐标转换

假设已知机器鼠当前位置坐标（X,Y），那么就可以求出其某绝对方向上（相对方向可按表 7-1 转换为绝对方向）的相邻坐标值，见表 7-3。该表是可逆的，即可以根据坐标值的变化求出绝对方向。

表 7-3　坐标转换

绝 对 方 向	相 对 方 向
当前位置	(X，Y)
上方 0	(X，Y + 1)
右方 1	(X + 1，Y)
下方 2	(X，Y-1)
左方 3	(X-1，Y)

7.1.4　墙壁信息存储

每当机器鼠到达一个未搜索过的坐标时，就应该根据红外传感器的检测值更新该坐标的墙体信息。墙体信息只有两种状态：“有”或“无”，因此使用一位二进制数即可表示一面墙的状态，1 代表有墙，0 代表无墙。为了节省存储空间，使用一个字节的低四位存储一个坐标四面墙的信息。

如表 7-4 所示，迷宫共有 16 × 16 个方格，可以**定义一个 16 × 16 的二维数组变量**来保存整个迷宫墙体信息。迷宫墙体信息全部初始化为 0b00001111（长度为 8 的二进制数代表迷宫某个坐标点的墙体信息，前四位为保留位，均为 0 不变；低四位数字从右向左分别代表机器鼠位置的绝对方向上、右、下、左有无墙体信息），0b00001111 表示四面都有墙。在迷宫里，凡是走过的迷宫格至少有一方没有墙壁，则该位会被清零，例如绝对下方无墙，墙体信息变为 0b00001011（倒数第三位数字代表绝对下方，即变量位 Bit2 变为 0）。

表 7-4　墙壁信息存储方式

变 量 位	绝 对 方 向	位 含 义
Bit0	上方 0	1：有墙，0：无墙
Bit1	右方 1	1：有墙，0：无墙
Bit2	下方 2	1：有墙，0：无墙
Bit3	左方 3	1：有墙，0：无墙
Bit4 ~ Bit7		保留位

在机器鼠搜索迷宫记录当前坐标的墙体信息时，可以同时更新邻近坐标的墙体信息。如图 7-7 所示，假设机器鼠搜索到坐标（1,2）时，坐标（1,3）、（2,2）和（1,1）尚未被搜索过，则这三个相邻坐标可以根据公共墙体的信息进行更新。

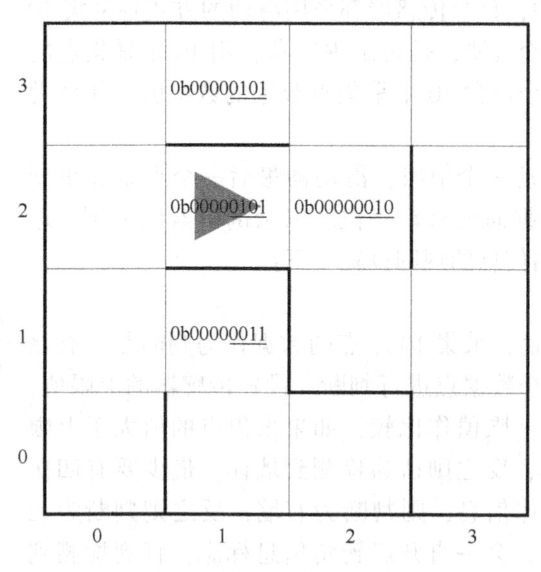

图 7-7　墙体信息存储示意图

7.2　控制决策

机器鼠在搜索地图的行动中，根据自带的红外传感器来检测墙体信息，然后依据算法策略规划下一步是按原方向行进还是减速转角，这即为机器鼠的控制决策。在机器鼠的头部设置有六个红外传感器，如图 7-8 所示，按照顺序依次标号为 1~6，通过这六个红外传感器分别来检测机器鼠的左、右、前方向是否存在墙体，1 号红外传感器检测左侧，3、4 号红外传感器检测前（上）方，6 号红外传感器检测右方，2、5 号红外传感器主要用于偏移矫正，使机器鼠一直运行在赛道中央。

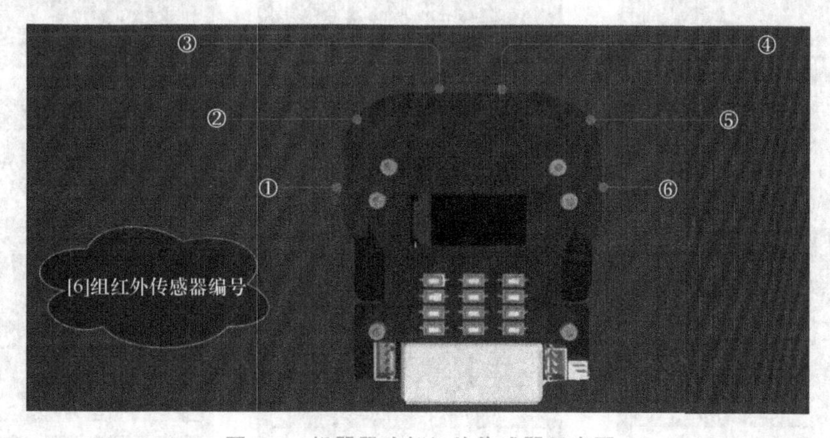

图 7-8　机器鼠头部红外传感器示意图

7.2.1　传感器检测墙体/转角信息

机器鼠在迷宫移动的过程中，六个红外传感器（以下可简称“传感器”）会对迷宫的墙体/转角信息进行检测，每个传感器都采用滑动的方式各采集 10 个点的数据，以判断是否有墙，是否出现转角，用 10 个采集点的数据构成一个数组，这个包含 10 个采集点数据的数组就叫作滑动器，如图 7-9 所示。

每当滑动器向前滑动一个值时，滑动器最后一个点就会得到一个新的数据，整体数据向前移动一位。以示例机器鼠为例，通过传感器检测墙体/转角信息的规则设置如下：

1. 墙体信息检测

通过滑动器滑动取值，采集 10 个点的数据作为判断是否有墙的依据，主要依据后 5 个数据点进行判断。设置传感器的上限值，将采集点采集的数据与上限值作比较，如果采集点的值大于上限值，说明未检测到墙体，反之则认为检测到墙体，最少要有四次通过采集点检测到有墙体信息，则判断为有墙，反之则判断为无墙。在满足有墙条件后，会一直开启转角信息标志，直到检测到转角信息。墙体信息检测示意图如图 7-10 所示。

新数据
9
8
7
6
5
4
3
2
1
0
舍弃
向前滑动
滑动器
新的数据进入最后一位，第一位数据舍弃

图 7-9　迷宫搜索滑动器

2. 转角信息检测

在机器鼠检测过程中，遇到转角时，墙体会从有墙转变为无墙，滑动器在滑动过程中，后 5 个数据中检测到无墙的采集点会逐渐变多，当检测为无墙的采集点≥3 个时，则判断为有转角信息，反之则判断为无转角信息。当机器鼠检测到转角信息后，会关闭转角信息标志。转角信息检测示意图如图 7-11 所示。

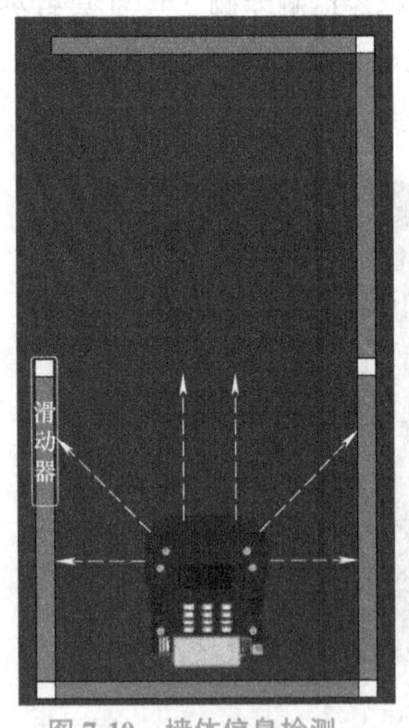

图 7-10　墙体信息检测

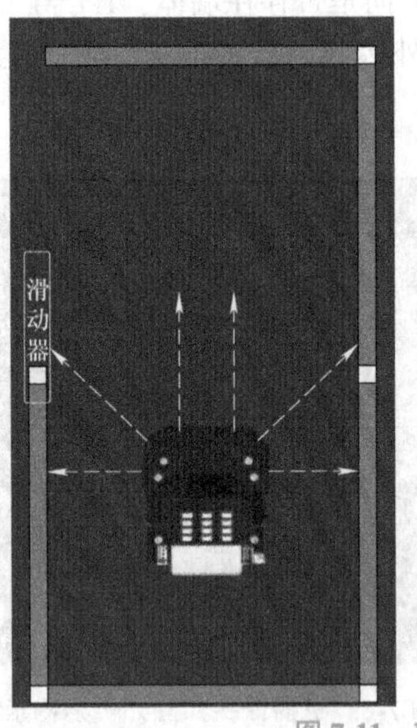

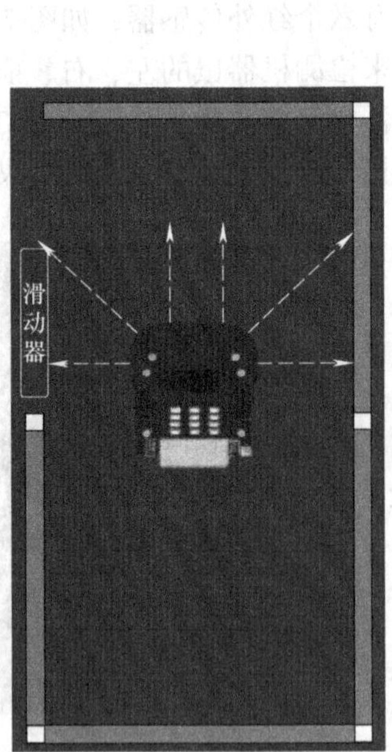

图 7-11　转角信息检测

7.2.2 运动控制决策（搜索和冲刺）

机器鼠的运动控制策略有两种：搜索策略和冲刺策略。搜索策略就是机器鼠从起点开始搜索地图，标记墙体信息，对迷宫进行环境建模。冲刺策略就是机器鼠从起点开始，根据搜索策略规划出的路径，即时获取下一步动作信息以到达终点。机器鼠在执行搜索策略和冲刺策略时有三种状态：常规状态、姿态矫正和步长控制。机器鼠会在三种状态下不断切换，以此保证每一步动作精确且平稳地执行。

1. 常规状态

指机器鼠正常前行状态，每前行 18cm，即一个单元格距离，即位移一步，如图 7-12 所示。

2. 姿态矫正

当机器鼠的 1、6 号红外传感器检测到转角信息（在左侧或右侧）时，就会发生姿态矫正，目的是清除步长误差，让机器鼠位移到下一坐标的中心位置，保证机器鼠每位移一步均为 18cm，如图 7-13 所示。

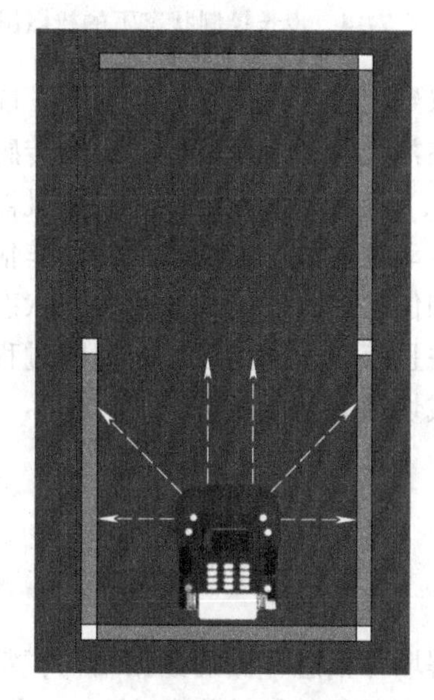

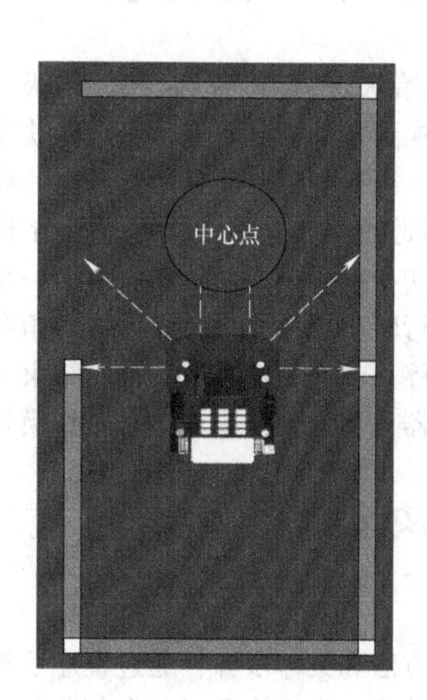

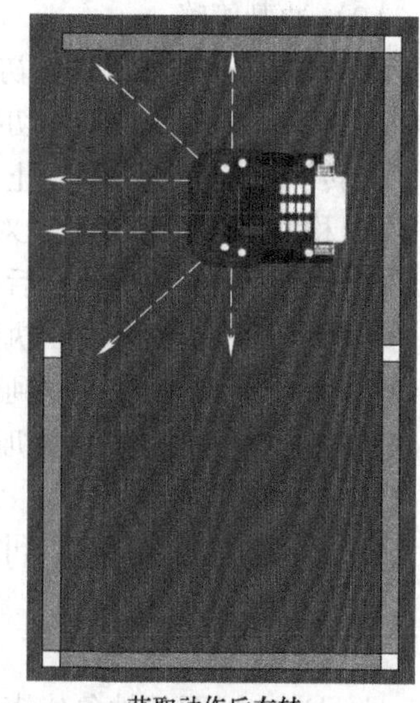

图 7-12 常规状态下的机器鼠

图 7-13 姿态矫正状态下的机器鼠

3. 步长控制

机器鼠只有在巡逻（直行）状态下，才会获取下一步动作信息，即切换至步长控制状态。机器鼠在获取到动作信息后，会执行相应动作（比如直行或转弯），然后再切换回常规（直行）状态。步长控制用以保证每步动作信息都完整准确地执行，如图 7-14 所示。

上述三种状态不断切换。

1）常规状态下，机器鼠在每位移一步后会直接切换到步长控制状态。

2）如果前方有墙体信息并且传感器 3、4 连续 5 次的采集值都小于避障阈值时，表示前方距离墙体较近，会切换状态至步长控制状态，即获取下一步动作信息，并执行相应动作。

3）当传感器 1、6 检测到转角信息时，将会清空里程计的数据，切换到姿态矫正状态（目的是使机器鼠位移至下一坐标的中心位置）。

机器鼠的搜索策略和冲刺策略就是让机器鼠在三种状态中不断地切换，以实现迷宫搜索与冲刺。

(1) 搜索策略

机器鼠会先获取起点位置的墙体信息，调用一次获取机器鼠下一步动作信息的函数，获取下一步动作信息。一般会获取到五种动作信息，分别是：前进、左转、右转、掉头和停止。当获取到的信息为前进时，在常规状态下执行巡逻（直行）；当传感器1、6检测到转角信息时，对巡逻用的里程计数据进行清零，进入姿态矫正状态，让机器鼠移动到坐标的中心位置，后切换到步长控制状态获取下一步动作信息；当获取到的动作信息为左转、右转、调头时，执行转角闭环，只有在完成转角和位移后，才能切换回常规状态继续巡逻；当机器鼠在获取到停止动作的信息后，结束搜索并且进行路径规划，获取冲刺路径信息。

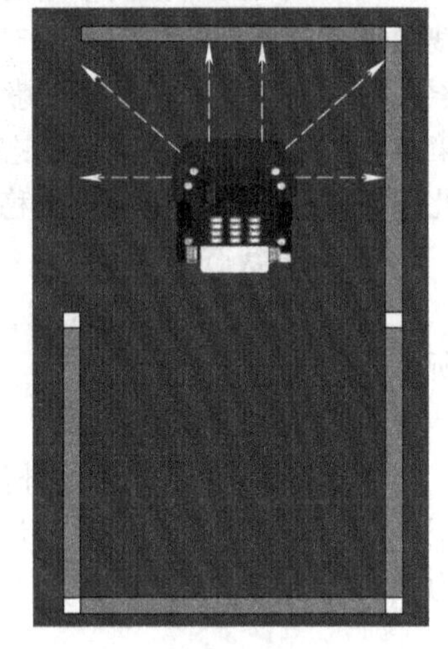

图7-14　步长控制状态下的机器鼠

(2) 冲刺策略

机器鼠在开始冲刺时，初始状态为步长控制状态，获取机器鼠下一步动作信息并切换到常规状态，这时一般会获取到五种动作信息，分别是：前进、左转、右转、掉头和停止。当获取到的信息为前进时，在常规状态下执行巡逻；当传感器1、6检测到转角信息时，对巡逻用的里程计数据进行清零，进入姿态矫正状态，让机器鼠移动到坐标的中心位置，后切换到步长控制状态获取下一步动作信息；当获取到的动作信息为左转、右转、掉头时，执行转角闭环，只有在完成转角和位移后，才能切换回常规状态继续巡逻，当机器鼠在获取到停止动作的信息后，冲刺结束并且获取返回路径，在返回过程中获得停止动作的信息后，机器鼠切换到停止状态，工作模式切换到空闲状态。

7.3 环境建模与控制决策实践

1. 实践目标

学习迷宫地图的抽象建模方法和具体步骤，通过程序了解墙体信息存储的数据结构，掌握相对方向与绝对方向的转换公式，掌握机器鼠起点判断与迷宫地图的初始化方法。

基于8×8的迷宫环境，完成机器鼠程序的调试，进行起点坐标判断，实现迷宫墙体信息的记录并验证。

2. 知识要点

(1) 环境建模问题

1）机器鼠解迷宫问题中，迷宫环境建模具体包括：建立坐标系对每个迷宫格进行唯一性位置标识；定义绝对方向与相对方向以及二者之间的转换；定义并存储墙体信息。

2）以地图的长×宽的二维数组变量存放整个迷宫的墙体信息，以一个字节（8bit）变量的低四位分别存储一个方格四面的墙体信息，一位二进制数表示一面墙的有无，0表示无墙，1表示有墙。

3）相对方向转换为绝对方向（“%”为取余操作，下同）：

$$绝对方向 = (相对方向 + 绝对朝向)\%4$$

4）绝对方向转换为相对方向：

相对方向 =（绝对方向 - 绝对朝向）%4

5）起点判断：若机器鼠出发后遇到的第一个转弯点为右转弯，则起点为（0,0）；若遇到的第一个转弯点为左转弯，则起点为（地图长-1,0）。

6）地图初始化：将地图长 × 宽二维数组表示的迷宫地图每个坐标的墙体信息初始化为0b00001111，即所有迷宫格四面皆有墙。先用一维数组存储机器鼠从出发至第一次转弯经过的若干个迷宫格的墙体信息，在完成起点判断后，记录当前机器鼠位置并补充更新已经过的迷宫格的墙体信息，注意起点坐标的墙体信息为0b00001110，即前面无墙，左右及后面都有墙。

（2）机器鼠的控制决策

1）机器鼠开机：机器鼠初始化，清空机器鼠之前搜索的信息，根据场地大小通过按键设置迷宫大小、终点坐标（机器鼠示例程序中迷宫大小默认为 8 × 8），将机器鼠的搜索状态初始化为初始重置状态。

2）机器鼠搜索：机器鼠工作模式切换为搜索状态，开始搜索迷宫，先标记起点坐标的墙体信息，机器鼠每执行一步动作（巡逻、转角等）后，获取当前坐标点的墙体信息，将获取到的墙体信息转换为二进制存储，将墙体信息赋值给算法中的墙体变量，作为搜索迷宫地图的依据，当搜索到终点时，就停止搜索。

3）机器鼠冲刺：机器鼠切换为冲刺状态，规划起点到终点的最优路径，指导机器鼠从起点冲刺到终点。

3. 程序框图

如图 7-15 所示，根据竞赛规则可以将机器鼠的工作状态主要分为以下几个阶段：起点检测阶段、搜索阶段、搜索返回阶段、冲刺阶段、冲刺返回阶段。不同状态下的机器鼠要执行的程序被封装在若干个子程序中，总体来说，无论机器鼠处于何种状态，主循环都包括以下三个部分：

1）获取传感器返回值，即四周墙体信息。

2）根据不同状态采用不同策略决策出机器鼠下一步的动作。

3）执行动作。

本节主要介绍“起点检测”状态下的机器鼠要执行的具体工作，其他状态的相关程序将在后续章节中介绍。

“起点检测”子函数的程序框图如图 7-16 所示，当机器鼠第一次位于起点时，它并不知道起点坐标的位置，因此在遇到第一个转弯处判断出起点坐标之前，它需要将从起点到转弯处的环境信息额外记录，在判断出起点位置后再写入对应的迷宫墙体信息。

显然在遇到转弯之前，机器鼠只能直走，那么墙体信息必然为“左、右均有墙，前、后均无墙”，因此这里可以简单地使用一个整数变量 begin_count 记录起点到第一个转弯处的迷宫格数，即机器鼠走过的步数。在检测出转弯时可以确定出以下信息：

1）起点坐标为（start,0），第一个路口为左转，start 为地图的长-1。

2）机器鼠当前位置为(start,begin_count)。

3）起点坐标的墙体信息为0b00001110。

4）坐标（start,i），$i \in [1, begin\_count-1]$ 的墙体信息为0b00001010。

起点判定之后，该迷宫的坐标系也就确定了，将机器鼠的工作状态由“起点检测”变为“搜索迷宫”，在后续章节中将介绍多种迷宫的搜索策略。

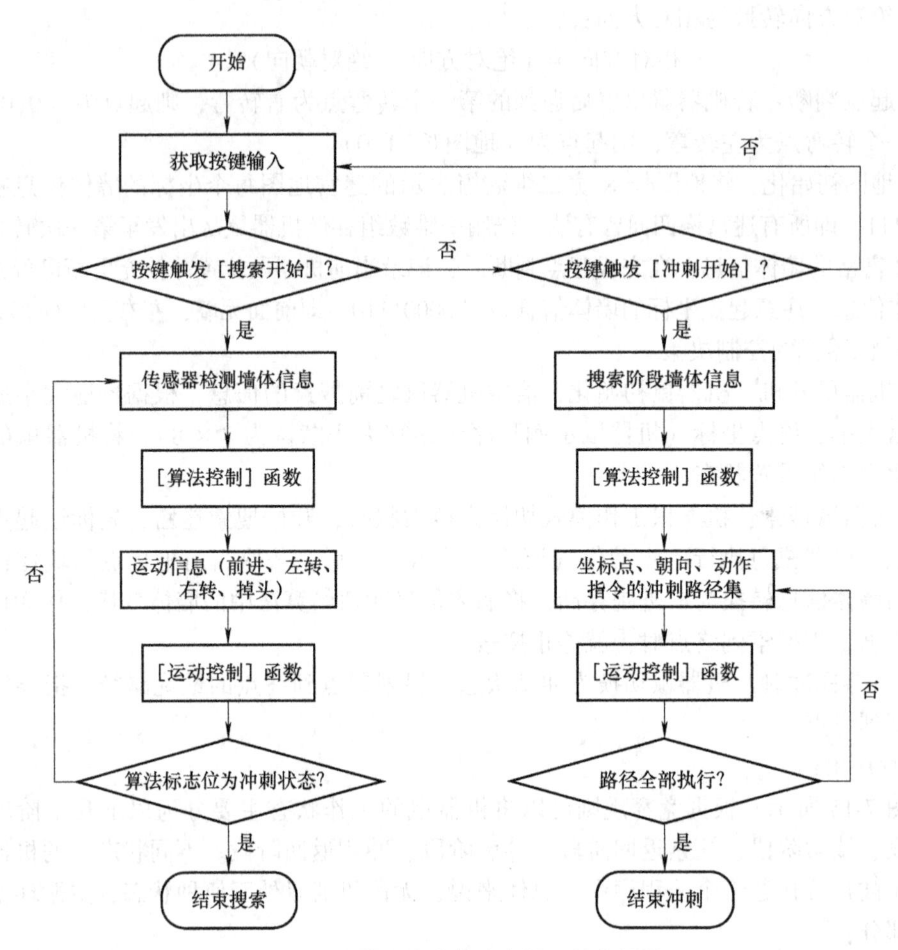

图 7-15　机器鼠迷宫搜索主循环程序框图

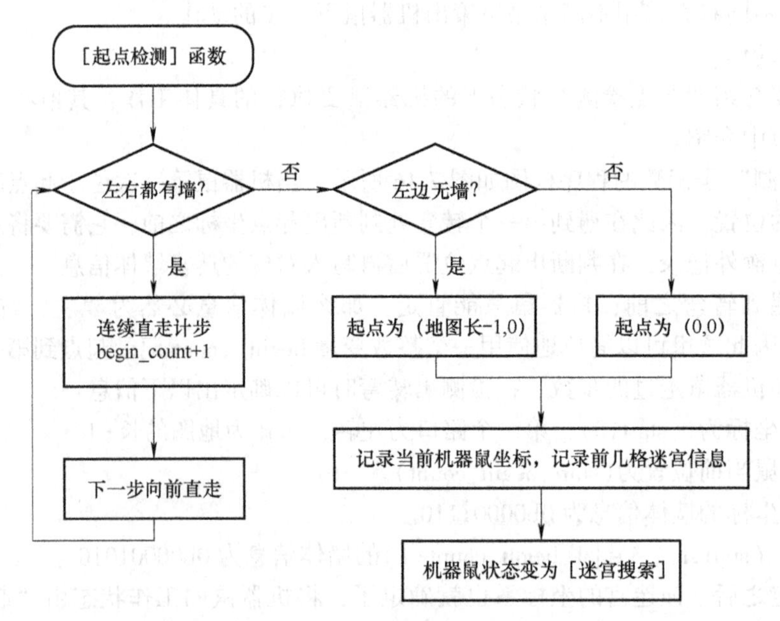

图 7-16　机器鼠“起点检测”子函数程序框图

4. 代码解读

1）结构体定义：为便于理解，定义三种特殊结构体，结构体 Axis 表示坐标，包括横坐标 axis_x、纵坐标 axis_y 和朝向 axis_toward；结构体 Maze 用于存储迷宫信息，本节中只设定了墙体信息 wall_info，在后续章节中会增加其他与迷宫位置相关的信息；结构体 InfraredAg 用于存放最近一次红外传感器的检测返回值，注意红外传感器返回值为 1 表示有障碍，返回值为 0 表示无障碍，例如 InfraredAg. Left_Wall == 1 表示左边有墙。

```
typedef struct
{
    unsigned char axis_x;              //横坐标
    unsigned char axis_y;              //纵坐标
    unsigned char axis_toward;         //朝向
}Axis;
typedef struct
{
    unsigned char wall_info;                  //墙体信息：1 表示有墙，0 表示没墙
    unsigned short int pass_times;            //经过次数
    unsigned short int contour_value;         //等高值
    unsigned char node_type;                  //节点类型：1 表示已经搜索的，0 表示未搜索
}Maze;
typedef struct
{
    unsigned char Left_Wall;             //左平
    unsigned char Ad_LeftOblique;        //左斜
    unsigned char FrontLeft_Wall;        //左竖
    unsigned char FrontRight_Wall;       //右竖
    unsigned char Ad_RightOblique;       //右斜
    unsigned char Right_Wall;            //右平
}InfraredAg;
```

2）宏定义与变量定义：如以下源代码定义若干变量，其中机器鼠的工作状态用变量 mouse_period_work 表示，其取值可为：RESETINIT、CHECKSTART、SEARCHMAZE、SEARCHSTOP、BACK2START、RUSH2END；机器鼠下一步的动作用变量 mouse_next_move 表示，其取值可为：UP、RIGHT、DOWN、LEFT，默认值为向前直走。

```
#define UP            0               //机器鼠朝向：上方向
#define RIGHT           1             //机器鼠朝向：右方向
#define DOWN            2             //机器鼠朝向：下方向
#define LEFT        3                 //机器鼠朝向：左方向
#define RESETINIT           0         //机器鼠工作状态：初始重置阶段
#define CHECKSTART            1       //机器鼠工作状态：起点检测阶段
#define SEARCHMAZE             2      //机器鼠工作状态：搜索迷宫阶段
#define BACK2START            3       //机器鼠工作状态：搜索返回阶段
#define RUSH2END          4           //机器鼠工作状态：冲刺终点阶段
#define SEARCHSTOP            5       //机器鼠工作状态：停止空闲阶段
```

3）相关函数：本节重点讲解起点检测、传感器信息获取、墙体信息存储、方向坐标转换的相关函数。

```
void MouseSearch(void);           //搜索迷宫
void StartCheck(void);            //判断起点坐标
void MazeInit(void);              //迷宫初始化
void MouseMove(void);                         //机器鼠执行运动
unsigned char GetWallInfo(void);              //获取墙体信息
unsigned char DirRel2Abs(unsigned char _rel_dir);  //相对方向转绝对方向
unsigned char DirAbs2Rel(unsigned char _abs_dir);  //绝对方向转相对方向
unsigned char DirAxis2Dir(Axis now_axis, Axis next_axis);  //根据当前坐标和下一坐标判断下一步朝向方向
AxisMoveOneStep(Axis _axis, unsigned char_dir);  //根据当前坐标和之后的运动朝向,计算下一步坐标
void SEARCH_Handle(void)       //机器鼠迷宫搜索控制
void SEARCH_GetGoal(void)      //达到目标点动作+位置计算
void NAVI_Handle(void)         //机器鼠导航冲刺控制
void NAVI_GetGoal(void)        //目标点转向计算
```

4）迷宫信息初始化：将地图长×宽迷宫格的墙体信息初始化为四面有墙。

```
/*************************************************************
*@Name: MazeInit
*@Function: 根据地图长、宽初始化信息
*************************************************************/
void MazeInit(void)
{
  unsigned char axis_x,axis_y;

  if(algorithm.mazeSizeX > 32 || algorithm.mazeSizeY > 32)
  {
    algorithm.mazeSizeX = 8;
    algorithm.mazeSizeY = 8;
  }
  for(axis_x=0; axis_x<algorithm.mazeSizeX; axis_x++)
  {
    for(axis_y=0; axis_y<algorithm.mazeSizeY; axis_y++)
    {
      algorithm.maze_info[axis_x][axis_y].wall_info = 0x0f;      //记录起点的墙体信息为0b00001111,
高四位不用永为0，低四位1（左）1（下）1（右）1（上），1为有墙，0为无墙
      algorithm.maze_info[axis_x][axis_y].pass_times = 0;          //记录坐标点的经过次数
      algorithm.maze_info[axis_x][axis_y].contour_value = 65535;
  //默认等高值为unsigned short int的最大值65535
      algorithm.maze_info[axis_x][axis_y].node_type = 0;
    //为0表示该节点未被搜索过或正在被搜索，为1表示该节点已被搜索过
```

```
        }
    }
}
```

5）起点检测：根据传感器返回值判断是否存在拐弯处，传感器返回值封装在结构体 InfraredAg 中，如果左右有墙，机器鼠工作状态仍保持为 CHECKSTART，直走计步变量 begin_count+1，下一步继续直走，主循环在传感器采样后仍会进入子函数 StartCheck()。机器鼠不可能无限直走下去，对于 16 × 16 的迷宫来说，最多直走 16 步就一定会遇到转弯口，因此 begin_count < MAZESIZE。但机器鼠检测到左边或右边无墙时，即可确定坐标系和起点坐标，并且当前机器鼠的纵坐标 mouse_axis. axis_y = begin_count，前 begin_count-1 步的墙体信息为 0b00001010（0x0a），起点的墙体信息为 0b00001110（0x0e）。对以上信息赋值后，将机器鼠的工作状态由 CHECKSTART 变为 SEARCHMAZE，则主循环不再执行本函数。

需要指出的是，根据竞赛规则，对于 16 × 16 的迷宫场地，终点位于迷宫正中心位置，坐标为（7,7）或（7,8）；对于 8 × 8 的迷宫场地，终点设置在斜对角；对于其他自定义地图，如果设置指定终点则前往指定终点，否则终点设置在斜对角。

```
/*************************************************************
*@Name: StartCheck
*@Function: 起点检测，记录遇到第一个路口前的迷宫信息
*************************************************************/
void StartCheck(void)
{
  if ((algorithm.infraredAg.Left_Wall==1) && (algorithm.infraredAg.Right_Wall==1))
          //如果机器鼠的左右两侧检测到墙体
  {
    if(algorithm.infraredAg.FrontLeft_Wall == 1 || algorithm.infraredAg.FrontRight_Wall == 1)
      //如果行进到尽头还没有检测到路口
    {
      algorithm.NextMovement = Stop;      //重置运动指令
      algorithm.mouse_next_move = UP;
      algorithm.mouse_period_work = SEARCHSTOP;  //状态置为 SEARCHSTOP 停止状态
      #ifdef _SIMULATION                        //仿真宏定义_SIMULATION 定义时
      while (! (*(sharedMemory.pBuffer + 1) && ! (*(sharedMemory.pBuffer + 8))))
        Sleep(1);
      if (*(sharedMemory.pBuffer + 1) && ! (*(sharedMemory.pBuffer + 8)))      //可以写入数据
      {
        *(sharedMemory.pBuffer + 8) = 1;
        *(sharedMemory.pBuffer + 0) = 3;
        *(sharedMemory.pBuffer + 9) = algorithm.NextMovement;
        *(sharedMemory.pBuffer + 10) = algorithm.mouse_axis.axis_x;
        *(sharedMemory.pBuffer + 11) = algorithm.mouse_axis.axis_y;
        *(sharedMemory.pBuffer + 12) = algorithm.mouse_axis.axis_toward;
      }
```

```
        #else
        algorithm.errorState = Error_StartDetection;   //记录起点检测错误
        #endif
        return;
    }
    algorithm.begin_count++;  //记录起点连续前行个数 algorithm.begin_count
    algorithm.mouse_next_move = UP;  //下一动作为前进
}
else
{
    if (algorithm.infraredAg.Left_Wall == 0)   //如果第一个路口为左转路口
    {
        if(algorithm.mazeSizeX == 8 && algorithm.mazeSizeY == 8)
                //如果地图尺寸为8×8，赋值开始和结束坐标点
        {
            algorithm.maze_start_axis.axis_x = 7;
            algorithm.maze_start_axis.axis_y = 0;
            algorithm.maze_end_axis.axis_x = 0;
            algorithm.maze_end_axis.axis_y = 7;
        }
        else if(algorithm.mazeSizeX == 16 && algorithm.mazeSizeY == 16)
    //如果地图尺寸为16×16，赋值开始和结束坐标点
        {
            algorithm.maze_start_axis.axis_x = 15;
            algorithm.maze_start_axis.axis_y = 0;
            algorithm.maze_end_axis.axis_x = 8;
            algorithm.maze_end_axis.axis_y = 7;
        }
        else if(algorithm.maze_end_axis.axis_x ! = 32 && algorithm.maze_end_axis.axis_y ! = 32)
    //如果已自定义结束点，赋值开始坐标点
        {
            algorithm.maze_start_axis.axis_x = algorithm.mazeSizeX - 1;
            algorithm.maze_start_axis.axis_y = 0;
            if(algorithm.maze_end_axis.axis_x >= algorithm.mazeSizeX
              || algorithm.maze_end_axis.axis_y >= algorithm.mazeSizeY)
            {
                algorithm.maze_end_axis.axis_x = algorithm.mazeSizeX - 1;
                algorithm.maze_end_axis.axis_y = algorithm.mazeSizeY - 1;
            }
        }
        else        //否则设置开始和结束点为地图的两个对角
        {
            algorithm.maze_start_axis.axis_x = algorithm.mazeSizeX - 1;
```

```
            algorithm.maze_start_axis.axis_y = 0;
            algorithm.maze_end_axis.axis_x = 0;
            algorithm.maze_end_axis.axis_y = algorithm.mazeSizeY - 1;
        }
    }
    if (algorithm.infraredAg.Right_Wall == 0)   //如果第一个路口为右转路口
    {
        if(algorithm.mazeSizeX == 8 && algorithm.mazeSizeY == 8)
    //如果地图尺寸为8×8，赋值开始和结束坐标点
        {
            algorithm.maze_start_axis.axis_x = 0;
            algorithm.maze_start_axis.axis_y = 0;
            algorithm.maze_end_axis.axis_x = 7;
            algorithm.maze_end_axis.axis_y = 7;
        }
        else if(algorithm.mazeSizeX == 16 && algorithm.mazeSizeY == 16)
    //如果地图尺寸为16×16，赋值开始和结束坐标点
        {
            algorithm.maze_start_axis.axis_x = 0;
            algorithm.maze_start_axis.axis_y = 0;
            algorithm.maze_end_axis.axis_x = 7;
            algorithm.maze_end_axis.axis_y = 7;
        }
        else if(algorithm.maze_end_axis.axis_x ! = 32 && algorithm.maze_end_axis.axis_y ! = 32)
     //如果已自定义结束点，赋值开始坐标点
        {
            algorithm.maze_start_axis.axis_x = 0;
            algorithm.maze_start_axis.axis_y = 0;
            if(algorithm.maze_end_axis.axis_x >= algorithm.mazeSizeX
              || algorithm.maze_end_axis.axis_y >= algorithm.mazeSizeY)
            {
              algorithm.maze_end_axis.axis_x = algorithm.mazeSizeX - 1;
              algorithm.maze_end_axis.axis_y = algorithm.mazeSizeY - 1;
            }
        }
        else        //否则设置开始和结束点为地图的两个对角
        {
            algorithm.maze_start_axis.axis_x = 0;
            algorithm.maze_start_axis.axis_y = 0;
            algorithm.maze_end_axis.axis_x = algorithm.mazeSizeX - 1;
            algorithm.maze_end_axis.axis_y = algorithm.mazeSizeY - 1;
        }
    }
```

```
    algorithm.mouse_axis.axis_x = algorithm.maze_start_axis.axis_x;    //机器鼠默认方向为Y轴正方向，机器鼠到达路口后X为起点x
    algorithm.mouse_axis.axis_y = algorithm.begin_count;  //y为遇到第一个路口前连续前进的点数
    algorithm.mouse_axis.axis_toward = algorithm.mouse_abs_dir;
    algorithm.mouseNowAxis.axis_x = algorithm.mouse_axis.axis_x;  //更新机器鼠的当前坐标和朝向
    algorithm.mouseNowAxis.axis_y = algorithm.mouse_axis.axis_y;
    algorithm.mouseNowAxis.axis_toward = algorithm.mouse_abs_dir;  //更新此时坐标的等高值
    algorithm.maze_info[algorithm.mouse_axis.axis_x][algorithm.mouse_axis.axis_y].contour_value = algorithm.begin_count;
    algorithm.stack_point = algorithm.begin_count; //记录机器鼠曾走过的点的个数
    algorithm.mouse_stack[algorithm.begin_count].axis_x = algorithm.maze_start_axis.axis_x;
    algorithm.mouse_stack[algorithm.begin_count].axis_y = algorithm.begin_count;  //记录机器鼠曾走过的点
    algorithm.begin_count --;
    for (;algorithm.begin_count>0;algorithm.begin_count --)
    {
      algorithm.maze_info[algorithm.maze_start_axis.axis_x][algorithm.begin_count].wall_info &= 0x0a;
      //记录开始检测阶段每一个点的墙体信息为0b00001010，高四位不用永为0，低四位1（左）0（下）1（右）0（上），1为有墙，0为无墙
      //记录等高值
      algorithm.maze_info[algorithm.maze_start_axis.axis_x][algorithm.begin_count].contour_value = algorithm.begin_count;
      algorithm.mouse_stack[algorithm.begin_count].axis_x = algorithm.maze_start_axis.axis_x;
      algorithm.mouse_stack[algorithm.begin_count].axis_y = algorithm.begin_count;  //记录机器鼠走过的点
    }
    algorithm.maze_info[algorithm.maze_start_axis.axis_x][0].wall_info &= 0x0e;  //记录起点的墙体信息为0b00001110，高四位不用永为0，低四位1（左）1（下）1（右）0（上），1为有墙，0为无墙
    algorithm.maze_info[algorithm.maze_start_axis.axis_x][0].contour_value = 0;       //记录等高值
    algorithm.mouse_stack[0] = algorithm.maze_start_axis; //记录机器鼠曾走过的点
    algorithm.mouse_period_work = SEARCHMAZE; //切换状态到SEARCHMAZE搜索状态

    #ifdef _SIMULATION                              //仿真宏定义_SIMULATION定义时
    #else
      BleStructure.StartEndEnable = true;  //竞速模式下通过蓝牙发送始点、终点信息
    #endif
  }
  #ifdef _SIMULATION                                //仿真宏定义_SIMULATION定义时
  #else
    if(BleStructure.MomentMark == 0)
    {
      BleStructure.MomentMark = 1;
```

```
        BleStructure.MomentEnable = true;  //竞速模式下通过蓝牙发送运动时刻
    }
  #endif
}
```

6）相对方向转绝对方向：红外传感器是随机器鼠而动的，因此检测到的墙面信息是相对于机器鼠的，所以在记录墙体信息时需要将相对方向（以机器鼠为参考）转换为绝对方向（以迷宫坐标系为参考）。依据机器鼠当前头部朝向套用公式将相对方向转换为绝对方向。

```
/***********************************************************
*@Name: DirRel2Abs
*@Input: _rel_dir：相对朝向
*@Output: abs_dir：绝对朝向
*@Function：根据输入的相对朝向，结合机器鼠的绝对朝向，计算一个绝对朝向
***********************************************************/
unsigned char DirRel2Abs(unsigned char _rel_dir)
{
  unsigned char mouse_dir = algorithm.mouse_abs_dir;
  unsigned char rel_dir = _rel_dir;
  unsigned char abs_dir;
  abs_dir = (mouse_dir + rel_dir)%4;
  return abs_dir;
}
```

7）绝对方向转相对方向：根据搜索算法决策机器鼠下一步要探索的坐标时给出的是绝对方向，因此需要将其转换为相对于机器鼠而言的运动方向。依据机器鼠当前头部朝向套用公式将绝对方向转换为相对方向。

```
/***********************************************************
*@Name：DirAbs2Rel
*@Input: _abs_dir：绝对朝向
*@Output: rel_dir：相对朝向
*@Function：根据输入的绝对朝向，结合机器鼠的绝对朝向，计算一个相对朝向
***********************************************************/
unsigned char DirAbs2Rel(unsigned char _abs_dir)
{
  unsigned char mouse_dir = algorithm.mouse_abs_dir;
  unsigned char abs_dir = _abs_dir;
  unsigned char rel_dir;
  rel_dir = (4 + abs_dir - mouse_dir)%4;
  return rel_dir;
}
```

8）由两个相邻坐标获得绝对方向：根据输入的两个相邻坐标 Axis now_axis 和 Axis next_axis ,返回坐标 Axis next_axis 相对于坐标 Axis now_axis 的方向。该方向是以迷宫为参照，故为绝对方向。

```
/*****************************************************************
*@Name：DirAxis2Dir
*@Input: now_axis：当前坐标 next_axis：下一坐标
*@Output: _dir: 下一步朝向方向，0（上）1（右）2（下）3（左）
*@Function: 根据当前坐标和下一坐标判断下一步朝向方向
*****************************************************************/
unsigned char DirAxis2Dir(Axis now_axis, Axis next_axis)
{
  unsigned char _dir=0;
  if (now_axis.axis_x > next_axis.axis_x) _dir=3;
  else if (now_axis.axis_x < next_axis.axis_x) _dir=1;
  else if (now_axis.axis_y > next_axis.axis_y) _dir=2;
  else if (now_axis.axis_y < next_axis.axis_y) _dir=0;
  return _dir;
}
```

9）获得邻近的坐标：根据当前坐标获得某绝对方向上的邻近坐标，在迷宫搜索阶段获取邻近坐标的迷宫信息时，或需要更新邻近坐标公共墙体信息时会时常调用此函数。


```
/*****************************************************************
*@Name: MoveOneStep
*@Input: _axis:当前坐标 _dir:运动朝向方向
*@Output: next_axis:下一运动坐标点
*@Function: 根据当前坐标和之后的运动朝向，计算下一步坐标
*****************************************************************/
Axis MoveOneStep(Axis _axis, unsigned char _dir)
{
  Axis next_axis = _axis;
  switch(_dir)
  {
    case UP:
    {
      next_axis.axis_x = _axis.axis_x;
      next_axis.axis_y = _axis.axis_y+1;
      break;
    }
    case RIGHT:
    {
      next_axis.axis_x = _axis.axis_x+1;
      next_axis.axis_y = _axis.axis_y;
      break;
    }
    case DOWN:
    {
```

```
            next_axis.axis_x = _axis.axis_x;
            next_axis.axis_y = _axis.axis_y- 1;
            break;
        }
        case LEFT:
        {
            next_axis.axis_x = _axis.axis_x- 1;
            next_axis.axis_y = _axis.axis_y;
            break;
        }
        default: break;
    }
    return next_axis;
}
```

10）根据传感器返回值记录墙体信息：通过位运算直接获得四面墙体信息，返回值是一个八位二进制数，0 表示无墙，1 表示有墙。

```
/****************************************************************
*@Name：GetWallInfo
*@Input：无
*@Output：sensor_info：一个字节，低四位表示墙体信息，0b00001（左）1（下）1（右）1（上），1 为有墙，0 为无墙
*@Function：根据当前左、前、右墙体信息，返回一个坐标点的墙体信息
****************************************************************/
unsigned char GetWallInfo(void)
{
    unsigned char sensor_info;
    sensor_ info = ((algorithm. infraredAg. FrontLeft _ Wall || algorithm. infraredAg. FrontRight _ Wall) < < Dir - Rel2Abs(0)) | (algorithm.infraredAg.Right_Wall<<DirRel2Abs(1))   | (0<<DirRel2Abs(2))   | (algorithm.infraredAg.Left_Wall<<DirRel2Abs(3));
    return sensor_info;
}
```

11）搜索策略：机器鼠由搜索控制状态切换到步长控制状态，获取目标点的动作信息及位置更新。

```
/**
*@brief      机器鼠迷宫搜索策略
** /
void SEARCH_Handle(void)
{
    if(MouseStructure.TaskStartDelay)       //启动 2s 延时
        return;

    if(! SearchStructure.FirstGetGoal)      //算法未获取初始状态
```

```
        {
          SEARCH_GetGoal();
          SearchStructure.FirstGetGoal = true;
          return;
        }

      switch((uint16_t)SearchStructure.SearchState)
      {
        // [常规搜索状态]
        case SEARCH_NORMAL:
          if(DetectStructure.CornerLeft || DetectStructure.CornerRight)   //转角控制策略
          {
            SearchStructure.SearchState = SEARCH_ADJUST;            //切换搜索状态
            MovebaseStructure.Speed = SearchStructure.Speed;        //巡逻速度设置
            ODOM_ClearForMovebase();   //清除里程数据
          }
          else if(OdomStructure.MovementX_ForMB >= MOUSE_SINGLESTEP_ODOM)//步长控制策略
          {
            SEARCH_GetGoal();   //目标点姿态+位置更新
          }
          else
          {
            MICROMOUSE_CollisionCheck();
            MovebaseStructure.Speed = SearchStructure.Speed;        //巡逻速度设置
          }
          break;

        //---------------[姿态矫正状态]------------
        case SEARCH_ADJUST:
          if(OdomStructure.MovementX_ForMB >= MOUSE_ADJUSTHORIZON_ODOM)
          {
            SEARCH_GetGoal();   //目标点姿态+位置更新
            ODOM_Clear();
          }
          else
          {
            MICROMOUSE_CollisionCheck();
          }
          break;

        //--------------[步长控制状态]------------
        case SEARCH_STEP:
          if(MouseStructure.ThisAction != ACTTION_ANGLECL && MouseStructure.ThisAction !=
ACTTION_WAITING && MouseStructure.ThisAction != ACTTION_ADJUST)  //转角或位移结束
```

```
        {
          MouseStructure.ThisAction = ACTTION_MOVEBASE;
          MovebaseStructure.Speed = SearchStructure.Speed;       //巡逻速度设置
          ODOM_ClearForMovebase();
          SearchStructure.SearchState = SEARCH_NORMAL;       //切换常态
          SEARCH_GetGoal();
        }
        break;
    }
}

/**
*@brief      达到目标点动作+位置计算
** /
void SEARCH_GetGoal(void)
{
    ODOM_ClearForAPP();
    SearchStructure.SearchState = SEARCH_STEP;  //切换搜索状态
    //[01] 停车等待算法获取目标路径
    MotorStructureL.Speed = 0;
    MotorStructureR.Speed = 0;

    //[02] 算法计算目标路径
    SEARCH_GetAction();
    if(algorithm.mouse_period_work == RUSH2END) //搜索结束：规划导航路径，并存入 EEPROM
    {
      MouseStructure.WorkMode = WORK_NONE;
      MouseStructure.ThisAction = ACTTION_STOPPING;
      BUZZER_Enable(BuzzerFinish);
      SearchStructure.Finish = true;
    }

    //[03] 下一步动作执行
    switch((uint8_t)algorithm.NextMovement)
    {
      case GoFront:                          //前进
        MouseStructure.ThisAction = ACTTION_MOVEBASE;
        MovebaseStructure.Speed = SearchStructure.Speed;     //巡逻速度设置
        ODOM_ClearForMovebase();
        SearchStructure.SearchState = SEARCH_NORMAL;    //切换常态
        break;

      case TurnLeft:                             //左转
```

```
            MOVEBASE_WaitingEnable();
            ANGLE_Enable(-90.f);                //转角 90°
            MOVEBASE_AdjustEnable();            //依靠前向传感器矫正姿态
            break;

        case TurnRight:                         //右转
            MOVEBASE_WaitingEnable();
            ANGLE_Enable(90.f);                 //转角-90°
            MOVEBASE_AdjustEnable();            //依靠前向传感器矫正姿态
            break;

        case TurnBack:                          //调头
            MOVEBASE_WaitingEnable();
            ANGLE_Enable(180.f);                //转角 180°
            MOVEBASE_AdjustEnable();            //依靠前向传感器矫正姿态
            break;
    }

}
```


12）冲刺控制状态：机器鼠由冲刺控制状态切换到步长控制状态，获取目标点的动作信息及位置更新，从 EEPROM 中读取规划好的路径，解析出路径中每步的动作指令交由动作控制器执行。同样的，在冲刺控制状态下，机器鼠也会在“常规状态”“姿态矫正”“步长控制”三种状态中不断切换，以保证能够精确且平稳地运动。

```
/**
*@brief          机器鼠导航冲刺控制
**/
void NAVI_Handle(void)
{
    if(MouseStructure.TaskStartDelay)       //启动 2s 延时
        return;

    if(BleStructure.MomentMark == 3)
    {
        BleStructure.MomentMark = 4;
        BleStructure.MomentEnable = true;  //竞速模式下通过蓝牙发送运动时刻
    }

    switch((uint16_t)NaviStructure.NaviState)
    {
        //-----------------[常规导航状态]--------------------
        case NAVI_NORMAL:
```

```
        if(DetectStructure.CornerLeft || DetectStructure.CornerRight)   //转角控制策略
        {
          NaviStructure.NaviState = NAVI_ADJUST;   //切换搜索状态
          MovebaseStructure.Speed = NaviStructure.Speed;   //常规速度切换
          ODOM_ClearForMovebase();   //清除里程
        }
        else if(OdomStructure.MovementX_ForMB >= MOUSE_SINGLESTEP_ODOM)//步长控制策略
        {
          NAVI_GetGoal(); //目标点姿态+位置更新
        }
        else
        {
          MICROMOUSE_CollisionCheck();
        //MovebaseStructure.Speed = NaviStructure.Speed;
        }
        break;

      //- - - - - - - - - - - - - - - - - [姿态矫正状态]- - - - - - - - - - - - - - - - - - - -
      case NAVI_ADJUST:
        if(OdomStructure.MovementX_ForMB >= MOUSE_ADJUSTHORIZON_ODOM)
        {
          NAVI_GetGoal(); //目标点姿态+位置更新
          ODOM_Clear();
        }
        else
        {
          MICROMOUSE_CollisionCheck();
        }
        break;

      //- - - - - - - - - - - - - - - - - [步长控制状态]- - - - - - - - - - - - - - - - - - - -
      case NAVI_STEP:
        if(MouseStructure.ThisAction != ACTTION_ANGLECL && MouseStructure.ThisAction != 
ACTTION_WAITING)      //转角或位移结束
        {
          MouseStructure.ThisAction = ACTTION_MOVEBASE;
          MovebaseStructure.Speed = NaviStructure.Speed;          //巡逻速度设置
          ODOM_ClearForMovebase();
          NaviStructure.NaviState = NAVI_NORMAL;                  //切换常态
          NAVI_GetGoal();
        }
        break;
    }
```

```
}

/**
*@brief          目标点转向计算
**/
void NAVI_GetGoal(void)
{
    NaviStructure.NaviState = NAVI_STEP;      //切换导航状态
    NAVI_SpeedChange();      //导航速度切换

    //下一步动作执行
    switch((uint8_t)algorithm.rushPaths[NaviStructure.IndexPath].next_move)
    {
      case GoFront:      //前进
        MouseStructure.ThisAction = ACTTION_MOVEBASE;
        MovebaseStructure.Speed = NaviStructure.Speed;      //速度设置
        ODOM_ClearForMovebase();
        NaviStructure.NaviState = NAVI_NORMAL;      //切换常态
        break;

      case TurnLeft:                //左转
        ANGLE_Enable(-90.f);   //转角 90°
        break;

      case TurnRight:               //右转
        ANGLE_Enable(90.f);      //转角-90°
        break;

      case TurnBack:                //调头
        ANGLE_Enable(180.f);   //转角 180°
        break;

      case Stop:                    //到达终点
        if(NaviStructure.Enable)
        {
          BleStructure.MomentMark = 5;
          BleStructure.MomentEnable = true;      //竞速模式下机器鼠通过蓝牙发送运动时刻
          MouseStructure.ThisAction = ACTTION_STOPPING;
          MotorStructureL.Speed = 0;
          MotorStructureL.Speed = 0;
          BUZZER_Enable(BuzzerFinish);

          NAVI_ReturnEnable();  //返航
```

```
            ODOMCL_Enable(-4);
        }
        else if(NaviStructure.ReturnEnable)
        {
            BleStructure.MomentMark = 6;
            BleStructure.MomentEnable = true;      //竞速模式下机器鼠通过蓝牙发送运动时刻
            MouseStructure.WorkMode = WORK_NONE;
            MouseStructure.ThisAction = ACTTION_STOPPING;
            BUZZER_Enable(BuzzerFinish);
        }
        break;
    }

    ODOM_ClearForAPP();
    algorithm.mouseNowAxis.axis_x = algorithm.rushPaths[NaviStructure.IndexPath].axis_x;    //坐标 X
    algorithm.mouseNowAxis.axis_y = algorithm.rushPaths[NaviStructure.IndexPath].axis_y;    //坐标 Y
    algorithm.mouseNowAxis.axis_toward = algorithm.rushPaths[NaviStructure.IndexPath].axis_toward;

    NaviStructure.IndexPath++;
}
```

5. 实现效果

假设迷宫地图墙体分布如图 7-17a 所示，迷宫墙体信息初始化为全部有墙，则 wall_info 低四位均为“1111”。当机器鼠从起点出发至第一个转弯处时，其“视角”下的迷宫应该如图 7-17b 所示，因为检测到向右的转弯口，故得知自身是从坐标（0,0）出发的。根据前文讲解的 StartCheck( ) 函数，对起点确定前的几格迷宫信息进行记录，其内存数据应该如图 7-17c 所示。

注意 StartCheck( ) 函数中未存储机器鼠当前位置的墙体信息，即图 7-17b 中绿色三角形表示的机器鼠当前坐标（0,2）的墙体信息仍为“1111”。

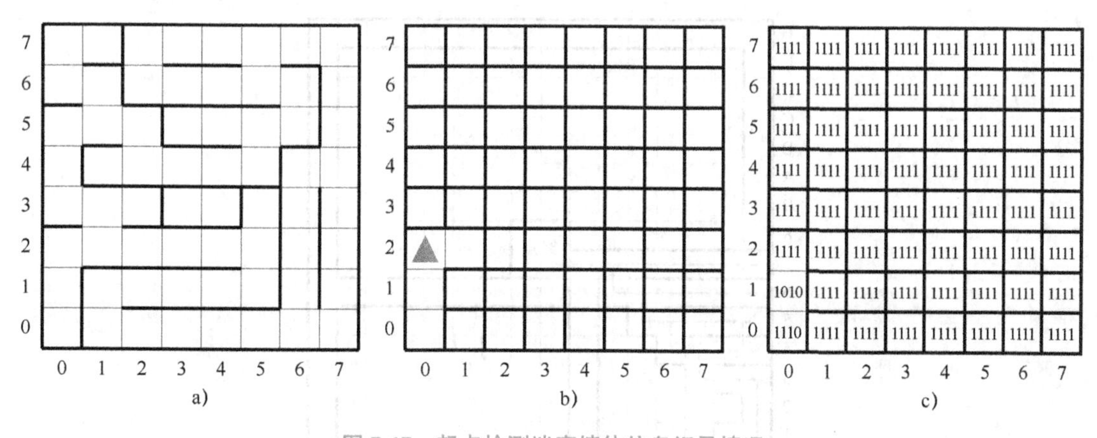

图 7-17　起点检测迷宫墙体信息记录情况

第 8 章

传统盲目式搜索策略

机器鼠在进入迷宫前对迷宫情况是完全未知的，它需要经过一步一步的搜索，从而逐步绘制出迷宫地图。那么机器鼠应该怎样进行搜索？遇到岔路时应该选择哪条搜索路线？“无规矩不成方圆”，让机器鼠搜索迷宫的每一处，自然不是让机器鼠随意行走，而是要按照一定的搜索规则进行。

8.1　基础搜索法则

盲目式搜索是指在不依靠任何关于待解决问题的信息的情况下进行搜索，这里主要指迷宫相关的信息，如墙体分布、起终点位置等。

在盲目式搜索的情况下，机器鼠通常采用一些相对简单的、固化的搜索准则，主要包括：左手法则、右手法则、向心法则、深度优先搜索和广度优先搜索等。这些搜索算法的作用在于：可以指导机器鼠沿着固定的顺序对迷宫进行遍历搜索，无差别地对待每一个岔路口。

1. 左手法则

在机器鼠解迷宫问题中，左手法则指：当机器鼠遇到两条及两条以上的支路时，首先考虑向左转，其次向前直走，最后考虑向右转。注意这里所述的方向是以机器鼠为参考的**相对方向**。如图 8-1 所示，即**左手法则的方向优先级为：左>上>右>下**。

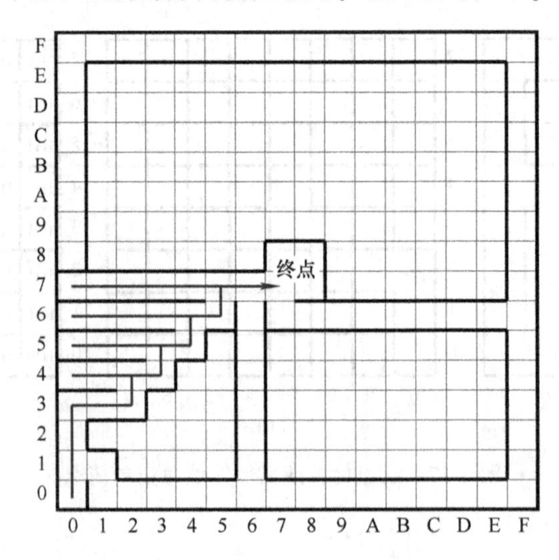

图 8-1　左手法则示意图

2. 右手法则

右手法则与左手法则类似，当机器鼠遇到两条或两条以上的支路时，优先考虑向右转的动作，其次是向前，最后才考虑向左转。如图 8-2 所示，**右手法则的方向优先级为：右>上>左>下**。

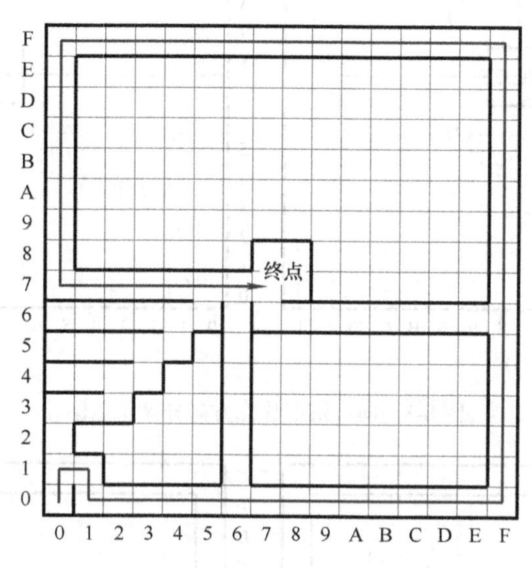

图 8-2 右手法则示意图

3. 向心法则

观察图 8-1 和图 8-2 可以直观地发现，无论是使用左手法则或是右手法则搜索迷宫，机器鼠都走了不少多余的路。比如在图 8-2 中坐标（F,6）处，如果机器鼠选择左转而不是直行的话，它将少走许多弯路。那么结合两种法则的搜索思路以及机器鼠在迷宫中的实时位置，下面介绍一种改进的搜索思路：向心法则。

向心法则也叫中心法则，是指当机器鼠搜索迷宫时遇到两条及两条以上的支路，**优先转向离终点最近的方向**前进。对于 16×16 的迷宫来说，其终点位于迷宫中心点。

那么如何确定哪个方向更能接近目标呢？如图 8-3 所示，把迷宫分为四个对等的区域（1）、（2）、（3）、（4）。可以观察出，在区域（1）中，机器鼠向右和向上运动更可能接近中心终点。在区域（2）中，机器鼠向左和向上更可能接近终点。同理可以看出区域（3）的优先方向应为向左和向下，区域（4）的优先方向为向右和向下。向心法则中描述的方向是指以迷宫为参考的**绝对方向**。

如果机器鼠可供选择前进的方向包含了两个都有可能离迷宫中心更近的方向时，**优先选择直行**或是**优先选择转向**可能会得到不同的搜索路径，确定其中一种优先准则并在四个区域中贯彻到底即可。

图 8-4 中展示了两种优先选择的不同结果，图 8-4a 中区域①的优先关系为：上>右>下>左；图 8-4b 中区域①的优先关系为：右>上>左>下，区域②的优先关系为：左>上>右>下。

值得注意的是，当采用固定的方向优先法则时，在遇到“回字形”迷宫时，机器鼠将在回路中**一直绕圈**下去，无法继续进行其他坐标的搜索，这是不愿意看到的。接下来将介绍两种经典的图搜索算法，可避免上述情况的发生。

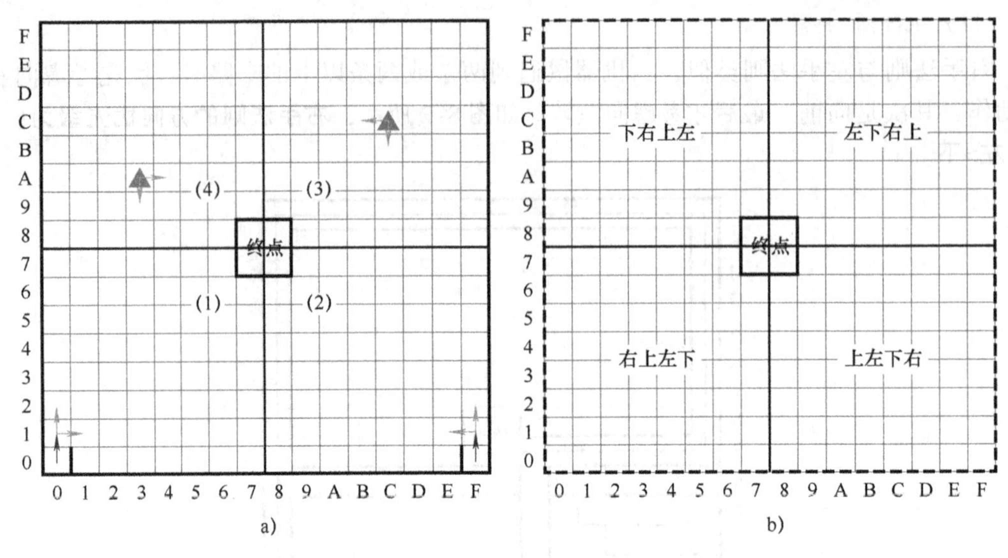

图 8-3　向心法则优先方向分区示意图

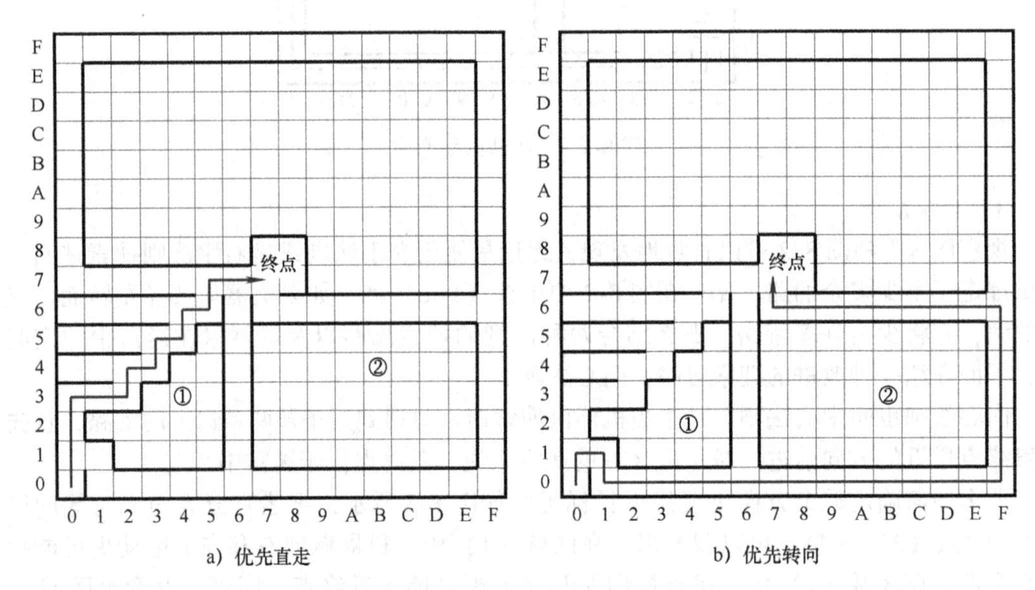

图 8-4　向心法则示意图

8.2　深度优先搜索

1. 算法原理

深度优先搜索（Depth First Search，DFS）算法是图算法中的一种经典盲目式搜索算法，常用于图或树结构的节点遍历。解迷宫问题也可视为图搜索问题，将每个迷宫格视为不同的节点，相邻且无墙体阻隔的迷宫格视为相连通的节点。

机器鼠使用 DFS 算法进行迷宫搜索的基本思路可以描述为：如果机器鼠遇到直路，就一直走下去；如果遇到分叉路口，就选择其中一条路继续走下去；如果遇到死胡同或没有未走过的邻近坐标，就返回至最近的一个分岔路口选择另一条未走过的路走下去；如果遇到出口或遍历过所有迷宫坐标后，就停止搜索。其搜索示意图如图 8-5 所示。

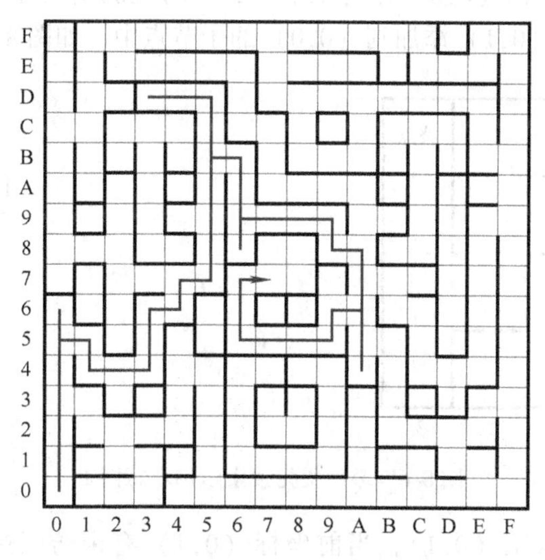

图 8-5 深度优先搜索算法示意图

实现 DFS 算法通常使用一个先进后出的**堆栈**结构，要遍历地图的节点。每个节点都存在两种状态：

1）未访问：指机器鼠未到达过的坐标点。

2）已访问：指机器鼠已到达过的坐标点。

在搜索算法中，将机器鼠未到达过的坐标点称为未搜索过的坐标点，将机器鼠已到达过的坐标点称为已搜索过的坐标点。在机器鼠搜索过程中，每到达一个坐标的同时会对其周围坐标进行搜索，并将其中可到达的目标作为关键点。堆栈即用于存放“关键点”，已访问过的坐标会从堆栈中弹出。DFS 算法具体搜索步骤如下：

1）先访问起始坐标。

2）若当前坐标存在未访问且可到达的相邻坐标，将其作为关键点压入堆栈，选择一个未访问的相邻坐标访问之。

3）若当前坐标不存在未访问且可到达的相邻坐标，将当前坐标弹出堆栈，返回最近访问过的坐标。

4）重复执行第 2)、第 3) 步直到与起始坐标相连通的坐标都变为已访问，即堆栈为空时，结束搜索。

观察上述步骤的描述可以发现，因为第 3) 步总是“返回最近访问过的坐标”，且“先进后出”，堆栈最底部即最先进入堆栈的是起始坐标，故正常情况下 DFS 遍历结束时机器鼠将回到起始坐标。当然，在进行迷宫搜索的实际问题中，可以通过每到达一个坐标就进行终点判断来提前结束搜索。

2. 算法图解

本节以一个 4 × 4 尺寸的小迷宫为例，演示机器鼠逐步搜索迷宫以及对应的 DFS 算法的逐步递归过程。该例子中会涉及部分链表与树结构的相关概念，没有相关基础的读者可以自行查阅相关资料补充数据结构与算法知识。

假设机器鼠存在多个前进方向时的优先顺序为：右>上>左>下（绝对方向），所有坐标的标志位事先初始化为 0，表示未访问过。

第1步：访问起始坐标（0,0）作为根节点；同时检测出当前坐标（0,0）有未访问过的相邻坐标（0,1），将（0,1）添加到（0,0）的子节点中，如图8-6所示。

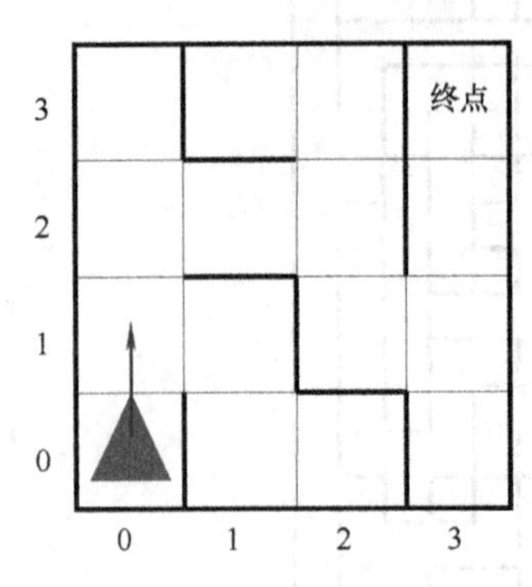

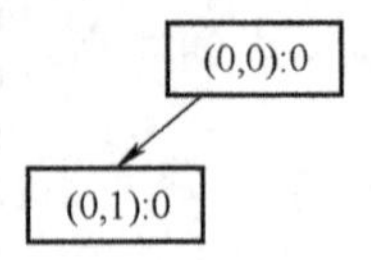

图8-6 深度优先搜索示例示意图1

第2步：向上一步移至（0,1）；当前坐标（0,1）有未访问过的相邻坐标（1,1）和（0,2），将（1,1）和（0,2）添加到（0,1）的子节点中，如图8-7所示。

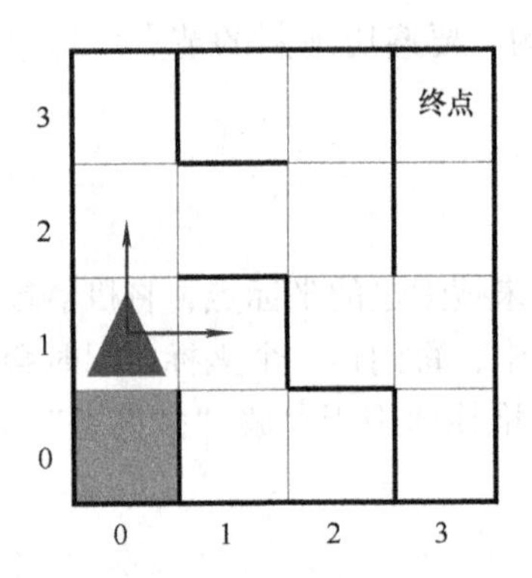

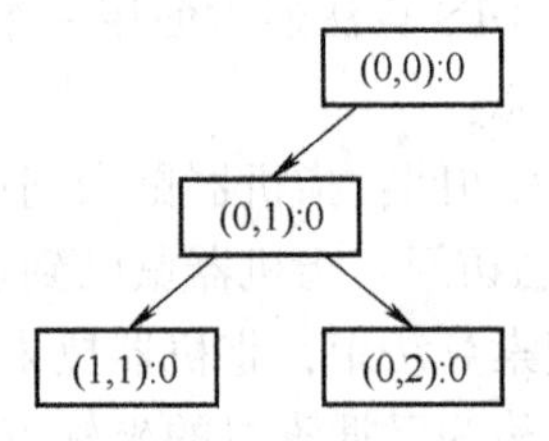

图8-7 深度优先搜索示例示意图2

第3步：依照优先顺序，向右一步移至（1,1）；当前坐标（1,1）有未访问过的相邻坐标（1,0），将（1,0）添加到（1,1）的子节点中，如图8-8所示。

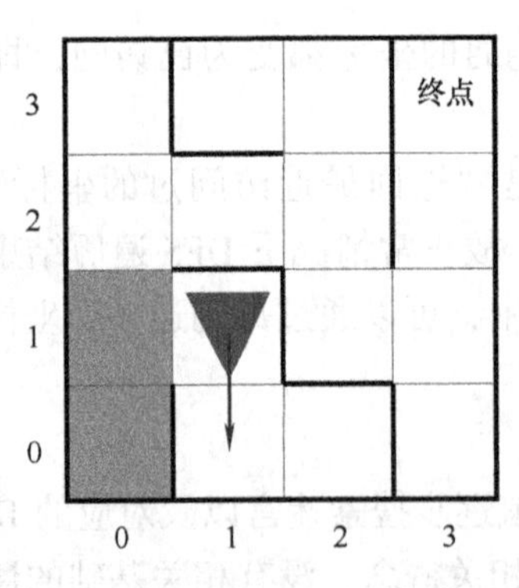

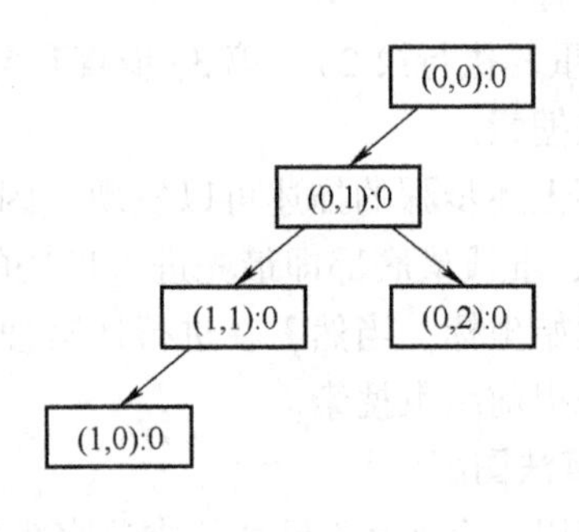

图8-8 深度优先搜索示例示意图3

第4步：向下一步移至（1,0）；当前坐标（1,0）有未访问过的相邻坐标（2,0），将（2,0）添加到（1,0）的子节点中，如图8-9所示。

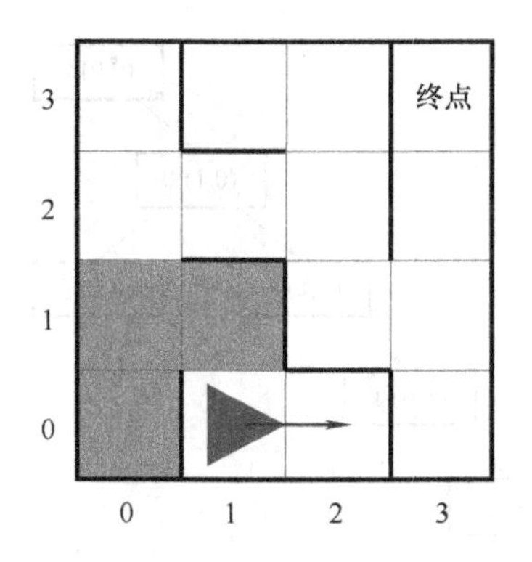

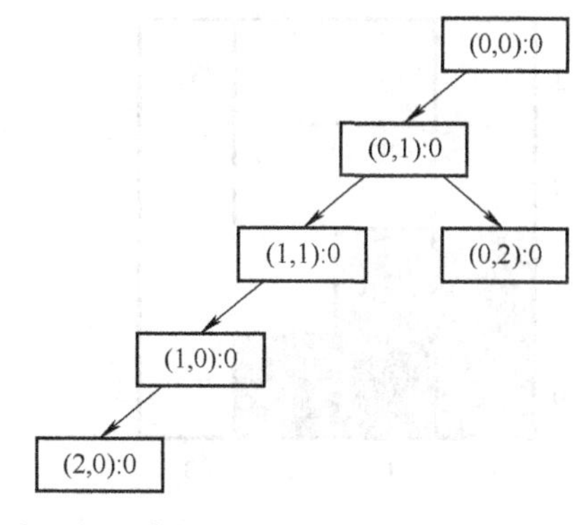

图 8-9　深度优先搜索示例示意图 4

第 5 步：向右一步移至（2,0）；当前坐标（2,0）没有未访问过的相邻坐标，将（2,0）位置标记 1（代表已访问），如图 8-10 所示。

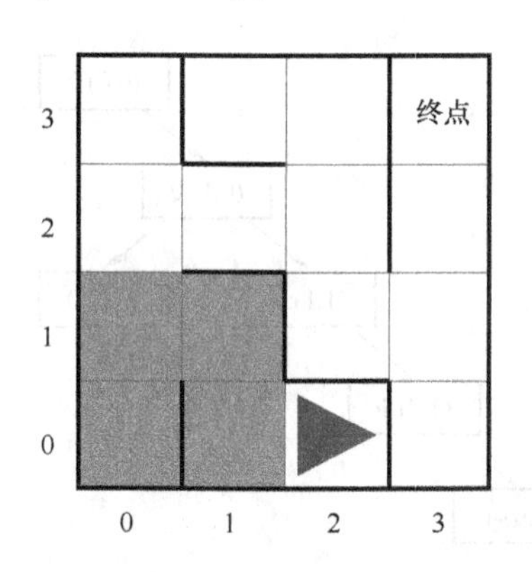

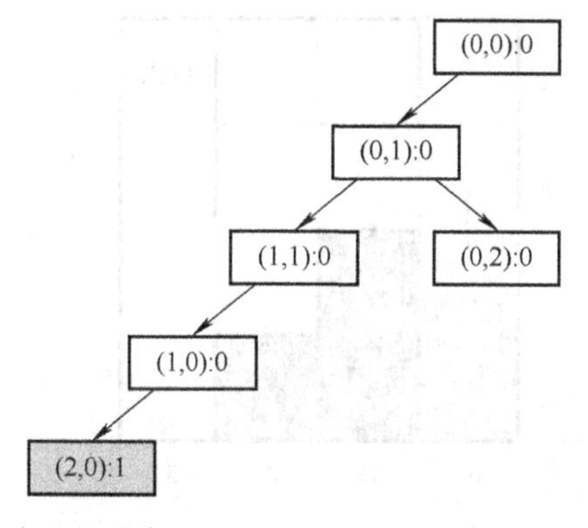

图 8-10　深度优先搜索示例示意图 5

第 6 步：返回（2,0）的双亲节点（1,0）；当前坐标（1,0）没有未访问过的相邻坐标，将（1,0）位置标记 1（代表已访问），如图 8-11 所示。

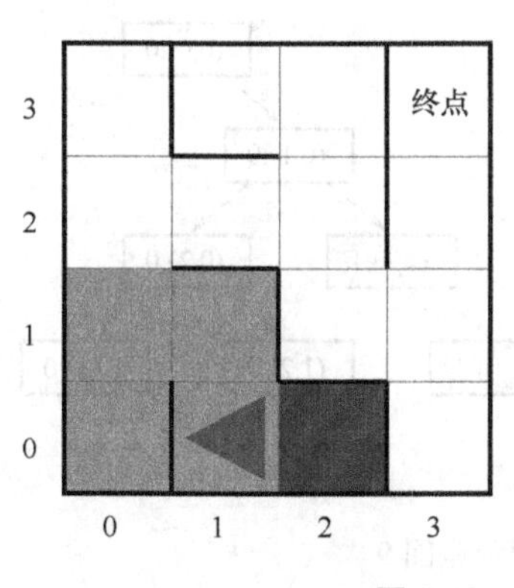

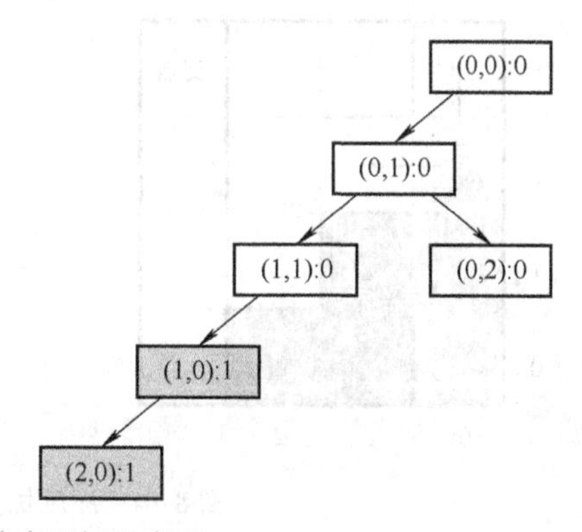

图 8-11　深度优先搜索示例示意图 6

第 7 步：返回（1,0）的双亲节点（1,1）；当前坐标（1,1）没有未访问过的相邻坐标，将（1,1）位置标记 1（代表已访问），如图 8-12 所示。

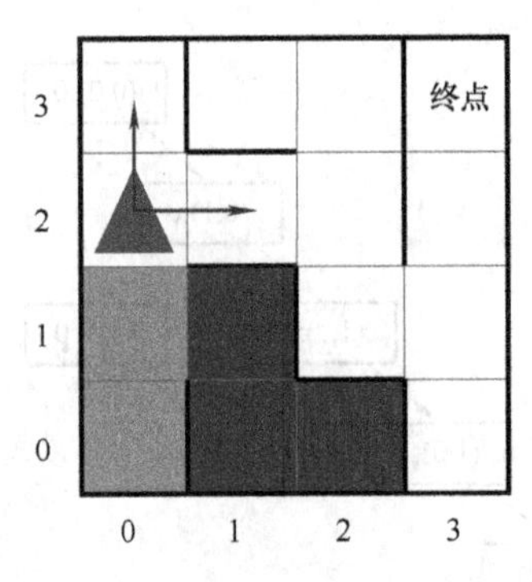
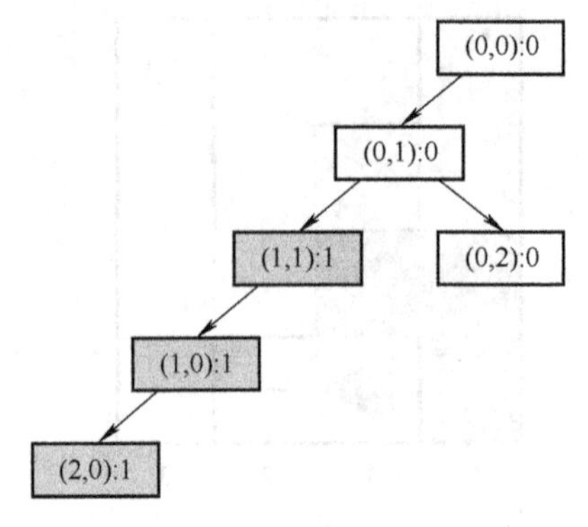

图 8-12　深度优先搜索示例示意图 7

第 8 步：返回（1,1）的双亲节点（0,1）；当前坐标（0,1）有未访问过的相邻坐标（0,2），不做操作，如图 8-13 所示。

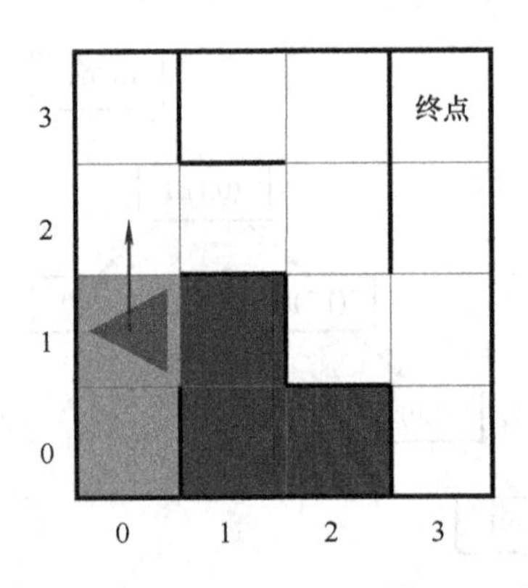
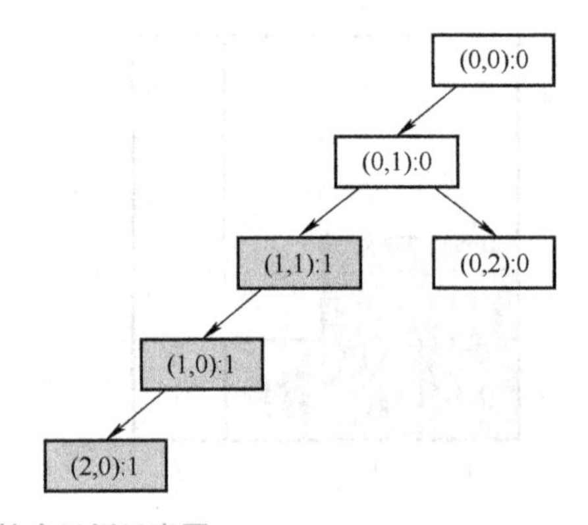

图 8-13　深度优先搜索示例示意图 8

第 9 步：向上一步移至（0,2）；当前坐标（0,2）有未访问过的相邻坐标（1,2）和（0,3），将（1,2）和（0,3）添加到（0,2）的子节点中，如图 8-14 所示。

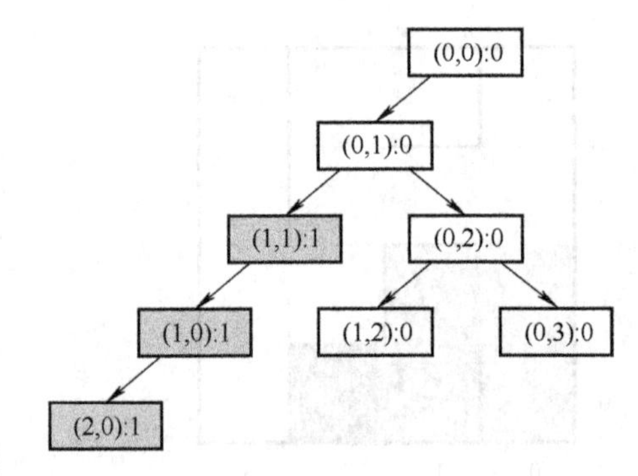

图 8-14　深度优先搜索示例示意图 9

第 10 步：依照优先顺序，向右一步移至（1,2）；当前坐标（1,2）有未访问过的相邻坐标（2,2），将（2,2）添加到（1,2）的子节点中，如图 8-15 所示。

第 11 步：向右一步移至（2,2）；当前坐标（2,2）有未访问过的相邻坐标（2,3）和（2,1），将（2,3）和（2,1）添加到（2,2）的子节点中，如图 8-16 所示。

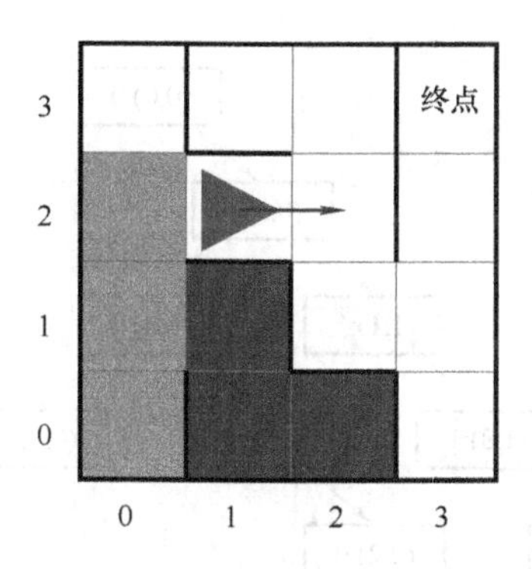

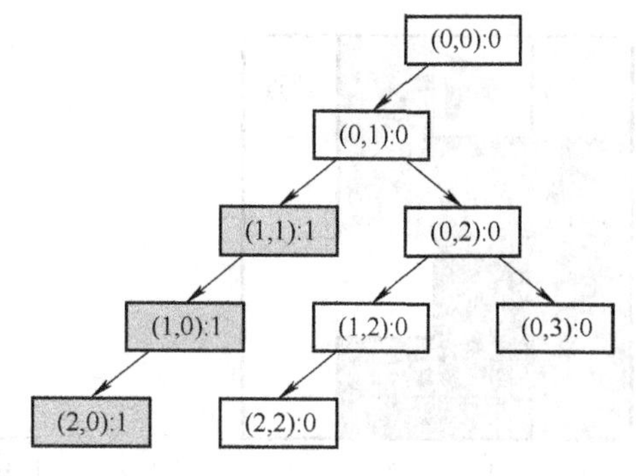

图 8-15 深度优先搜索示例示意图 10

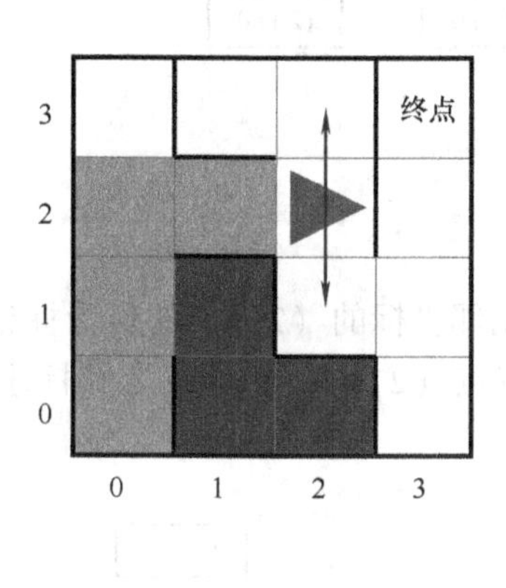

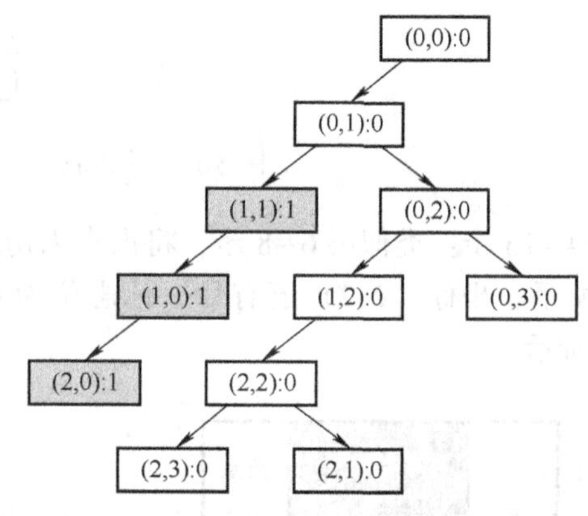

图 8-16 深度优先搜索示例示意图 11

第 12 步：依照优先顺序，向上一步移至（2,3）；当前坐标（2,3）有未访问过的相邻坐标（1,3），将（1,3）添加到（2,3）的子节点中，如图 8-17 所示。

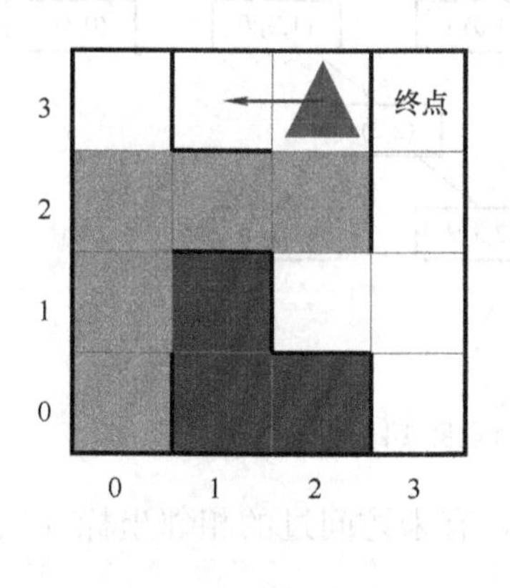

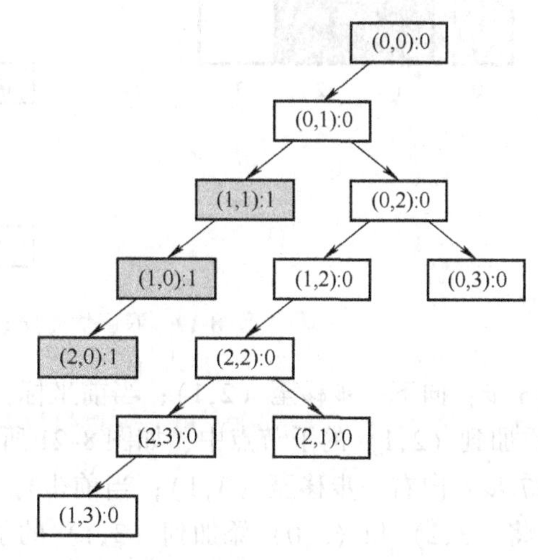

图 8-17 深度优先搜索示例示意图 12

第 13 步：向左一步移至（1,3）；当前坐标（1,3）没有未访问过的相邻坐标，将（1,3）位置标记 1，如图 8-18 所示。

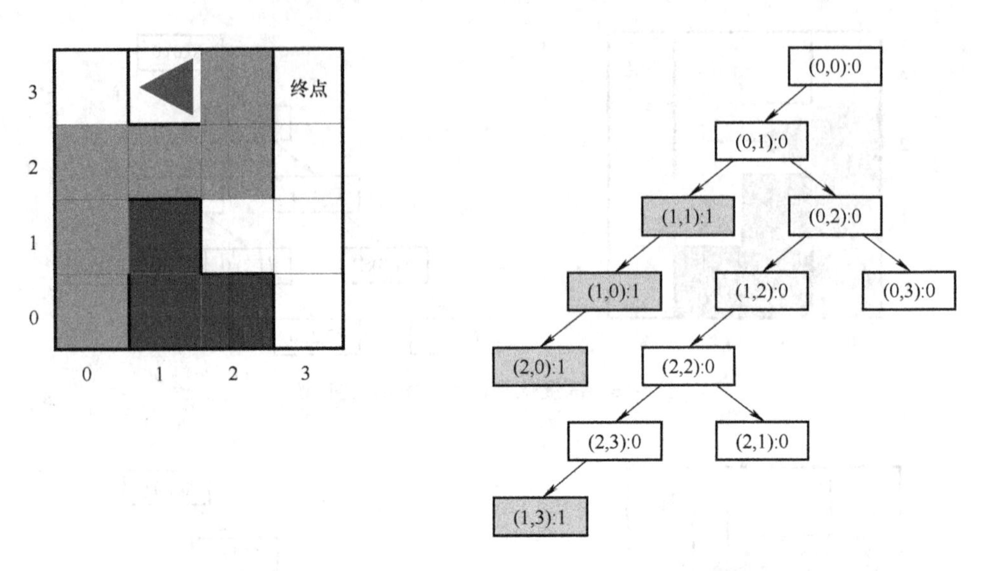

图 8-18　深度优先搜索示例示意图 13

第 14~15 步：类似第 6~8 步，将没有未访问过的相邻坐标的（2,3）的位置标记 1，如图 8-19 所示；坐标（2,2）还有另一标志位为 0 的子节点（2,1），故不改变其标志位，如图 8-20 所示。

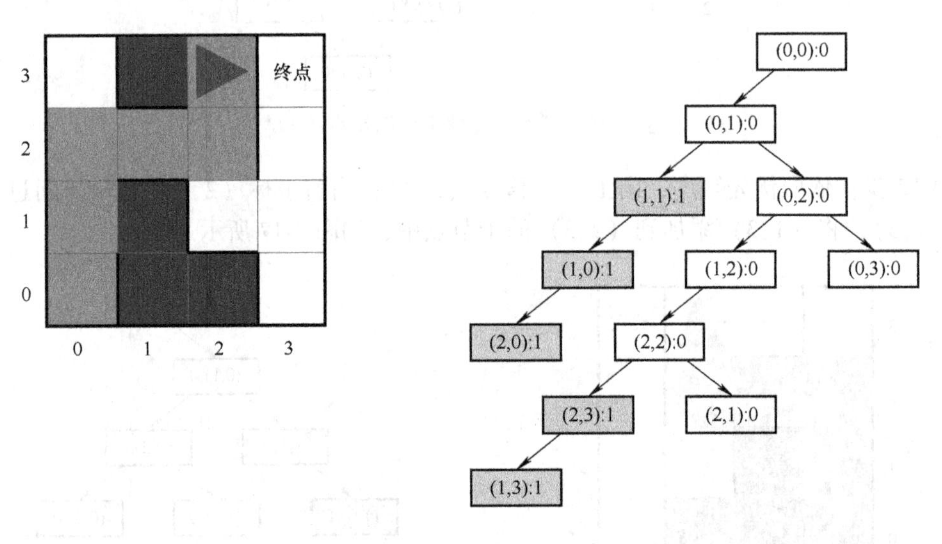

图 8-19　深度优先搜索示例示意图 14

第 16 步：向下一步移至（2,1）；当前坐标（2,1）有未访问过的相邻坐标（3,1），将（3,1）添加到（2,1）的子节点中，如图 8-21 所示。

第 17 步：向右一步移至（3,1）；当前坐标（3,1）有未访问过的相邻坐标（3,2）和（3,0），将（3,2）和（3,0）添加到（3,1）的子节点中，如图 8-22 所示。

第 18 步：依照优先顺序，向上一步移至（3,2）；当前坐标（3,2）有未访问过的相邻坐标（3,3），将（3,3）添加到（3,2）的子节点中，如图 8-23 所示。

第 19 步：向上一步移至（3,3），即终点，如图 8-24 所示。

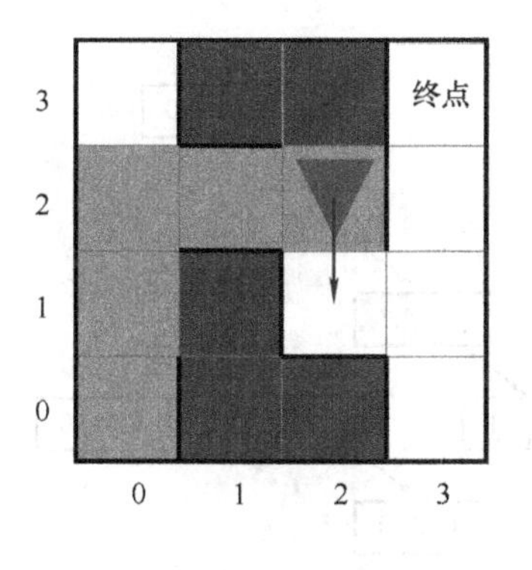

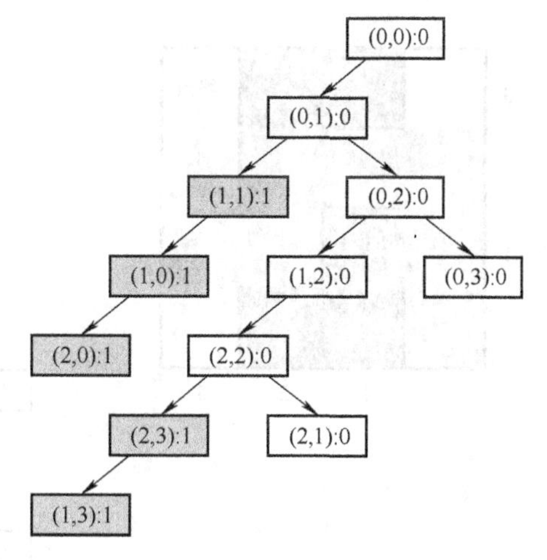

图 8-20 深度优先搜索示例示意图 15

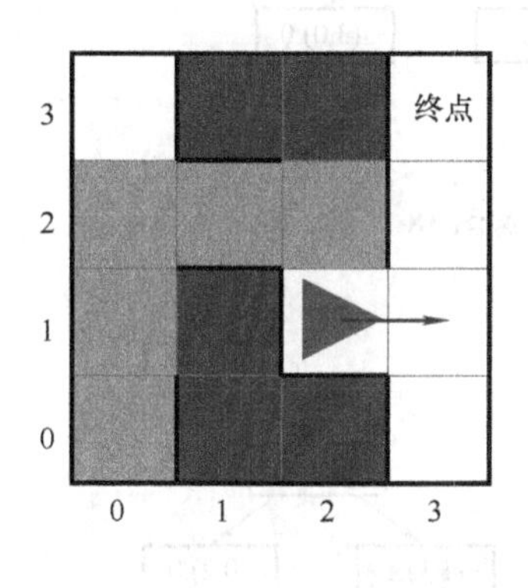

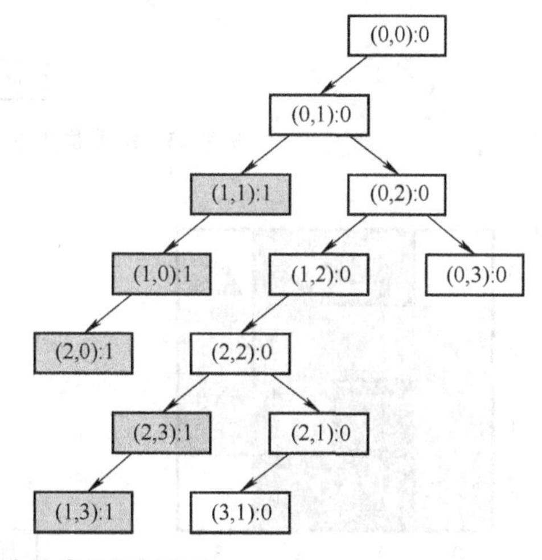

图 8-21 深度优先搜索示例示意图 16

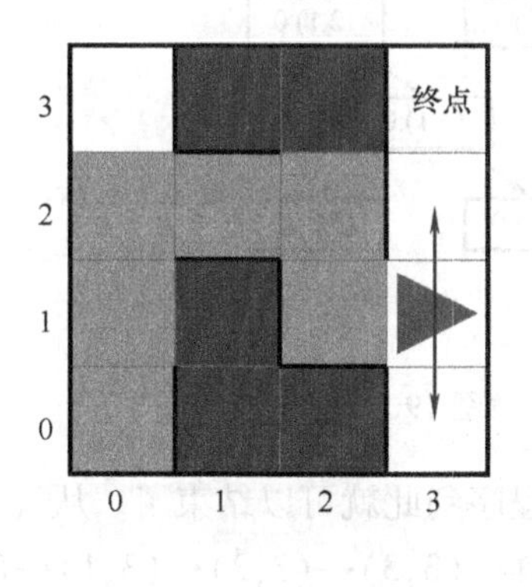

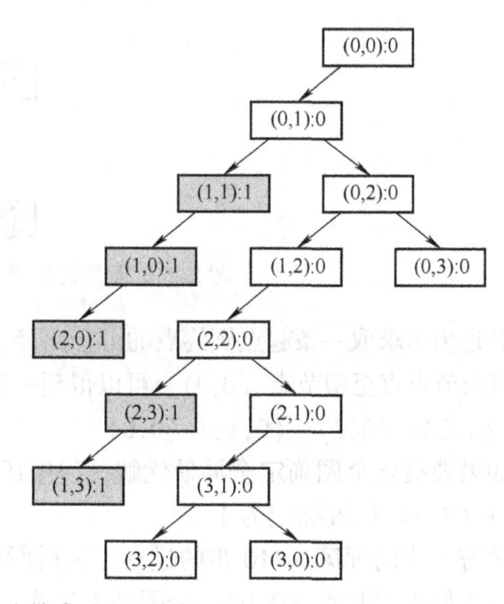

图 8-22 深度优先搜索示例示意图 17

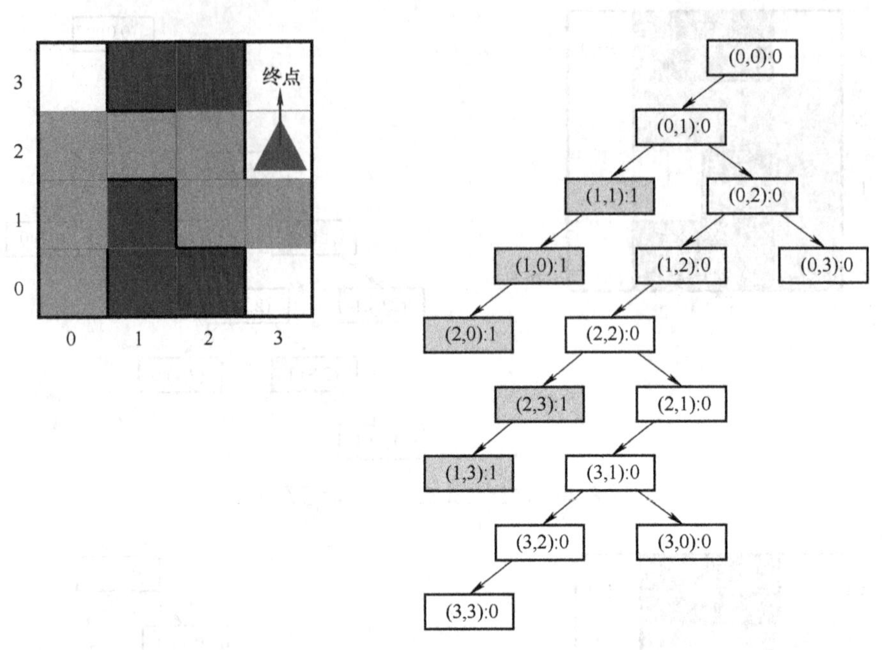

图 8-23　深度优先搜索示例示意图 18

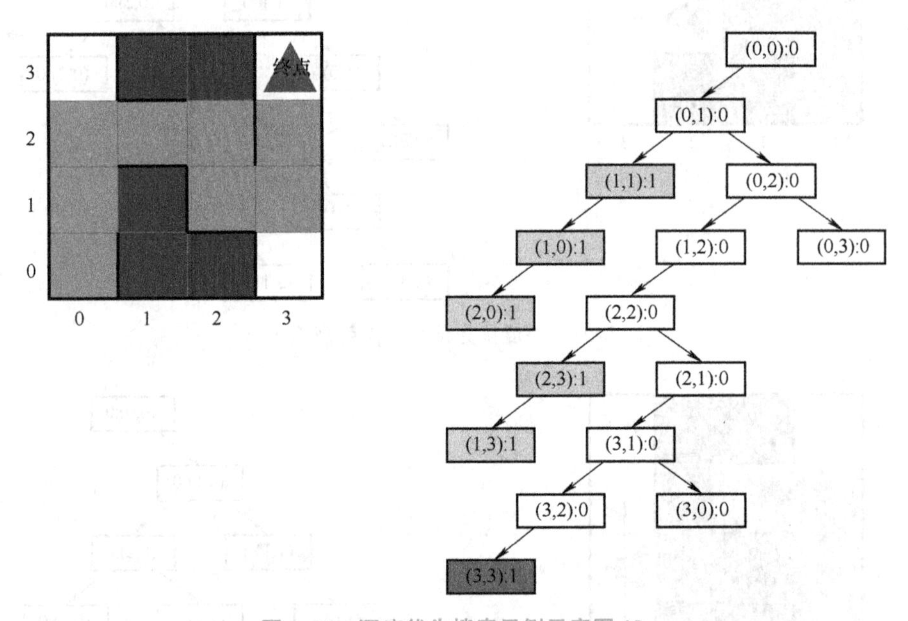

图 8-24　深度优先搜索示例示意图 19

若只是为了求取一条起点到终点的可行路径，那么程序到此就可以结束了。从（3,3）开始找其双亲节点直至根节点（0,0），可以得到一个可行解：(3,3)←(3,2)←(3,1)←(2,1)←(2,2)←(1,2)←(0,2)←(0,1)←(0,0)

但如果要搜索全图确定全局最优解，程序还要继续：坐标（3,3）没有未访问过的相邻坐标，将（3,3）位置标记为 1。

后续若干步同理第 6~10 步的过程，最后所有可行的迷宫格都被访问，标志位都被置 1，机器鼠也正好返回起点（0,0），全图搜索完成，如图 8-25~图 8-36 所示。

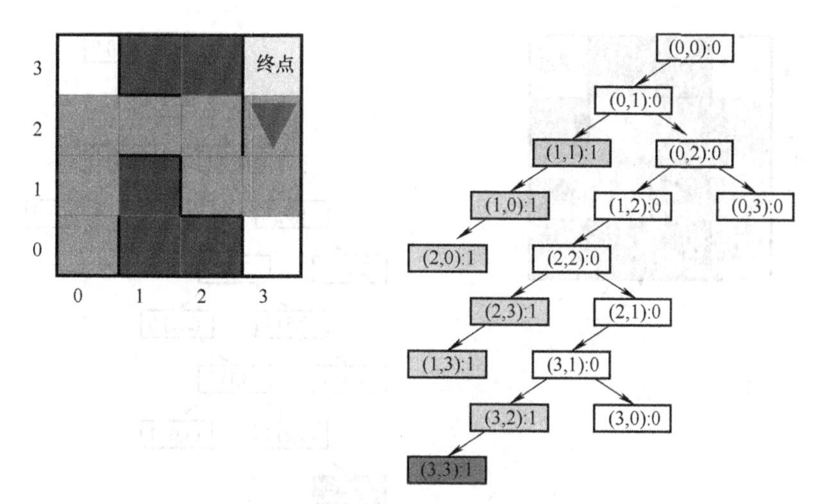

图 8-25　深度优先搜索示例示意图 20

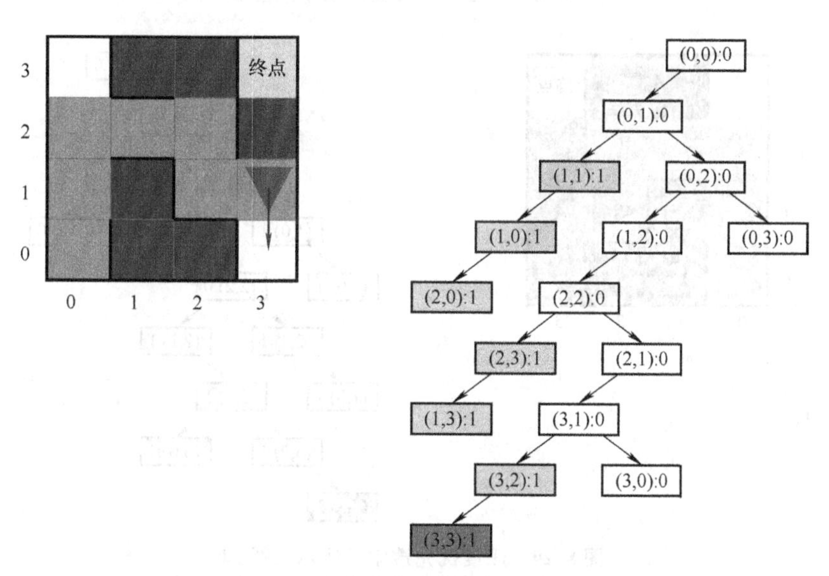

图 8-26　深度优先搜索示例示意图 21

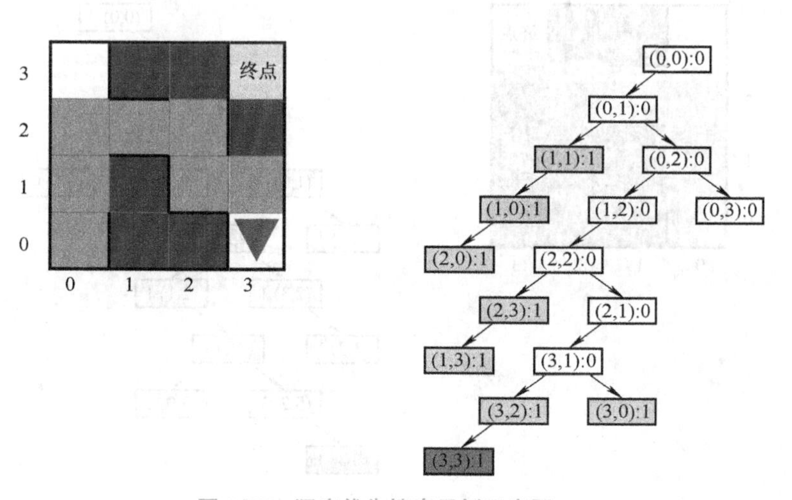

图 8-27　深度优先搜索示例示意图 22

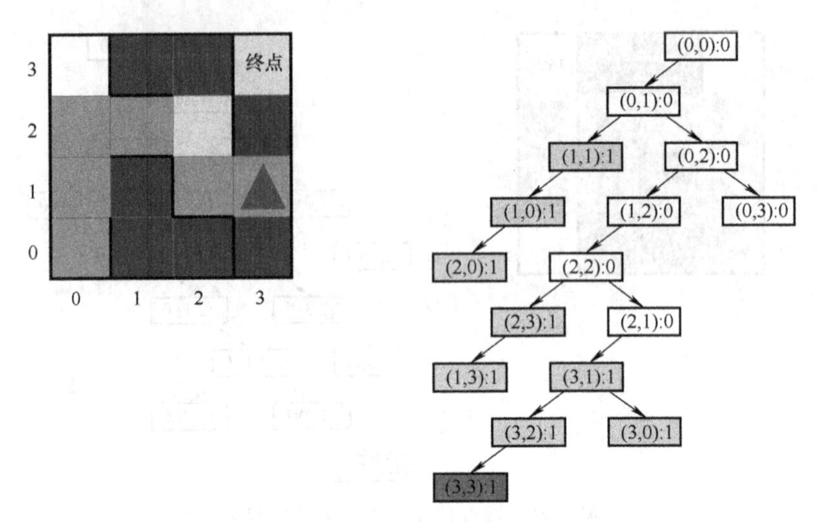

图 8-28　深度优先搜索示例示意图 23

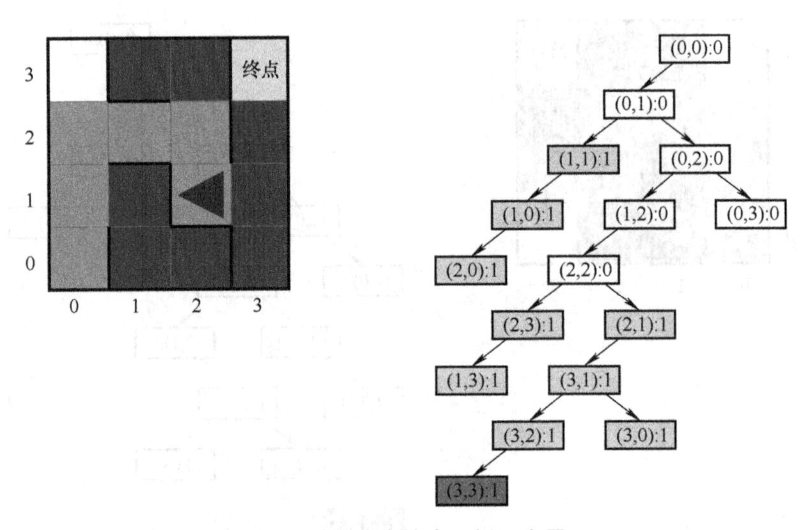

图 8-29　深度优先搜索示例示意图 24

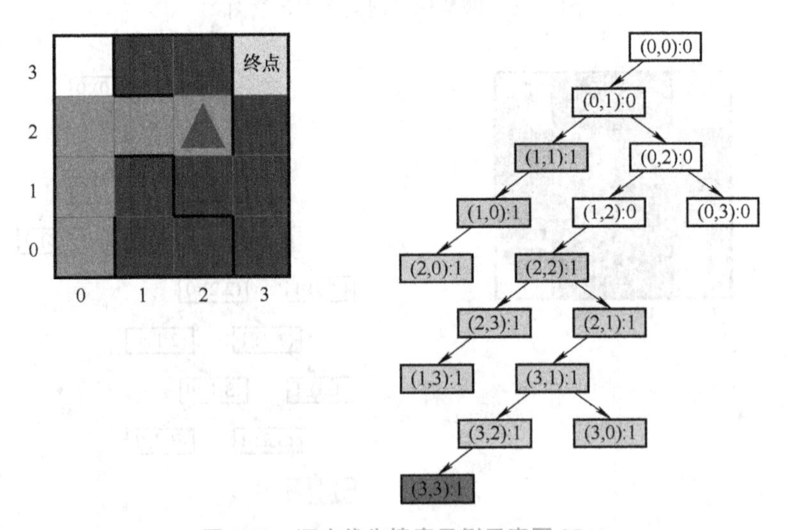

图 8-30　深度优先搜索示例示意图 25

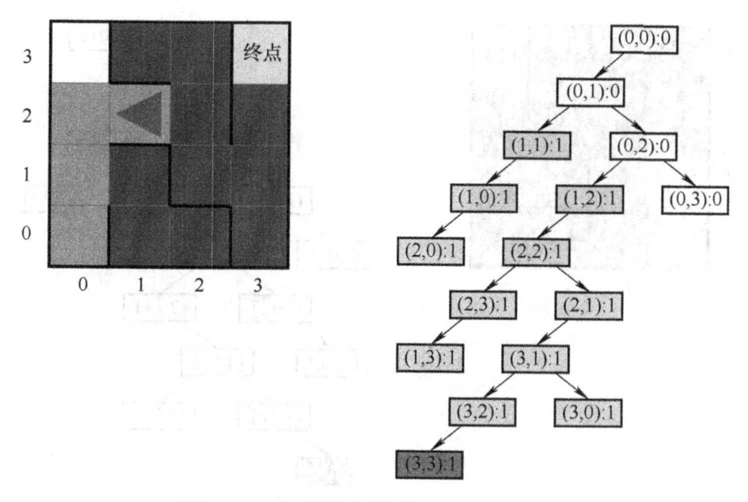

图 8-31　深度优先搜索示例示意图 26

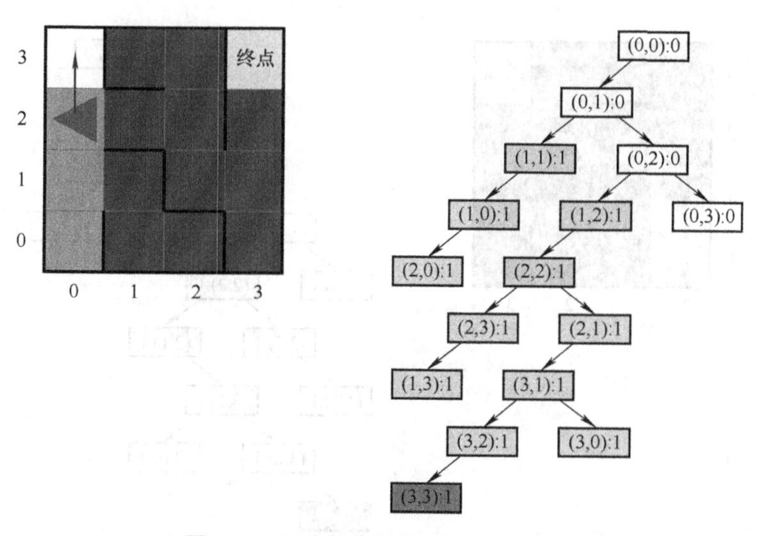

图 8-32　深度优先搜索示例示意图 27

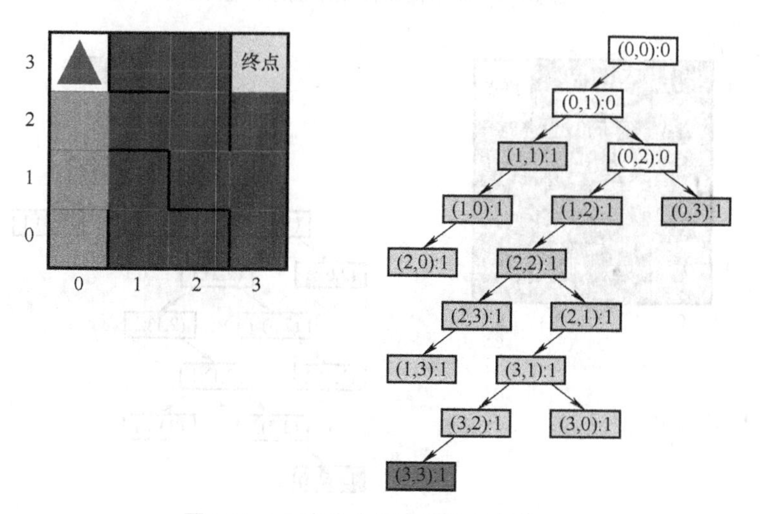

图 8-33　深度优先搜索示例示意图 28

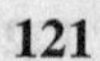

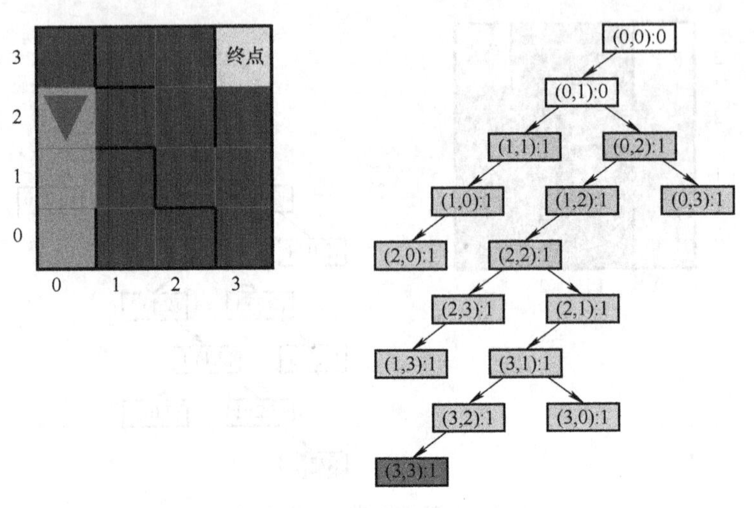

图 8-34 深度优先搜索示例示意图 29

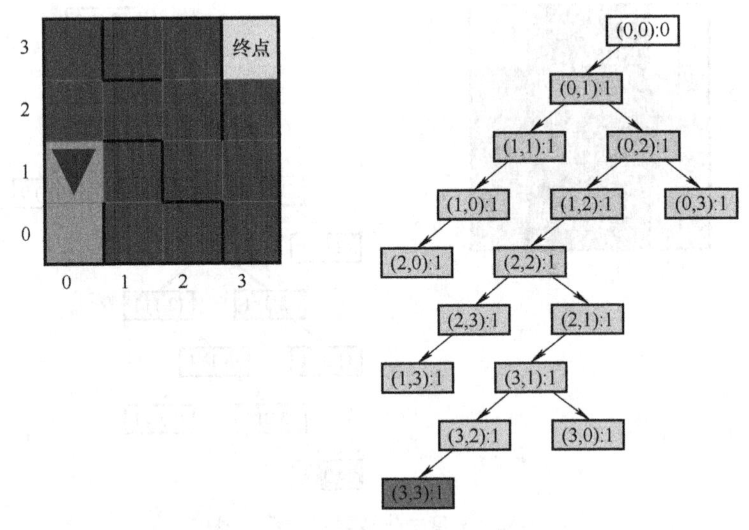

图 8-35 深度优先搜索示例示意图 30

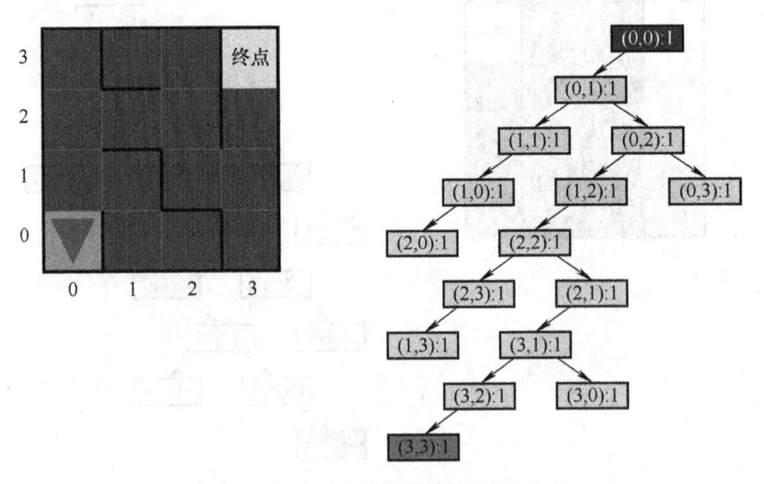

图 8-36 深度优先搜索示例示意图 31

8.3　广度优先搜索

1. 算法原理

广度优先搜索（Breadth First Search，BFS）算法也是图算法中的一种经典盲目式搜索算法，与 DFS 算法具有相同地位。其基本思路可以描述为：依次搜索当前坐标在一步的距离内所能到达的下一坐标，当“下一坐标”都搜索过后，依次将“下一坐标”作为当前坐标进一步展开搜索其所能到达的下一坐标，直至所有坐标都被搜索过。搜索示意图如图 8-37 所示，图中相同颜色的箭头表示“同一层”的坐标，机器鼠从起点到达同一层坐标需要走相同的步数。

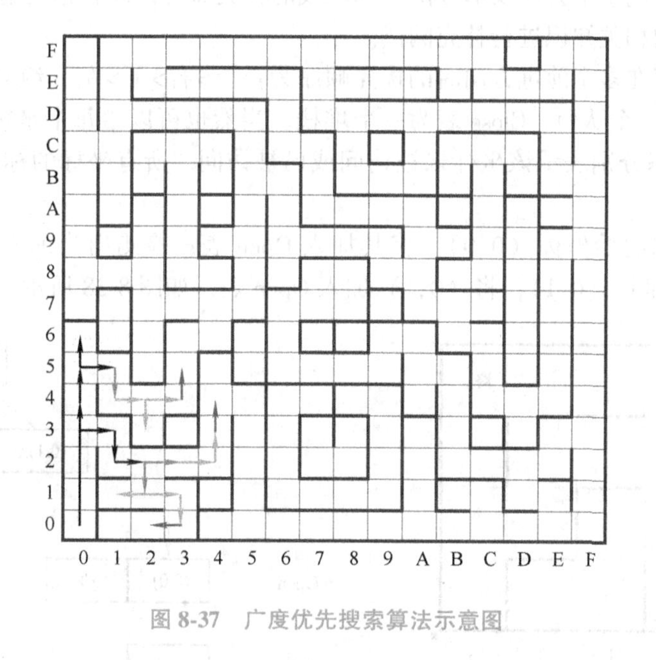

图 8-37 彩图

图 8-37　广度优先搜索算法示意图

BFS 算法通常使用先进先出的队列或堆栈结构实现，每个坐标节点同样存在“未访问”与“已访问”两种状态，状态定义同 DFS 算法中的描述。定义两个变量（队列或堆栈，可通过定义一维数组实现），访问中的坐标存放在名为 Open 的变量中，已访问的坐标存放在名为 Close 的变量中，这两个队列通常称为 Open-Close 表。BFS 算法具体搜索步骤如下：

1）先访问起始坐标。

2）将当前坐标加入 Open 表并标记为已访问。

3）搜索当前坐标的所有可到达的相邻坐标，并加入 Open 表，将当前坐标从 Open 表中删除并加入 Close 表中。

4）将 Open 表中当前队首存放的坐标作为新的当前坐标，搜索其相邻坐标，重复步骤 3）、4）的内容。

5）直到所有坐标都被标记为已访问，即 Open 表为空时，结束搜索。

相较于 DFS 算法，BFS 算法是一层一层进行搜索的，第 n 层即为距离起始坐标 n 步的坐标集合。在迷宫问题中，DFS 算法可以较快地找到一条解路径，而 BFS 算法更注重搜索的全面覆盖性，这正是本章一开始提到的搜索策略矛盾点的体现。

但考虑实际的运动控制，使用 BFS 算法需要控制机器鼠反复往返于同一层坐标集合中的每个坐标，例如图 8-37 中坐标（2,3）、（3,0）、（3,4）、（4,3）都是机器鼠从起点（0,0）出发走 10 步可以达到的坐标，它们属于同一层。根据 BFS 算法搜索步骤，需要依次访问（2,3）、（3,0）、（3,4）、（4,3）这四个坐标的可到达的下一坐标，仅控制机器鼠在这几个坐标之间往返就将产生极大的搜索冗余和时间消耗，因此在实际机器鼠进行迷宫搜索过程中，一般采用 DFS 算法。

2. 算法图解

下面以一个 4 × 4 尺寸的小迷宫为例，演示机器鼠逐步搜索迷宫以及对应的 BFS 算法的逐步遍历过程。该例子中会涉及部分队列和堆栈的相关概念，没有相关基础的读者可以结合数据结构与算法的相关知识进行补充阅读。

假设机器鼠存在多个前进方向时的优先顺序为：上>右>下>左（绝对方向），在该例子中定义 Open 表为一个队列，Close 表为一个堆栈。当然也可以给每个坐标设置一个标志位，用 0 和 1 两种状态分别表示该坐标未被访问或已被访问。所有坐标的标志位事先初始化为 0，表示未访问过。

第 1 步：访问起始坐标（0,0），将其加入 Open 表；检测出当前坐标（0,0）有不在 Close 表中的相邻坐标（0,1），将（0,1）加入 Open 表，如图 8-38 所示。

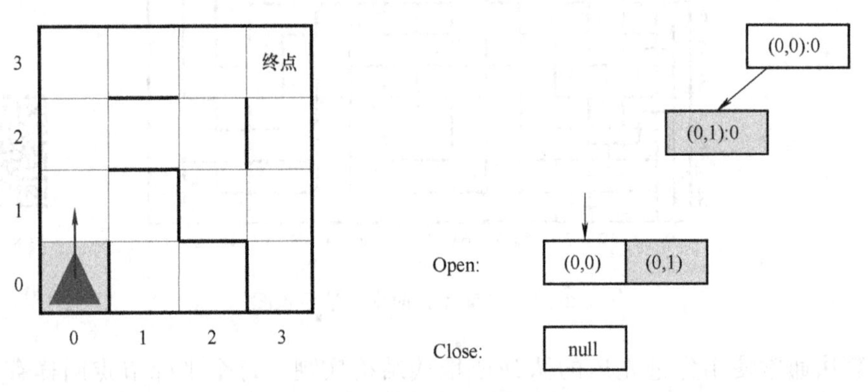

图 8-38　广度优先搜索示例示意图 1

第 2 步：将 Open 表首位（0,0）压入 Close 表；访问新 Open 表首位坐标（0,1），检测出当前坐标（0,1）有不在 Close 表中的相邻坐标（0,2）和（1,1），将（0,2）和（1,1）加入 Open 表，如图 8-39 所示。

第 3 步：将 Open 表首位（0,1）压入 Close 表；访问新 Open 表首位坐标（0,2），检测出当前坐标（0,2）有不在 Close 表中的相邻坐标（0,3）和（1,2），将（0,3）和（1,2）加入 Open 表，如图 8-40 所示。

第 4 步：将 Open 表首位（0,2）压入 Close 表；访问新 Open 表首位坐标（1,1），检测出当前坐标（1,1）有不在 Close 表中的相邻坐标（1,0），将（1,0）加入 Open 表，如图 8-41 所示。

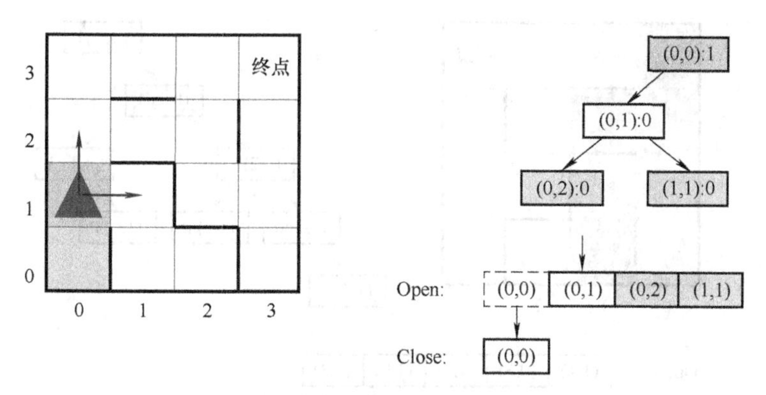

图 8-39　广度优先搜索示例示意图 2

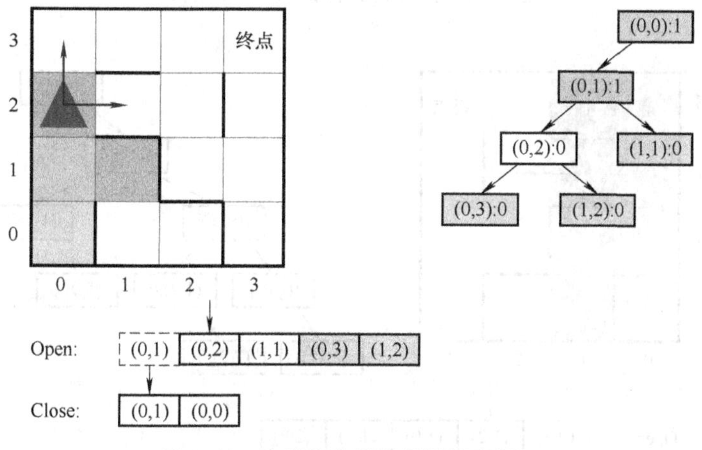

图 8-40　广度优先搜索示例示意图 3

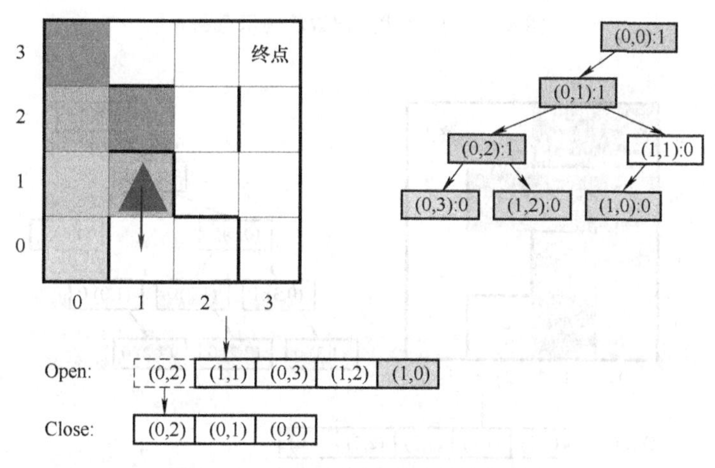

图 8-41　广度优先搜索示例示意图 4

后续第 5~10 步同理第 2~4 步，如图 8-42~图 8-47 所示。

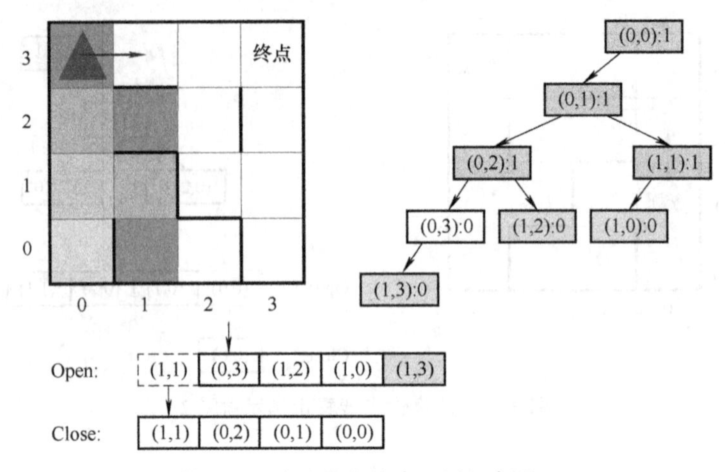

图 8-42　广度优先搜索示例示意图 5

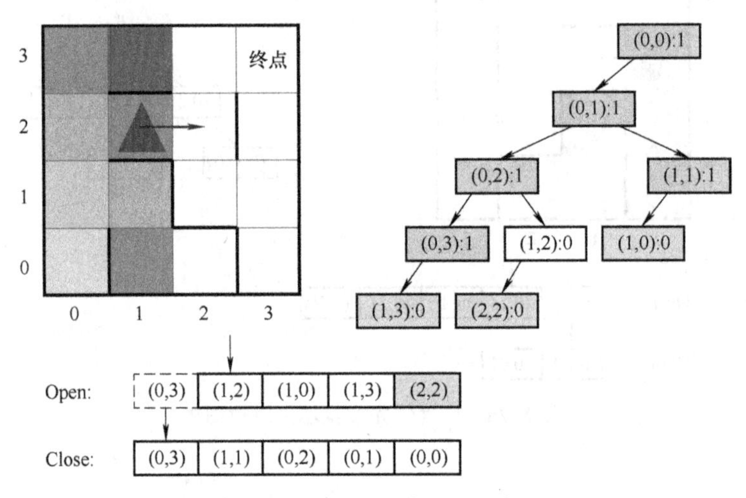

图 8-43　广度优先搜索示例示意图 6

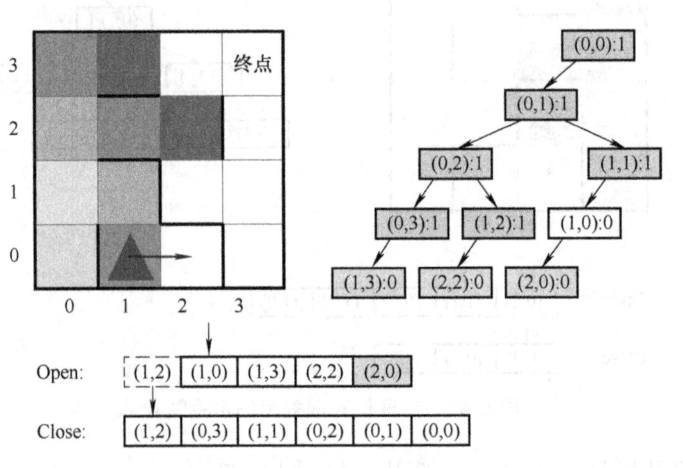

图 8-44　广度优先搜索示例示意图 7

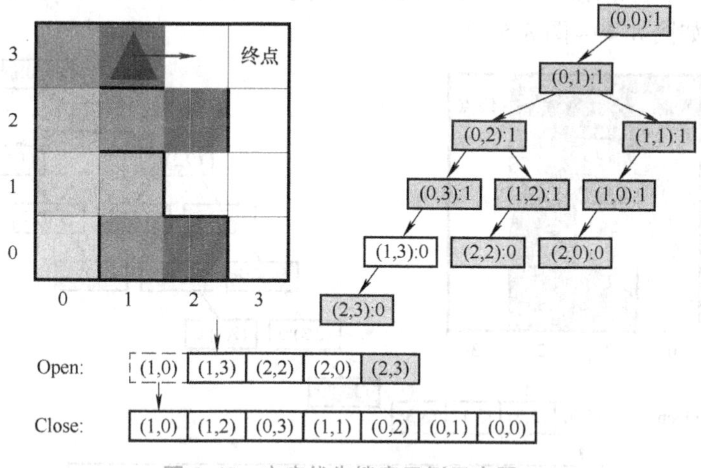

图 8-45　广度优先搜索示例示意图 8

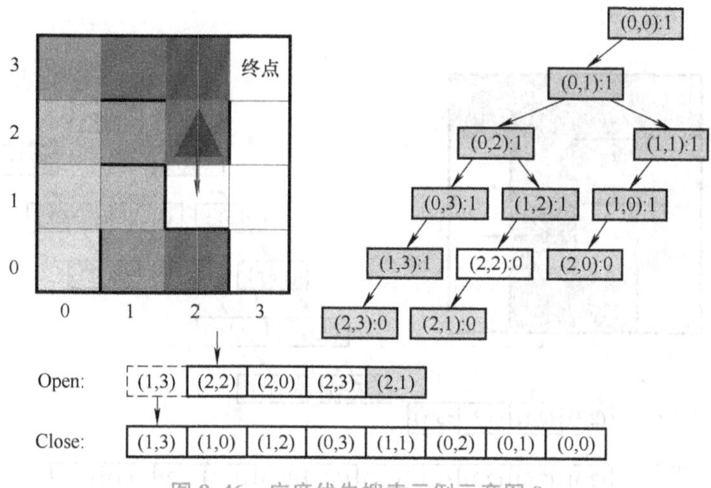

图 8-46　广度优先搜索示例示意图 9

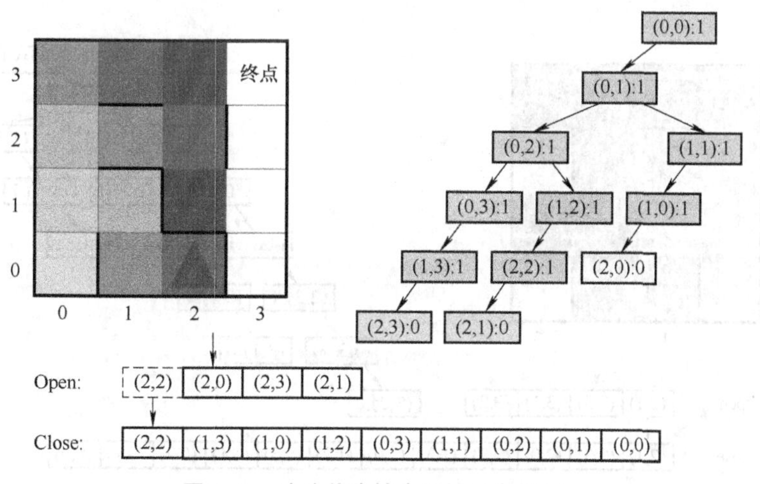

图 8-47　广度优先搜索示例示意图 10

第 11 步：搜索终点坐标（3,3），可以停止搜索，如图 8-48 所示。亦或是继续搜索，直到搜索完全图，如图 8-49~图 8-54 所示。

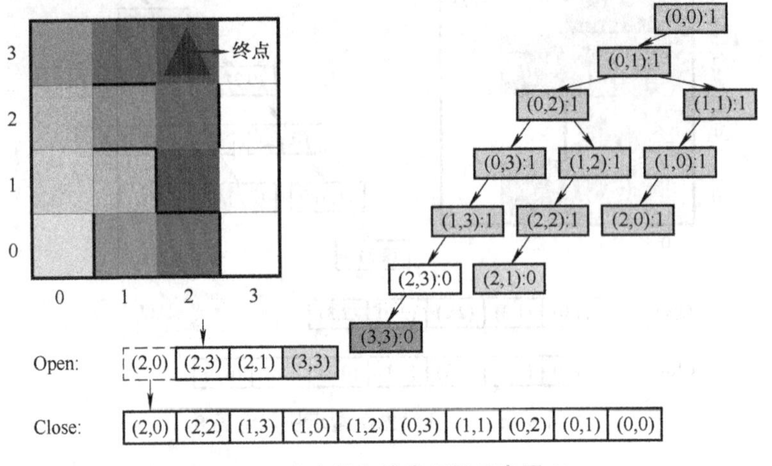

图 8-48　广度优先搜索示例示意图 11

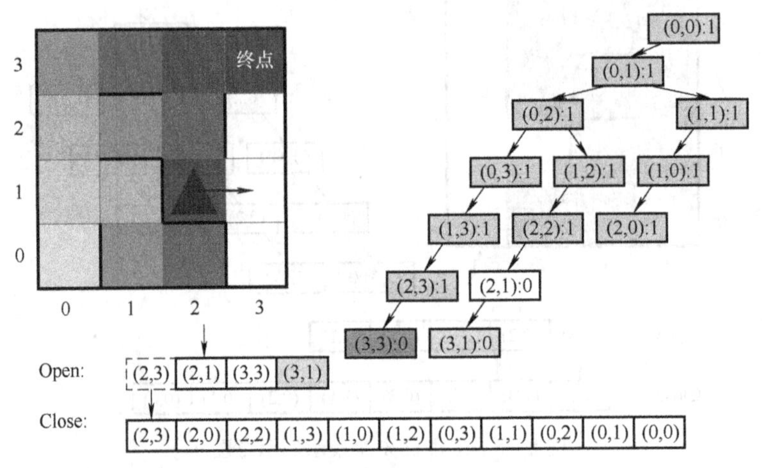

图 8-49　广度优先搜索示例示意图 12

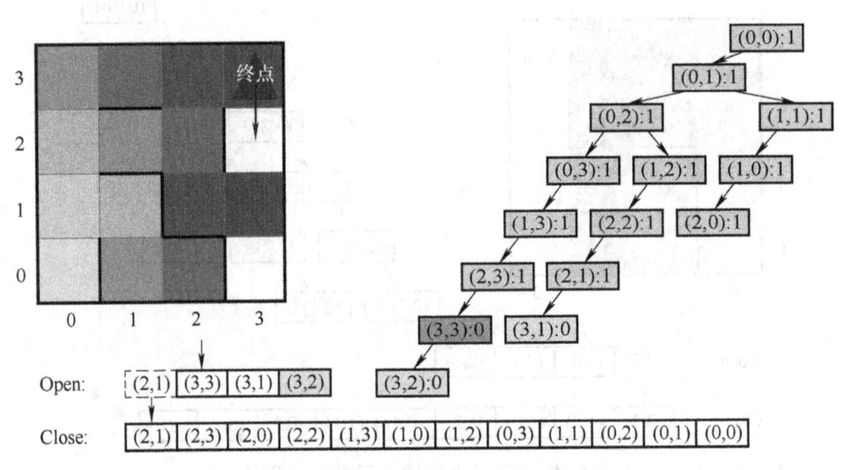

图 8-50　广度优先搜索示例示意图 13

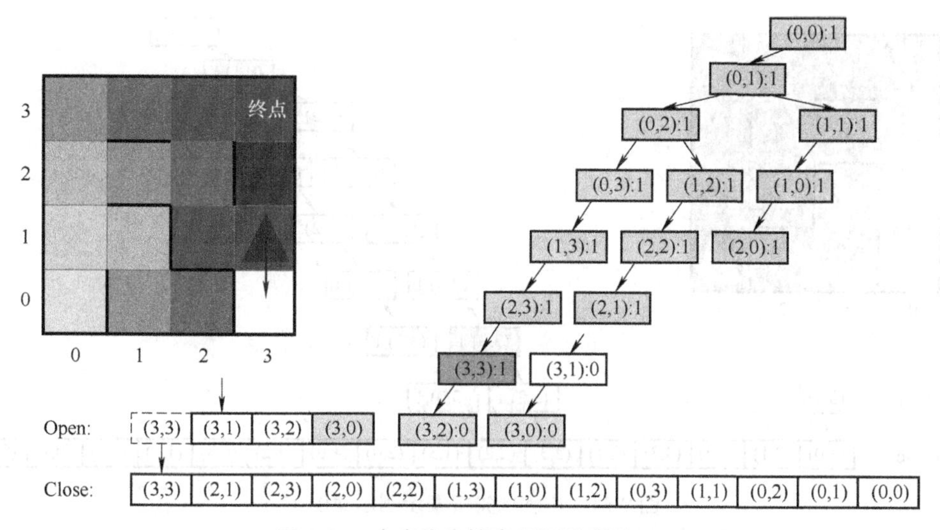

图 8-51　广度优先搜索示例示意图 14

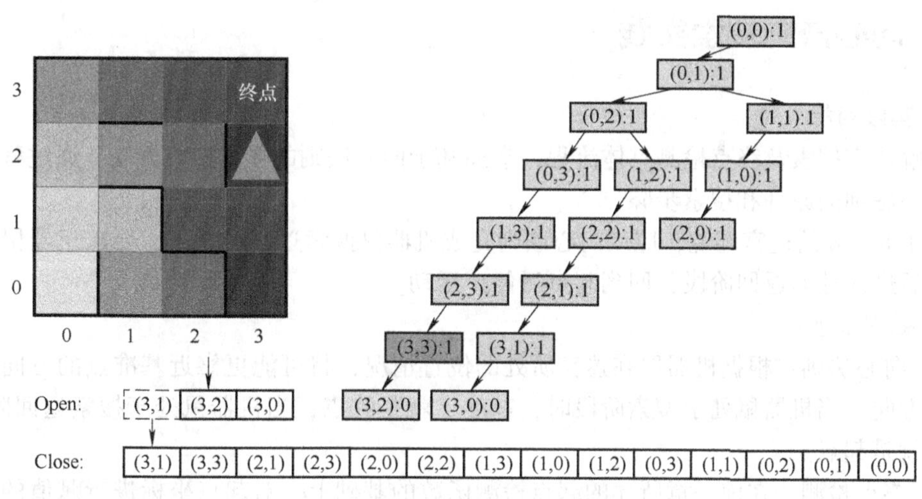

图 8-52　广度优先搜索示例示意图 15

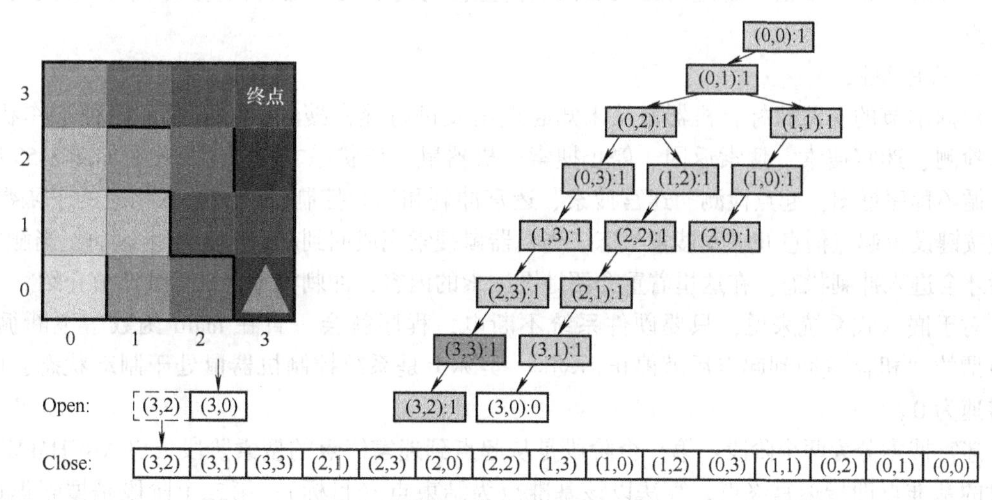

图 8-53　广度优先搜索示例示意图 16

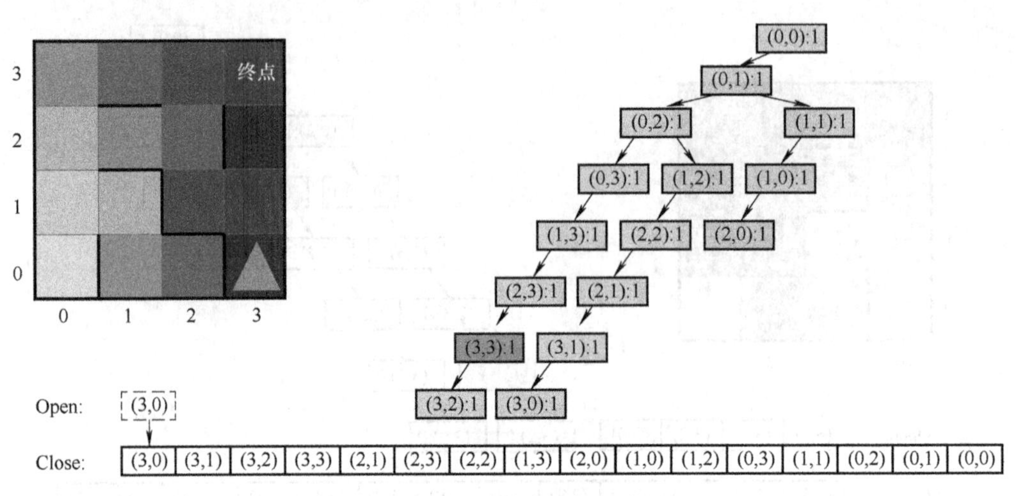

图 8-54　广度优先搜索示例示意图 17

8.4　向心法则搜索实践

1. 实践目标

了解迷宫搜索及终点检测具体流程，掌握基于向心法则的迷宫搜索方法，通过程序深刻理解向心法则的原理和搜索步骤。

基于 8 × 8 的迷宫环境，应用向心法则完成机器鼠搜索迷宫的任务，要求机器鼠找到迷宫终点后进入搜索返回阶段，回到起点后停止运动。

2. 知识要点

1）向心法则：根据机器鼠在迷宫所处的位置情况，将可能更靠近基准点的方向作为优先移动方向，当机器鼠处于搜索阶段时，基准点就是终点；当机器鼠处于搜索返回阶段时，基准点就是起点。

2）终点检测：在前一章所述的起点检测函数的基础上，对起点坐标进行赋值的同时对终点坐标进行相应赋值，通过对比机器鼠当前坐标与终点坐标是否相符来判断机器鼠是否到达终点。

3. 程序框图

根据本节的实践目标，机器鼠从未知起点出发进行迷宫搜索，可以设置四种工作状态：起点检测、迷宫搜索、搜索返回、停止搜索。机器鼠工作状态之间的切换关系如图 8-55 所示的主循环程序框图，起点检测、迷宫搜索、迷宫冲刺和运动控制分别封装在相应的子函数中。通过按键设置起点信息并触发搜索状态，当机器鼠搜索完成回到起点后会停止运动，当触发按键后才会进入冲刺状态。在这里着重介绍地图搜索的内容，冲刺状态会在后续章节介绍。

对于嵌入式系统来说，只要硬件系统不断电，程序就会一直在 main 函数中不断循环，故所谓的“机器鼠回到起点后就停止运动”，实际上是系统控制机器鼠处于制动状态，电动机转速为 0。

迷宫搜索分为两个阶段：第一个阶段是从起点到迷宫终点的搜索阶段（SEARCHMAZE），此时的基准点即指迷宫终点，算法以该基准点为结束点（目标）；第二个阶段是搜索返回过程（BACK2START），此时基准点为机器鼠的起点，而迷宫终点则变为了算法的开始点。

基于向心法则的地图长×宽迷宫搜索算法程序框图如图 8-55 所示，具体步骤如下：

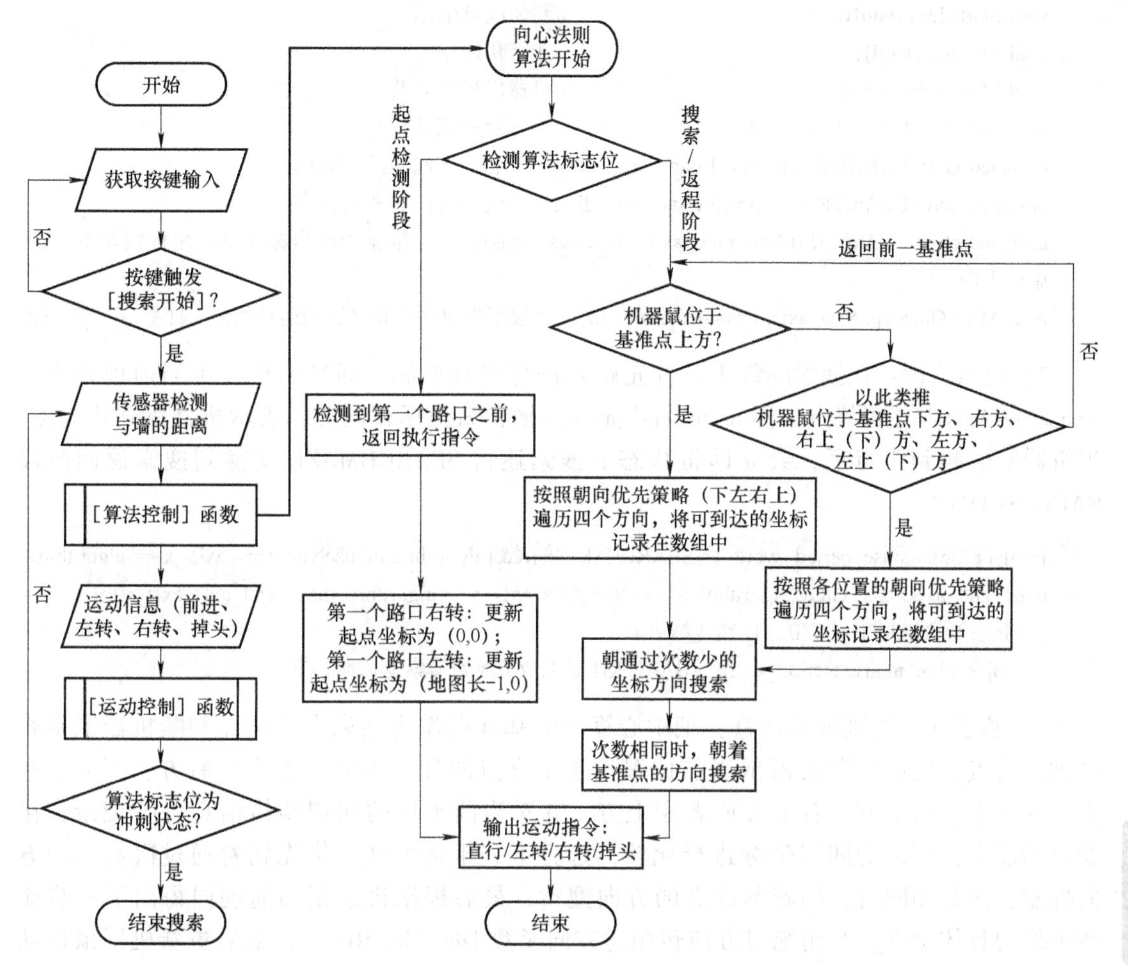

图 8-55　机器鼠向心法则迷宫搜索子函数程序框图

1）根据算法标志位判断机器鼠此时的状态，在起点检测完成之后，机器鼠会切换至迷宫搜索状态。

2）首先判断机器鼠是否已经到达终点，如果当前坐标与迷宫终点坐标相同，机器鼠就切换至搜索返回状态。

3）如果未到达终点，根据机器鼠在基准点（终点）的位置方向，选择优先遍历方向，并将可到达的坐标记录在数组中。

4）调取存入数组中各关键点的经过次数，优先朝通过次数小的坐标方向搜索，若是次数相同，按照朝向策略优先向基准点方向搜索。

5）根据当前信息决策出下一步要前往的坐标，并通过绝对方向转相对方向函数获得机器鼠的实际运动方向，输出运动指令。

4. 代码解读

1）相关的结构体定义、宏定义与变量定义同第 7 章实践部分，这里不再赘述。传感器信息获取、墙体信息存储以及方向坐标转换的相关函数也同前所述。

2）相关函数：下面详细讲解搜索迷宫地图（长 × 宽）的向心法则搜索函数。

```
void IterationSearch(void);                          //搜索迷宫
void StartCheck(void);                               //判断起点坐标
void MazeInit(void);                                 //迷宫初始化
void MouseMove(void);                                //机器鼠执行运动
unsigned char GetWallInfo(void);                         //获取墙体信息
unsigned char DirRel2Abs(unsigned char _rel_dir);        //相对方向转绝对方向
unsigned char DirAbs2Rel(unsigned char _abs_dir);        //绝对方向转相对方向
unsigned char DirAxis2Dir(Axis now_axis, Axis next_axis);      //根据当前坐标和下一坐标判断下一步朝向方向
Axis MoveOneStep(Axis_axis, unsigned char_dir);  //根据当前坐标和之后的运动朝向，计算下一步坐标
```

3）终点检测：在搜索函数中，首先就要进行终点检测，即判断机器鼠当前搜索坐标mouseNowAxis与迷宫终点坐标maze_end_axis的横、纵坐标相同时，表示机器鼠到达终点。当机器鼠检测到终点后，会立即将状态从搜索迷宫SEARCHMAZE切换到搜索返回阶段BACK2START。

```
if((algorithm. mouse_period_work==SEARCHMAZE)&&(algorithm. mouseNowAxis. axis_x==algorithm. maze_end_axis. axis_x)&&(algorithm. mouseNowAxis. axis_y==algorithm. maze_end_axis. axis_y))
  //状态为SEARCHMAZE，且到达结束点
    algorithm. mouse_period_work =BACK2START; //切换到搜索返回阶段
```

4）基于向心法则搜索迷宫：把中心算法的基准点作为结束点，首先判断机器鼠是否已到达终点；然后判断机器鼠当前位置位于基准点的什么方向：上方、右方、下方、左方、左下方、右下方、右上方或者左上方，并对当前坐标的四周墙体信息进行记录，接着对当前坐标记录的四周坐标进行比较，选择下一坐标前往，优先朝着通过次数小的方向搜索，次数相同时，朝着基准点的方向搜索，最后根据机器鼠当前朝向得出下一步应该采取的具体动作，利用绝对方向转相对方向函数Dir_Abs2Rel()；最后更新机器鼠移动后的坐标、朝向。

注意，下面只列出了机器鼠在基准点左下方及左方两个方位的程序代码，其他包括右下方、右上方、左上方、下方、右方、上方共六个方位的代码，请读者参考示例代码自行练习并补充完整，也可参阅书籍参考资料查看运行完整代码。需注意不同方位的顺序优先级不同。

```
/*********************************************************************
*@Name: IterationSearch
*@Input: axis_ing：进行搜索的坐标点
*@Output：无
*@Function：对输入坐标点的周围坐标点进行搜索，并且计算下一步运动指令
*********************************************************************/
void IterationSearch(void)
{
  unsigned char min_dir=5;
  unsigned char _dir=0;
  Maze _maze;
```

```
    Axis _axis;
    Axis _axisEnd;
    BranchPass branchs[4];
    unsigned char branch_count = 0;
    unsigned char _count = 0;
    unsigned short int min_pass = 65535;
    unsigned char axis_x,axis_y;

    algorithm.mouseNowAxis.axis_x = algorithm.mouse_axis.axis_x;    //更新机器鼠的当前坐标和朝向
    algorithm.mouseNowAxis.axis_y = algorithm.mouse_axis.axis_y;
    algorithm.mouseNowAxis.axis_toward = algorithm.mouse_abs_dir;

    if ((algorithm.mouse_period_work == SEARCHMAZE)&&(algorithm.mouseNowAxis.axis_x == algorithm.
maze_end_axis.axis_x)&&(algorithm.mouseNowAxis.axis_y == algorithm.maze_end_axis.axis_y))
    {                   //状态为 SEARCHMAZE，且到达结束点
      algorithm.mouse_period_work = BACK2START;   //切换到搜索返程阶段

      for (axis_x=0; axis_x<algorithm.mazeSizeX; axis_x++)
      {
        for (axis_y=0; axis_y<algorithm.mazeSizeY; axis_y++)
        {
          algorithm.maze_info[axis_x][axis_y].pass_times = 0;      //重置记录坐标点的经过次数
        }
      }
      #ifdef _SIMULATION                            //仿真宏定义_SIMULATION 定义时
      #else
        if(BleStructure.MomentMark == 1)
        {
          BleStructure.MomentMark = 2;
          BleStructure.MomentEnable = true;     //竞速模式下通过蓝牙发送运动时刻
        }
      #endif
    }

    for (branch_count=0; branch_count<4; branch_count++)
              //初始化 4 长度，pass_times 为 unsigned short int 的最大值 65535 的记录分支的数组
    {
      branchs[branch_count].pass_times = 65535;
    }
    algorithm.maze_info[algorithm.mouse_axis.axis_x][algorithm.mouse_axis.axis_y].wall_info &=
GetWallInfo();  //更新墙体信息
    if(algorithm.mouse_axis.axis_x - 1 >= 0)                //依次更新周围坐标相关联的墙体信息
```

```
        algorithm.maze_info[algorithm.mouse_axis.axis_x - 1][algorithm.mouse_axis.axis_y].wall_info &= ~
(~(algorithm.maze_info[algorithm.mouse_axis.axis_x][algorithm.mouse_axis.axis_y].wall_info | 0xf7) >> 2);
    if(algorithm.mouse_axis.axis_x + 1 < algorithm.mazeSizeX)
        algorithm.maze_info[algorithm.mouse_axis.axis_x + 1][algorithm.mouse_axis.axis_y].wall_info &= ~(~
(algorithm.maze_info[algorithm.mouse_axis.axis_x][algorithm.mouse_axis.axis_y].wall_info | 0xfd) << 2);
    if(algorithm.mouse_axis.axis_y - 1 >= 0)
        algorithm.maze_info[algorithm.mouse_axis.axis_x][algorithm.mouse_axis.axis_y - 1].wall_info &= ~(~
(algorithm.maze_info[algorithm.mouse_axis.axis_x][algorithm.mouse_axis.axis_y].wall_info | 0xfb) >> 2);
    if(algorithm.mouse_axis.axis_y + 1 < algorithm.mazeSizeY)
        algorithm.maze_info[algorithm.mouse_axis.axis_x][algorithm.mouse_axis.axis_y + 1].wall_info &= ~(~
(algorithm.maze_info[algorithm.mouse_axis.axis_x][algorithm.mouse_axis.axis_y].wall_info | 0xfe) << 2);
    _maze = algorithm.maze_info[algorithm.mouse_axis.axis_x][algorithm.mouse_axis.axis_y];
    branch_count = 0;

    if (algorithm.mouse_period_work == SEARCHMAZE)
    {
      _axisEnd = algorithm.maze_end_axis;
            //如果算法模块运行阶段为 SEARCHMAZE 搜索阶段，则机器鼠中心算法的基准为结束点
    }
    else if(algorithm.mouse_period_work == BACK2START)
    {
      _axisEnd = algorithm.maze_start_axis;
            //如果算法模块运行阶段为 BACK2START 搜索阶段，则机器鼠中心算法的基准为开始点
    }
    else
      return;

  if(algorithm.mouse_axis.axis_x < _axisEnd.axis_x && algorithm.mouse_axis.axis_y < _axisEnd.axis_y)
      //如果机器鼠当前位于基准点左下方，优先朝着通过次数小的方向搜索，次数相同时，朝着基准
  点的方向搜索，此时优先级顺序为：右上左下
    {
      if ((! (_maze.wall_info&(1<<1)))&&(algorithm.mouse_abs_dir ! = 3))
            //如果右侧没有墙，且不是机器鼠来时的方向
      {
        _dir = 1;
        _axis = MoveOneStep(algorithm.mouse_axis, _dir);
        branchs[branch_count].branch_count = _dir;
        branchs[branch_count].pass_times = algorithm.maze_info[_axis.axis_x][_axis.axis_y].pass_times;
  //记录下一坐标点信息
        branch_count++;
      }
      if ((! (_maze.wall_info&(1<<0)))&&(algorithm.mouse_abs_dir ! = 2))
            //如果上侧没有墙，且不是机器鼠来时的方向
```

```
    {
        _dir = 0;
        _axis = MoveOneStep(algorithm.mouse_axis,_dir);
        branchs[branch_count].branch_count = _dir;
        branchs[branch_count].pass_times = algorithm.maze_info[_axis.axis_x][_axis.axis_y].pass_times;
//记录下一坐标点信息
        branch_count++;
    }
    if ((! (_maze.wall_info&(1<<3)))&&(algorithm.mouse_abs_dir ! = 1))
            //如果左侧没有墙，且不是机器鼠来时的方向
    {
        _dir = 3;
        _axis = MoveOneStep(algorithm.mouse_axis,_dir);
        branchs[branch_count].branch_count = _dir;
        branchs[branch_count].pass_times = algorithm.maze_info[_axis.axis_x][_axis.axis_y].pass_times;
//记录下一坐标点信息
        branch_count++;
    }
    if ((! (_maze.wall_info&(1<<2)))&&(algorithm.mouse_abs_dir ! = 0))
            //如果下侧没有墙，且不是机器鼠来时的方向
    {
        _dir = 2;
        _axis = MoveOneStep(algorithm.mouse_axis,_dir);
        branchs[branch_count].branch_count = _dir;
        branchs[branch_count].pass_times = algorithm.maze_info[_axis.axis_x][_axis.axis_y].pass_times;
  //记录下一坐标点信息
        branch_count++;
    }
  }
    else if(algorithm.mouse_axis.axis_x < _axisEnd.axis_x && algorithm.mouse_axis.axis_y == _axisEnd.
axis_y)  //如果机器鼠当前位于基准点左方，优先朝着通过次数小的方向搜索，次数相同时，朝着基
准点的方向搜索，此时优先级顺序为：右下上左
  {
    if ((! (_maze.wall_info&(1<<1)))&&(algorithm.mouse_abs_dir ! = 3))
          //如果右侧没有墙,且不是机器鼠来时的方向
    {
        _dir = 1;
        _axis = MoveOneStep(algorithm.mouse_axis,_dir);
        branchs[branch_count].branch_count = _dir;
        branchs[branch_count].pass_times = algorithm.maze_info[_axis.axis_x][_axis.axis_y].pass_times;
  //记录下一坐标点信息
        branch_count++;
    }
```

```
        if ((! (_maze.wall_info&(1<<2)))&&(algorithm.mouse_abs_dir ! = 0))
          //如果下侧没有墙，且不是机器鼠来时的方向
        {
          _dir = 2;
          _axis = MoveOneStep(algorithm.mouse_axis,_dir);
          branchs[branch_count].branch_count = _dir;
          branchs[branch_count].pass_times = algorithm.maze_info[_axis.axis_x][_axis.axis_y].pass_times;
    //记录下一坐标点信息
          branch_count++;
        }
        if ((! (_maze.wall_info&(1<<0)))&&(algorithm.mouse_abs_dir ! = 2))
            //如果上侧没有墙，且不是机器鼠来时的方向
        {
          _dir = 0;
          _axis = MoveOneStep(algorithm.mouse_axis,_dir);
          branchs[branch_count].branch_count = _dir;
          branchs[branch_count].pass_times = algorithm.maze_info[_axis.axis_x][_axis.axis_y].pass_times;
    //记录下一坐标点信息
          branch_count++;
        }
        if ((! (_maze.wall_info&(1<<3)))&&(algorithm.mouse_abs_dir ! = 1))
            //如果左侧没有墙，且不是机器鼠来时的方向
        {
          _dir = 3;
          _axis = MoveOneStep(algorithm.mouse_axis,_dir);
          branchs[branch_count].branch_count = _dir;
          branchs[branch_count].pass_times = algorithm.maze_info[_axis.axis_x][_axis.axis_y].pass_times;
    //记录下一坐标点信息
          branch_count++;
        }
      }
      else
        return;

      for(_count = 0; _count < branch_count; _count++)           //对当前坐标记录的四周坐标进行比较，
    选择下一坐标前往，优先朝着通过次数小的方向搜索，次数相同时，朝着基准点的方向搜索
      {
        if(branchs[_count].pass_times < min_pass)
        {
          min_pass = branchs[_count].pass_times;
          min_dir = branchs[_count].branch_count;
        }
      }
```

```
    if(min_dir > 3)
    {
        min_dir = (algorithm.mouse_abs_dir + 2) % 4;   //如果没有可选择的坐标,则掉头
    }

    algorithm.mouse_axis = MoveOneStep(algorithm.mouse_axis,min_dir);
    algorithm.maze_info[algorithm.mouse_axis.axis_x][algorithm.mouse_axis.axis_y].pass_times++;

    if(algorithm.maze_info[algorithm.mouse_axis.axis_x][algorithm.mouse_axis.axis_y].pass_times >= 32)
//如果一个坐标通过次数超过 32 次，则视为搜索失败
    {
        algorithm.NextMovement = Stop;   //重置运动指令
        algorithm.mouse_next_move = UP;
        algorithm.mouse_period_work = SEARCHSTOP;   //状态置为 SEARCHSTOP 停止状态
        #ifdef _SIMULATION                              //仿真宏定义_SIMULATION 定义时
        while (! (*(sharedMemory.pBuffer + 1) && ! (*(sharedMemory.pBuffer + 8))))
            Sleep(1);
        if (*(sharedMemory.pBuffer + 1) && ! (*(sharedMemory.pBuffer + 8)))         //可以写入数据
        {
            *(sharedMemory.pBuffer + 8) = 1;
            *(sharedMemory.pBuffer + 0) = 4;
            *(sharedMemory.pBuffer + 9) = algorithm.NextMovement;
            *(sharedMemory.pBuffer + 10) = algorithm.mouse_axis.axis_x;
            *(sharedMemory.pBuffer + 11) = algorithm.mouse_axis.axis_y;
            *(sharedMemory.pBuffer + 12) = algorithm.mouse_axis.axis_toward;
        }
        #else
        algorithm.errorState = Error_Search;   //记录算法搜索错误
        #endif
    }
    else
    {
        algorithm.mouse_next_move = DirAbs2Rel(min_dir);   //更新运动指令
        algorithm.mouse_abs_dir = min_dir;
        algorithm.mouse_axis.axis_toward = algorithm.mouse_abs_dir;
    }
}
```

5. 实现效果

当机器鼠采用向心法则对如图 8-56a 所示的 8 × 8 迷宫进行搜索时，由于起点位于（0,0），其搜索方向的优先顺序为右>上>左>下。故机器鼠的搜索路径应当如图 8-56b 所示。当机器鼠到达终点（7,7）时，机器鼠内存中存储的墙体信息应该如图 8-56c 所示。

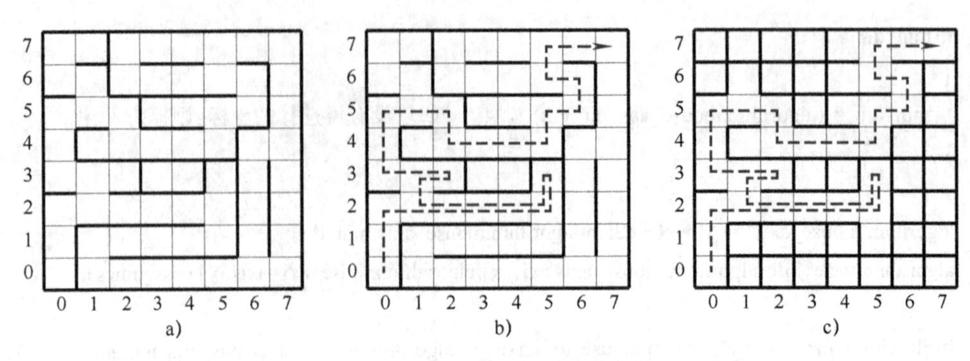

图 8-56 向心法则迷宫搜索效果

8.5 深度优先搜索实践

1. 实践目标

了解 DFS 与 BFS 的算法原理与计算机实现方法，掌握 DFS 迷宫搜索方法，通过程序深刻理解 DFS 的原理和搜索步骤。

基于 8 × 8 的迷宫环境，应用 DFS 搜索方法完成机器鼠搜索迷宫的任务。要求机器鼠找到迷宫终点后进入搜索返回阶段，回到起点后停止运动。

2. 知识要点

(1) DFS 算法

DFS 算法：优先访问可到达的最深的节点，采用堆栈结构实现，具体步骤如下：

1）先访问起始坐标。

2）若当前坐标存在未访问且可到达的相邻坐标，将其作为关键点压入堆栈，选择一个未访问的相邻坐标访问之。

3）若当前坐标不存在未访问且可到达的相邻坐标，将当前坐标弹出堆栈，返回最近访问过的坐标。

4）重复执行第 2）、3）步，直到与起始坐标相连通的坐标都变为已访问，即堆栈为空时，结束搜索。

(2) BFS 算法

BFS 算法：优先访问同层可到达的所有节点，使用 Open-Close 表实现，具体步骤如下：

1）先访问起始坐标。

2）将当前坐标加入 Open 表并标记为已访问。

3）搜索当前坐标的所有可到达的相邻坐标，将其添加至 Open 表，从 Open 表中删除当前坐标，并将其加入 Close 表中。

4）将 Open 表中当前队首存放的坐标作为新的当前坐标，搜索其相邻坐标，重复步骤 3）、4）的内容。

5）直到所有坐标都被访问过，即 Open 表为空时，结束搜索。

3. 程序框图

本节实践任务中机器鼠的主函数循环大致同图 8-55 所示，DFS 算法使用堆栈结构实现，当机器鼠状态切换至迷宫搜索状态时，就会调用一次搜索函数，搜索算法策略就会执行一步。通过不停调取搜索函数，直至机器鼠到达终点为止，完成对迷宫的搜索。

基于 DFS 算法的迷宫搜索函数程序框图如图 8-57 所示，框图中的**栈**是定义在函数外的全局变量，用于**存放关键坐标点**，搜索函数的主要步骤如下：

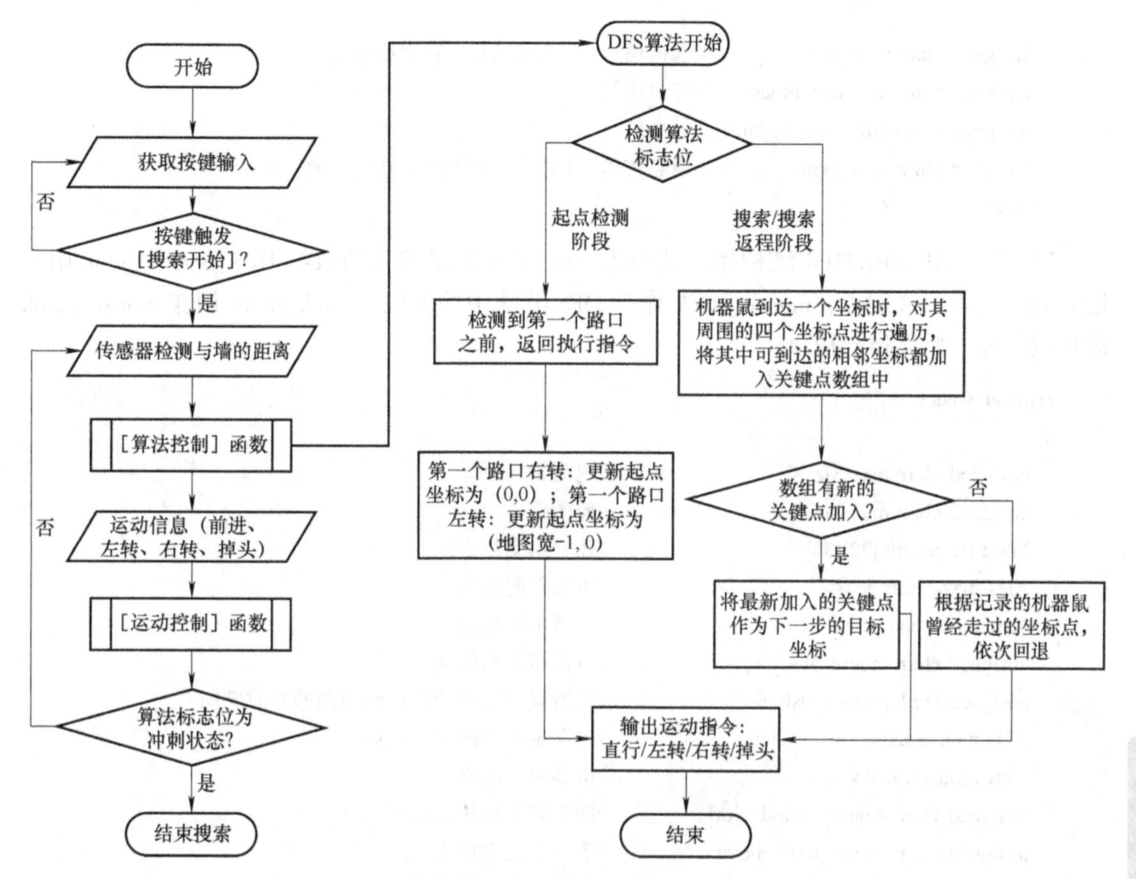

图 8-57 机器鼠深度优先算法迷宫搜索子函数程序框图

1）判断机器鼠当前搜索的坐标点是否是终点。

2）更新当前坐标以及相邻坐标公共墙的墙体信息，但如果机器鼠是通过“掉头”动作来到当前坐标的则不必更新墙体信息，因为已经过的迷宫格的墙体信息必然是检测且记录过的，不必重复写入。

3）判断当前坐标是否存在未访问的相邻坐标（节点状态为 0），如果存在，将其作为关键点并记录，控制机器鼠移向其中一个坐标并从步骤 1）开始再进入搜索程序。

4）如果不存在，将当前坐标状态变为已访问（节点状态为 1），返回其前一节点，即弹出栈顶指向的坐标，控制机器鼠执行“掉头”动作。

5）对于步骤 3）、4）中控制机器鼠移动的程序，具体指利用绝对方向转相对方向函数得出机器鼠下一步应该采取的具体动作，更新机器鼠移动后的坐标、朝向，调用运动控制函数让机器鼠执行实际动作。

4. 代码解读

1）对于自定义的 Maze 结构体，除了墙体信息 wall_info 外，还定义了迷宫坐标的节点状态 node_type，node_type 有两种状态：0 表示该迷宫格**未被搜索过**；1 表示该迷宫格**已经被**

搜索过，并已将其可到达的相邻坐标压入堆栈中。在迷宫信息初始化函数 mazeInit( ) 中，所有坐标的 node_type 将初始化为 0。

```
typedef struct
{
  unsigned char wall_info;            //墙体信息：1 表示有墙，0 表示没墙
  unsigned short int pass_times;      //经过次数
  unsigned short int contour_value; //等高值
  unsigned char node_type;            //节点类型：1 代表已经搜索，0 代表未搜索
}Maze;
```

2）定义 ALGORITHM 结构体，其中将 Axis 类型的足够长的数组 DFS_SearchPaths 用来记录算法搜索的关键点，mouse_stack 作为 DFS 算法中的堆栈，stack_point 用作 mouse_stack 的堆栈指针，始终指向栈顶。

```
typedef struct
{
  unsigned char mazeSizeX;                    //地图长
  unsigned char mazeSizeY;                    //地图宽
  Maze maze_info[32][32];                     //迷宫信息数组
  Axis maze_start_axis;                       //机器鼠起始点
  Axis maze_end_axis;                         //机器鼠结束点
  unsigned char mouse_abs_dir;                //机器鼠绝对朝向
  unsigned char mouse_rush_dir;               //机器鼠计算冲刺路径时使用的临时朝向
  Axis mouse_axis;                            //机器鼠运动的下一坐标
  Axis mouseNowAxis;                          //机器鼠实时坐标
  unsigned char mouse_period_work;            //搜索算法模块运行状态
  unsigned char mouse_next_move;              //下一步运动标志
  unsigned char begin_count;                  //起点检测阶段计数
  Axis mouse_stack[32*32];                    //机器鼠曾经走过路径点记录数组
  unsigned short int stack_point;             //机器鼠曾经走过路径点计数
  AxisRush rushPaths[32*32*2];                //冲刺路径存储数据
  unsigned short int rushPathsSum;            //冲刺路径存储计数
  AxisRush axisRush;                          //机器鼠冲刺坐标点记录
  Axis DFS_SearchPaths[32*32];                //搜索算法记录关键点数组
  unsigned short int DFS_SearchPathsSum;      //搜索算法记录关键点计数
  MoveType_T NextMovement;                    //机器鼠下一步运动指令
  InfraredAg infraredAg;                      //记录一次六个传感器采集的墙体信息
  unsigned char goFrontMark;                  //机器鼠动作组执行标志
  unsigned char errorState;                   //算法执行过程中的错误记录
}ALGORITHM;
```

3）相关函数：下面详细讲解通过 DFS 算法实现搜索迷宫地图（长 × 宽）。

```
void IterationSearch(Axis axis_ing);          //搜索迷宫
void StartCheck(void);                        //判断起点坐标
```

```
void MazeInit(void);                    //迷宫初始化
void MouseMove(void);                   //机器鼠执行运动
unsigned char GetWallInfo(void);  //获取墙体信息
unsigned char DirRel2Abs(unsigned char _rel_dir);   //相对方向转绝对方向
unsigned char DirAbs2Rel(unsigned char _abs_dir);   //绝对方向转相对方向
unsigned char DirAxis2Dir(Axis now_axis, Axis next_axis);   //根据当前坐标和下一坐标判断下一步朝
向方向
Axis MoveOneStep(Axis _axis, unsigned char _dir);//根据当前坐标和之后的运动朝向，计算下一步坐标
```

4）起点检测：同第 7 章中的起点检测函数类似，机器鼠通过遇到的第一个转弯口的方向确定起点坐标为（0,0）或（地图长-1,0）。根据地图大小和起点坐标确定终点坐标，然后将机器鼠经过的坐标加入 mouse_stack 中。

5）深度优先迷宫搜索：当机器鼠状态切换至迷宫搜索状态时，会调用此函数，每次调用都会执行一步迷宫搜索。搜索函数会首先更新机器鼠当前的坐标点和朝向，然后判断当前的坐标点是不是终点，如果是终点便将机器鼠状态切换至搜索返回阶段，如果不是则跳过；然后再判断，若机器鼠下一步动作不是掉头并且当前节点没有经历过，则获取并更新当前坐标点墙体信息，并将该节点类型（node_type）设置为 1，表示此节点已经访问过；接着遍历这个坐标的四个方向，主要寻找非机器鼠来时方向和无障碍（即无墙体）的方向，获取下一个未访问过的节点坐标值，并且判断下一坐标的等高值（该坐标到达目标点的最短距离）和当前坐标等高值大小，进行相关等高值操作，记录关键坐标点，若是有关键坐标点加入则 countMark++。在此过程中，若是搜寻到的可到达的相邻节点都已经被访问过，则不执行任何操作；然后判断此次是否有关键点加入，在有关键点加入的情况下，将关键点坐标列为下一目标点，并计算机器鼠下一动作，更新机器鼠朝向；在没有关键点加入的情况下，根据记录的机器鼠曾经走过的坐标点，准备依次回退。


```
/*******************************************************
* @Name: IterationSearch
* @Input: axis_ing：进行搜索的坐标点
* @Output：无
* @Function：对输入坐标点的周围坐标点进行搜索，并且计算下一步运动指令
*******************************************************/
void IterationSearch(Axis axis_ing)
{
  Axis _axis;
  _axis.axis_x = axis_ing.axis_x;
  _axis.axis_y = axis_ing.axis_y;
  unsigned char _dir;
  Maze _maze = algorithm.maze_info[_axis.axis_x][_axis.axis_y];
  Axis next_axis;
  Axis branch_axis;
  unsigned char branch_dir;
  Axis next_axisRush;
  unsigned short int contour_value = _maze.contour_value + 1;
```

```
unsigned char countMark = 0;
unsigned char tempMark = 0;
unsigned char tempdir = 0;
Maze mazeNow = algorithm.maze_info[algorithm.mouse_axis.axis_x][algorithm.mouse_axis.axis_y];
unsigned char countMarkState = 0;
algorithm.mouseNowAxis.axis_x = algorithm.mouse_axis.axis_x;     //更新机器鼠的当前坐标和朝向
algorithm.mouseNowAxis.axis_y = algorithm.mouse_axis.axis_y;
algorithm.mouseNowAxis.axis_toward = algorithm.mouse_abs_dir;
if(algorithm.mouseNowAxis.axis_x == algorithm.maze_end_axis.axis_x
  && algorithm.mouseNowAxis.axis_y == algorithm.maze_end_axis.axis_y)
{
  algorithm.mouse_period_work = BACK2START;
  #ifdef _SIMULATION                              //仿真宏定义_SIMULATION 定义时
  #else
    if(BleStructure.MomentMark == 1)
    {
      BleStructure.MomentMark = 2;
      BleStructure.MomentEnable = true;   //竞速模式下通过蓝牙发送运动时刻
    }
  #endif
}
              //如果机器鼠搜索到终点，则切换状态为搜索返回阶段
if (algorithm.mouse_next_move ! = DOWN
  && algorithm.maze_info[_axis.axis_x][_axis.axis_y].pass_times == 0
  && _axis.axis_x == algorithm.mouse_axis.axis_x
  && _axis.axis_y == algorithm.mouse_axis.axis_y)  //如果机器鼠下一动作不是掉头，并且该节点
未经过
{
  algorithm.maze_info[_axis.axis_x][_axis.axis_y].wall_info &= GetWallInfo();
    //根据传感器信息更新当前坐标点的墙体信息
  algorithm.maze_info[_axis.axis_x][_axis.axis_y].wall_deal = 0x0f;
      //设置坐标点周围墙体都被搜索过
  AroundWallSet(_axis);
  #ifdef _SIMULATION   //仿真宏定义_SIMULATION 定义时
    printf("wall_info: %d\n", algorithm.maze_info[_axis.axis_x][_axis.axis_y].wall_info);
  #else
  #endif
  algorithm.maze_info[_axis.axis_x][_axis.axis_y].pass_times++;
}
  _maze = algorithm.maze_info[_axis.axis_x][_axis.axis_y]; //获取墙体信息
  algorithm.maze_info[algorithm.mouse_axis.axis_x][algorithm.mouse_axis.axis_y].node_type = 1;
      //设置节点搜索过
```

```
if(countMarkState == 0) //记录关键点标志，为 0 时，可添加关键点，否则需执行上一步未完成的动作
{
  for (_dir=0;_dir<4;_dir++)   //四个方向遍历
  {
    if (DirAbs2Rel(_dir) == DOWN || DirAbs2Rel(_dir) == UP) continue;
    //如果是机器鼠来时的方向以及前进方向，略过，此时四个方向优先级为：左下右上
    if (! (_maze.wall_info&(1<<_dir)))   //该方向不是墙体
    {
      next_axis = MoveOneStep(_axis,_dir);   //获取下一坐标点
      #ifdef _SIMULATION   //仿真宏定义_SIMULATION 定义时
        printf("next_axis: %d %d\n", next_axis.axis_x, next_axis.axis_y);
      #else
      #endif

      if(next_axis.axis_x > algorithm.mazeSizeX - 1 || next_axis.axis_y > algorithm.mazeSizeY - 1)
continue;
      if(algorithm.maze_info[next_axis.axis_x][next_axis.axis_y].wall_deal != 0x0f
        || (next_axis.axis_x == algorithm.maze_end_axis.axis_x && next_axis.axis_y == algorithm.maze_
end_axis.axis_y))
      {
        if(algorithm.maze_info[next_axis.axis_x][next_axis.axis_y].node_type != 1)   //下一坐标点未搜索
        {
          if (algorithm.maze_info[next_axis.axis_x][next_axis.axis_y].contour_value>contour_value)
      //如果下一节点等高值大于当前坐标等高值+1
          {
            algorithm.maze_info[next_axis.axis_x][next_axis.axis_y].contour_value=contour_value;
    //赋值等高值

            next_axisRush.axis_x = next_axis.axis_x;
            next_axisRush.axis_y = next_axis.axis_y;
            next_axisRush.axis_toward = _dir;
            algorithm.DFS_SearchPaths[algorithm.DFS_SearchPathsSum] = next_axisRush;
    //记录关键坐标点
            algorithm.DFS_SearchPathsSum++;
            countMark++;
          }
        }
      }
    }
  }
  if (! (_maze.wall_info&(1<<algorithm.mouse_abs_dir)))
    //获取机器鼠前进方向是否可通行，减少转弯概率，说明：后加入的关键点先被执行
  {
```

```
        next_axis = MoveOneStep(_axis,algorithm.mouse_abs_dir); //获取下一坐标点
        if(next_axis.axis_x <= algorithm.mazeSizeX - 1 && next_axis.axis_y <= algorithm.mazeSizeY - 1)
        {
          if(algorithm.maze_info[next_axis.axis_x][next_axis.axis_y].wall_deal ! = 0x0f
            || (next_axis.axis_x == algorithm.maze_end_axis.axis_x && next_axis.axis_y == algorithm.maze_
end_axis.axis_y))
          {
            if (algorithm.maze_info[next_axis.axis_x][next_axis.axis_y].node_type ! = 1)
        //下一坐标点未搜索
            {
              if (algorithm.maze_info[next_axis.axis_x][next_axis.axis_y].contour_value>contour_value)
//如果下一节点等高值大于当前坐标等高值+1
              {
                algorithm.maze_info[next_axis.axis_x][next_axis.axis_y].contour_value=contour_value;
//赋值等高值

                next_axisRush.axis_x = next_axis.axis_x;
                next_axisRush.axis_y = next_axis.axis_y;
                next_axisRush.axis_toward = algorithm.mouse_abs_dir;
                algorithm.DFS_SearchPaths[algorithm.DFS_SearchPathsSum] = next_axisRush;
      //记录关键坐标点
                algorithm.DFS_SearchPathsSum++;
                countMark++;
              }
            }
          }
        }
      }
    }
    if (countMark == 0 && countMarkState == 0)   //countMark 记录此次是否有关键点加入
    {
      countMarkState = 1;      //设置不可添加关键点标志
      if(algorithm.DFS_SearchPaths[algorithm.DFS_SearchPathsSum - 1].axis_x - algorithm.mouse_axis.axis_
x == 1 && algorithm.DFS_SearchPaths[algorithm.DFS_SearchPathsSum - 1].axis_y == algorithm.mouse_
axis.axis_y)//下一关键点位于机器鼠当前位置的右侧
      {
        tempdir = 1;      //临时方向为右
        if (! (mazeNow. wall _ info& (1 << tempdir)) && algorithm. DFS _ SearchPaths [algorithm. DFS _
SearchPathsSum - 1].axis_toward == tempdir)
        {
          tempMark = 1; //临时方向没有墙，且下一关键点记录的朝向也与临时朝向相符
        }
      }
```

```
//下一关键点位于机器鼠当前位置的左侧、上方时，tempdir 分别取值 3、0，此处代码略
else if(algorithm.DFS_SearchPaths[algorithm.DFS_SearchPathsSum - 1].axis_x == algorithm.mouse_axis.axis_x && algorithm.DFS_SearchPaths[algorithm.DFS_SearchPathsSum - 1].axis_y - algorithm.mouse_axis.axis_y == -1)
{        //下一关键点位于机器鼠当前位置的下方
    tempdir = 2;      //临时方向为下
    if (! (mazeNow.wall_info&(1<<tempdir)) && algorithm.DFS_SearchPaths[algorithm.DFS_SearchPathsSum - 1].axis_toward == tempdir)
    {
        tempMark = 1;  //临时方向上没墙，且下一关键点记录的朝向也与临时朝向相符
    }
}
if(tempMark)        //判断机器鼠回到了上一个关键节点
{
    while(algorithm.DFS_SearchPathsSum > 0
        && algorithm.maze_info[algorithm.DFS_SearchPaths[algorithm.DFS_SearchPathsSum - 1].axis_x][algorithm.DFS_SearchPaths[algorithm.DFS_SearchPathsSum - 1].axis_y].wall_deal == 0x0f
        && (algorithm.DFS_SearchPaths[algorithm.DFS_SearchPathsSum - 1].axis_x ! = algorithm.maze_end_axis.axis_x && algorithm.DFS_SearchPaths[algorithm.DFS_SearchPathsSum - 1].axis_y ! = algorithm.maze_end_axis.axis_y))
    {
        algorithm.DFS_SearchPathsSum --;
        if(algorithm.DFS_SearchPathsSum == 0)
        {
            _dir = DirAxis2Dir(algorithm.mouse_stack[algorithm.stack_point], algorithm.mouse_stack[algorithm.stack_point- 1]);
            algorithm.mouse_next_move = DirAbs2Rel(_dir);
            algorithm.mouse_abs_dir = _dir;
            algorithm.mouse_axis = algorithm.mouse_stack[algorithm.stack_point- 1];
            algorithm.stack_point --;
            return;
        }
    }
    branch_axis.axis_x = algorithm.DFS_SearchPaths[algorithm.DFS_SearchPathsSum - 1].axis_x;
    branch_axis.axis_y = algorithm.DFS_SearchPaths[algorithm.DFS_SearchPathsSum - 1].axis_y;
    branch_axis.axis_toward = algorithm.DFS_SearchPaths[algorithm.DFS_SearchPathsSum - 1].axis_toward;

    branch_dir = algorithm.DFS_SearchPaths[algorithm.DFS_SearchPathsSum - 1].axis_toward;
    algorithm.DFS_SearchPathsSum --;  //关键节点递减
    algorithm.mouse_next_move = DirAbs2Rel(branch_dir);  //计算下一动作
    algorithm.mouse_abs_dir = branch_dir;  //更改机器鼠朝向
```

```
            algorithm.mouse_axis = branch_axis;    //更改机器鼠位置
            algorithm.stack_point++;
            algorithm.mouse_stack[algorithm.stack_point] = algorithm.mouse_axis;        //记录走过的路径
            countMarkState = 0;
        }
        else      //没有回到关键节点的话，根据记录的机器鼠曾经走过的坐标点，依次回退
        {
            while(algorithm.DFS_SearchPathsSum > 0
                && algorithm.maze_info[algorithm.DFS_SearchPaths[algorithm.DFS_SearchPathsSum - 1].axis_x]
[algorithm.DFS_SearchPaths[algorithm.DFS_SearchPathsSum - 1].axis_y].wall_deal == 0x0f
                && (algorithm.DFS_SearchPaths[algorithm.DFS_SearchPathsSum - 1].axis_x ! = algorithm.maze_
end_axis.axis_x && algorithm.DFS_SearchPaths[algorithm.DFS_SearchPathsSum - 1].axis_y ! = algorithm.
maze_end_axis.axis_y))
            {
                algorithm.DFS_SearchPathsSum --;
                if(algorithm.DFS_SearchPathsSum == 0)
                    break;
            }
            _dir = DirAxis2Dir(algorithm.mouse_stack[algorithm.stack_point],algorithm.mouse_stack[algorithm.
stack_point - 1]);
            algorithm.mouse_next_move = DirAbs2Rel(_dir);
            algorithm.mouse_abs_dir = _dir;
            algorithm.mouse_axis = algorithm.mouse_stack[algorithm.stack_point - 1];
            algorithm.stack_point --;
        }
    }
    else
    {
        while(algorithm.DFS_SearchPathsSum > 0
            && algorithm.maze_info[algorithm.DFS_SearchPaths[algorithm.DFS_SearchPathsSum - 1].axis_x]
[algorithm.DFS_SearchPaths[algorithm.DFS_SearchPathsSum - 1].axis_y].wall_deal == 0x0f
            && (algorithm.DFS_SearchPaths[algorithm.DFS_SearchPathsSum - 1].axis_x ! = algorithm.maze_
end_axis.axis_x && algorithm.DFS_SearchPaths[algorithm.DFS_SearchPathsSum - 1].axis_y ! = algorithm.
maze_end_axis.axis_y))
        {
            algorithm.DFS_SearchPathsSum --;
            if(algorithm.DFS_SearchPathsSum == 0)
            {
                _dir = DirAxis2Dir(algorithm.mouse_stack[algorithm.stack_point], algorithm.mouse_stack
[algorithm.stack_point - 1]);
                algorithm.mouse_next_move = DirAbs2Rel(_dir);
                algorithm.mouse_abs_dir = _dir;
                algorithm.mouse_axis = algorithm.mouse_stack[algorithm.stack_point - 1];
```

```
                algorithm.stack_point --;
                return;
            }
        }
        branch_axis.axis_x = algorithm.DFS_SearchPaths[algorithm.DFS_SearchPathsSum - 1].axis_x;
        branch_axis.axis_y = algorithm.DFS_SearchPaths[algorithm.DFS_SearchPathsSum - 1].axis_y;
        branch_axis.axis_toward = algorithm.DFS_SearchPaths[algorithm.DFS_SearchPathsSum - 1].axis_
toward;
        branch_dir = algorithm.DFS_SearchPaths[algorithm.DFS_SearchPathsSum - 1].axis_toward;
        algorithm.DFS_SearchPathsSum --;                              //关键节点递减
        algorithm.mouse_next_move = DirAbs2Rel(branch_dir);      //计算下一动作
        algorithm.mouse_abs_dir = branch_dir;   //更改机器鼠朝向
        algorithm.mouse_axis = branch_axis;    //更改机器鼠位置
        algorithm.stack_point++;
        algorithm.mouse_stack[algorithm.stack_point] = algorithm.mouse_axis;          //记录走过的路径
        }
    }
}
```

5. 实现效果

当机器鼠采用深度优先（DFS）搜索算法对图 8-58a 所示的 8 × 8 迷宫进行搜索时，机器鼠的搜索路径应当如图 8-58b 所示。当机器鼠到达终点（7,7）时，机器鼠内存中存储的墙体信息应该如图 8-58c 所示。

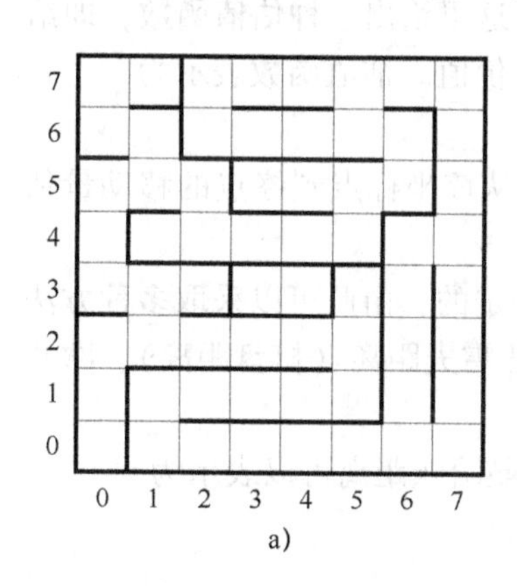

a)

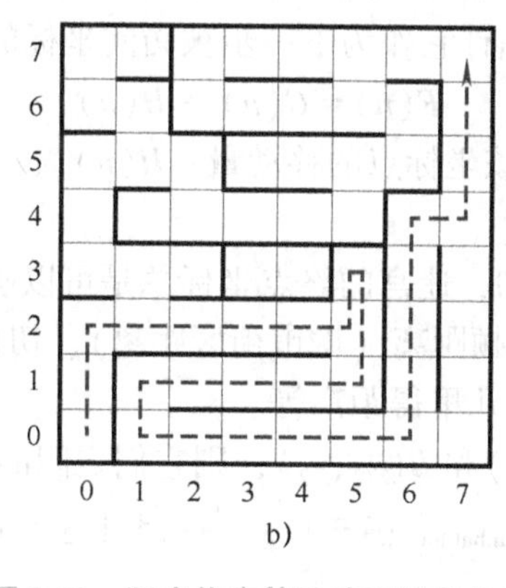

b)

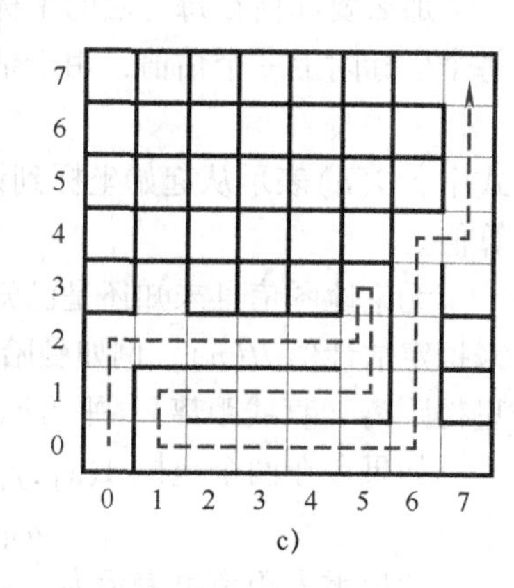

c)

图 8-58　深度优先算法迷宫搜索效果

第 9 章

经典启发式搜索策略

盲目式搜索是不依靠具体问题的相关信息，仅采用固定的搜索策略进行搜索。启发式搜索是指利用特定问题的相关信息进行有偏好的搜索。采用启发式搜索策略可以有效减少不必要的搜索，降低时间成本。最经典的启发式搜索算法有 A*（A-Star）算法，此外还有基于其改进的动态 A* 算法（D* 算法）等。

9.1 A* 搜索算法

1. 算法原理

A* 算法是结合了深度优先搜索与广度优先搜索两种算法优势的一种求解静态网络最短路径问题的最有效的直接搜索算法，BFS 算法一般被认为是 A* 算法效率最低的一个特例。BFS 算法是依次展开每一层坐标进行搜索，如果对于每层坐标只选定一个方向去搜索它的下一层坐标，而非依次搜索所有可到达的下一层坐标的话，就可以大大缩小搜索范围，节省计算时间。

那么要如何在每一层的坐标集合中选出这一特定方向呢？这里给出一种**估值函数**，即给每个坐标附上一个估值，用于估计它作为下一步被访问坐标的价值。估值函数表示为

$$F(n) = G(n) + H(n)$$

式中，$G(n)$表示从起始坐标到该坐标点的移动量；$H(n)$表示从该坐标点到终点的移动量估算值。

无论地图信息未知还是已知，迷宫的终点坐标总是可以确定的，由此可以采取多种方法来拟定估计值 $H(n)$，例如曼哈顿距离（城市街区距离）、切比雪夫距离（棋盘距离）、欧几里得距离（直线距离）、平方欧几里得距离等。

如果存在两个坐标 $A(x_1, y_1)$ 和 $B(x_2, y_2)$，则它们之间的曼哈顿距离可以表示为

$$d_{\text{Manhattan}-AB} = |x_2 - x_1| + |y_2 - y_1|$$

切比雪夫距离可表示为

$$d_{\text{Chebyshev}-AB} = \max(|x_2 - x_1|, |y_2 - y_1|)$$

欧几里得距离可以表示为

$$d_{\text{Euclidean}-AB} = \sqrt{(x_2 - x_1)^2 + (y_2 - y_1)^2}$$

对于只有上、下、左、右四个方向移动的机器鼠来说，通常以曼哈顿距离来估计较为合适。对于支持走斜线，即包括上、下、左、右、左上、左下、右上、右下共八个移动方向的机器鼠来说，使用切比雪夫距离更为合适。对于可以任意移动的搜索问题，则可以采用欧几里得距离作为估计。总地来说，就是要**利用终点坐标和当前坐标的差距拟合出终点距当前点的偏好方向。**

A* 搜索算法同样借助 open-close 表实现，其具体步骤如下：

1）先访问起始坐标。

2）将当前坐标加入 open 表并标记为已访问。

3）依次计算当前坐标的所有可到达相邻坐标的估值函数，在 open 表中添加所有可到达的邻接坐标（视为关键点），从 open 表中删除当前坐标，将之加入 close 表中。

4）将 open 表中估值函数值最小的坐标作为新的当前坐标，搜索其相邻坐标，重复步骤 3）、4）的内容。

5）直到终点坐标加入 open 表中，结束搜索。

2. 搜索步骤

接下来以一个 4 × 4 的小迷宫作为示例，坐标（0,0）为起点，（3,3）为终点。计算步骤如图 9-1 所示，其中每格坐标左上角为 F 值，左下角为 G 值，右下角为 H 值，使用曼哈顿距离计算估值函数。

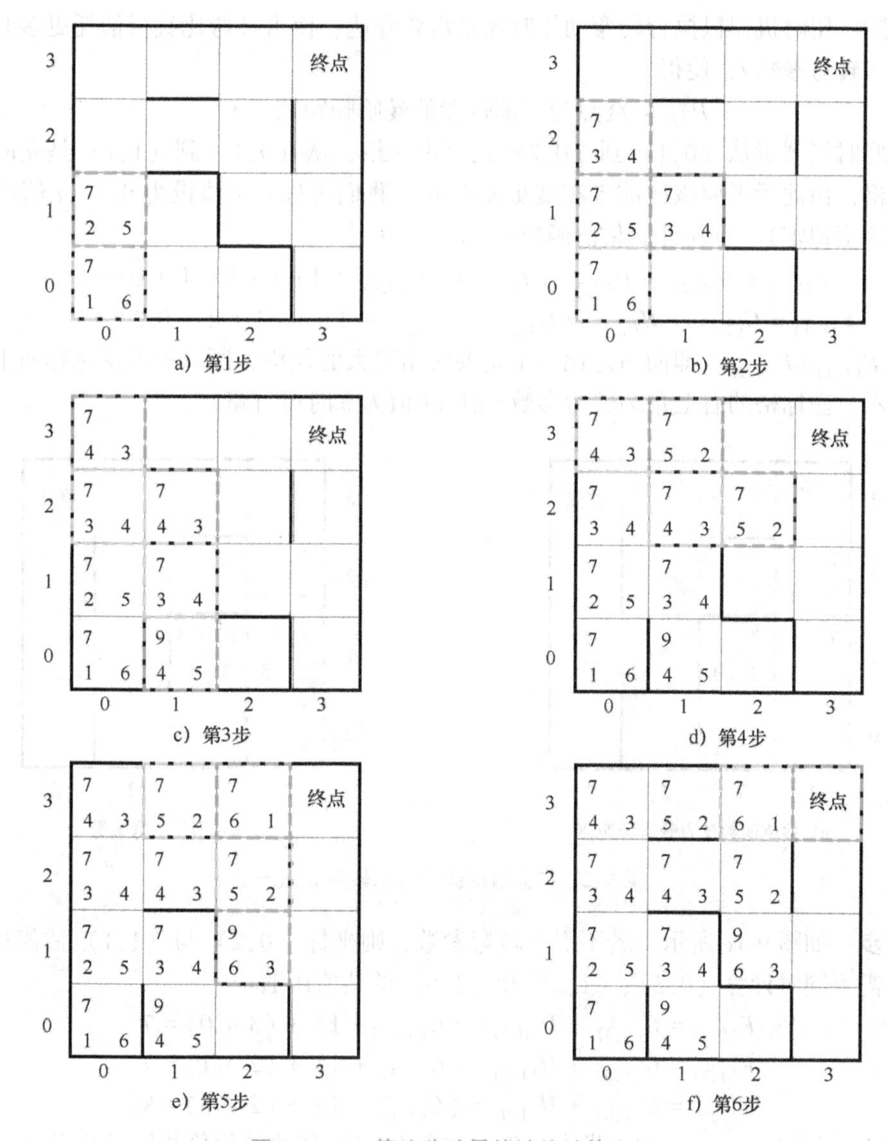

a）第1步　b）第2步　c）第3步　d）第4步　e）第5步　f）第6步

图 9-1　A* 算法移动量估计值计算实例

第 1 步：如图 9-1a 所示，当机器鼠位于坐标（0,0）时，设定起点坐标的估计值：将该坐标距离起点的距离记为 $G_{(0,0)}=1$，计算其与终点（3,3）的曼哈顿距离为 $H_{(0,0)}=3+3=6$，则其估值函数：

$$F_{(0,0)}=G_{(0,0)}+H_{(0,0)}=7$$

下一可移动的方向仅有绝对向上的方向（以下描述均为绝对方向），计算坐标（0,1）的估值函数：

$$F_{(0,1)}=G_{(0,1)}+H_{(0,1)}=(G_{(0,0)}+1)+(3+2)=7$$

第 2 步：如图 9-1b 所示，当机器鼠位于（0,1）时，下一步可移动的坐标有（0,2）、（1,1），分别计算估值函数：

$$F_{(0,2)}=G_{(0,2)}+H_{(0,2)}=(G_{(0,1)}+1)+(3+1)=7$$

$$F_{(1,1)}=G_{(1,1)}+H_{(1,1)}=(G_{(0,1)}+1)+(2+2)=7$$

两坐标计算得到相同的估值，则它们地位相同，均可作为下一步移动方向。

在实际应用时机器鼠执行转弯动作时通常需要降速，使得转弯比直行消耗更多时间，因此可以引入转弯参数 t，使得

$$H_{(n)}=\text{终点与当前位置的曼哈顿距离}+t_{(n)}$$

比如此时机器鼠从（0,1）到（0,2）是直走一格，从（0,1）到（1,1）是先向右转弯再直走一格，由此后者应该比前者花费更多时间，我们可以将 t 值设为 0.3（t 值应当根据实际转弯速度拟定），重新计算估值函数：

$$F_{(0,2)}=G_{(0,2)}+H_{(0,2)}+t_{(0,2)}=(G_{(0,1)}+1)+(3+1+0)=7$$

$$F_{(1,1)}=G_{(1,1)}+H_{(1,1)}+t_{(1,1)}=(G_{(0,1)}+1)+(2+2+0.3)=7.3$$

因为 $F_{(1,1)}>F_{(0,2)}$，即向右走比向上走要付出更大的代价，所以机器鼠选择向上走，如图 9-2 所示，坐标格的右上角为转弯参数 t 值（t 值为 0 时可省略）。

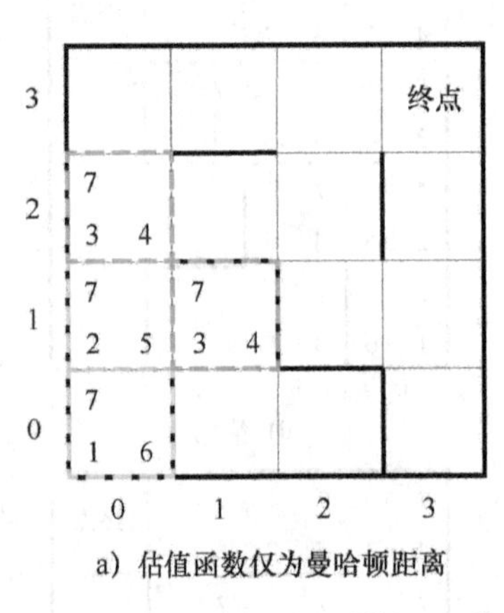

a）估值函数仅为曼哈顿距离

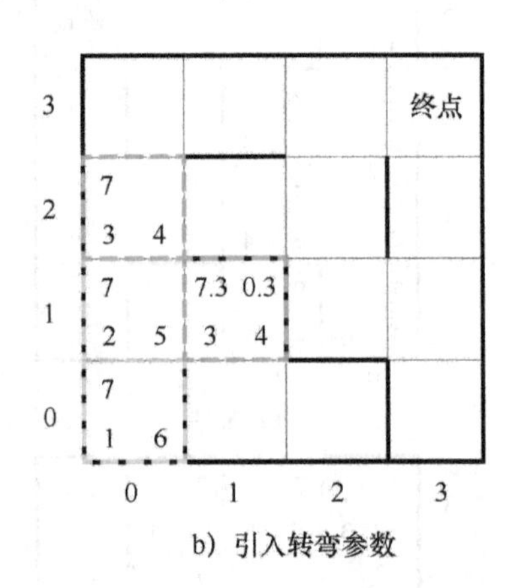

b）引入转弯参数

图 9-2 在估值函数中引入转弯参数一

第 3 步：如图 9-1c 所示，若不引入转弯参数，则坐标（0,2）与（1,1）估值相同，那么下一步需要同时计算（0,3）、（1,2）和（1,0）的估值函数：

$$F_{(0,3)}=G_{(0,3)}+H_{(0,3)}=(G_{(0,2)}+1)+(3+0)=7$$

$$F_{(1,2)}=G_{(1,2)}+H_{(1,2)}=(G_{(0,2)}+1)+(2+1)=7$$

$$F_{(1,0)}=G_{(1,0)}+H_{(1,0)}=(G_{(1,1)}+1)+(2+3)=9$$

因为 $F_{(0,3)}=F_{(1,2)}<F_{(1,0)}$，即向（0,3）或（1,2）移动的代价相同且小于（1,0），所

以选择从坐标（0,2）向上或者向右移动。

第 4 步：分两种情况，不考虑或考虑转弯参数。

不考虑转弯参数的情况下，**第 4 步**需计算（1,3）和（2,2）的估值函数；**第 5 步**需计算（2,3）和（2,1）的估值函数；**第 6 步**即可走到终点（3,3），计算结果如图 9-1d~f 所示。

最终计算出的最短路径即为：(0,0)→(0,1)→(0,2)→(0,3)→(1,3)→(2,3)→(3,3) 或者 (0,0)→(0,1)→(0,2)→(1,2)→(2,2)→(2,3)→(3,3)。

如果加上转弯参数，只考虑（0,2）下一步可到达的坐标（0,3）和（1,2），则得估值函数：

$$F_{(0,3)} = G_{(0,3)} + H_{(0,3)} + t_{(0,3)} = (G_{(0,2)} + 1) + (3 + 0 + 0) = 7$$

$$F_{(1,2)} = G_{(1,2)} + H_{(1,2)} + t_{(1,2)} = (G_{(0,2)} + 1) + (2 + 1 + 0.3) = 7.3$$

因为 $F_{(0,3)}<F_{(1,2)}$，即向右走比向上走要付出更大的代价，所以机器鼠继续选择向上走，如图 9-3 所示。

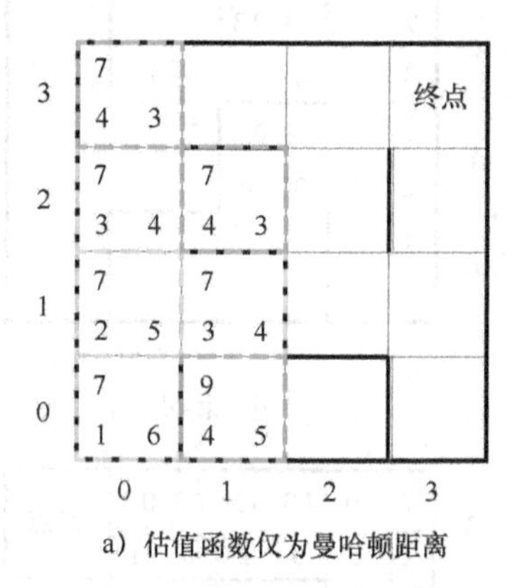

a）估值函数仅为曼哈顿距离

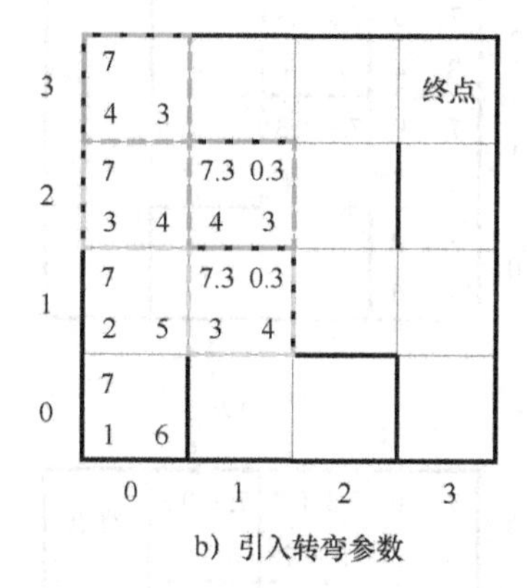

b）引入转弯参数

图 9-3　在估值函数中引入转弯参数二

考虑转弯参数的情况下，**第 4 步**只能向右移动，只需计算（1,3）：

$$F_{(1,3)} = G_{(1,3)} + H_{(1,3)} + t_{(1,3)} = (G_{(0,3)} + 1) + (2 + 0 + 0.3) = 7.3$$

第 5 步：仍然只能向右移动，且对于机器鼠来说为直走，故转弯参数为 0：

$$F_{(2,3)} = G_{(2,3)} + H_{(2,3)} + t_{(2,3)} = (G_{(1,3)} + 1) + (1 + 0 + (t_{(1,3)} + 0)) = 7.3$$

需要说明的是，此处转弯参数 t 应为之前坐标点转弯参数的累计值，因为机器鼠根据 A* 算法搜索迷宫是在全局背景下搜索，应考虑多次转弯付出的综合代价，故 $t_{(2,3)} = t_{(1,3)} + 0$。

第 6 步：需计算（3,3）和（2,2）的估值函数：

$$F_{(3,3)} = G_{(3,3)} + H_{(3,3)} + t_{(3,3)} = (G_{(2,3)} + 1) + (0 + 0 + (t_{(2,3)} + 0)) = 7.3$$

$$F_{(2,2)} = G_{(2,2)} + H_{(2,2)} + t_{(2,2)} = (G_{(2,3)} + 1) + (1 + 1 + (t_{(2,3)} + 0.3)) = 9.6$$

所以最终计算出的最短路径即为：(0,0)→(0,1)→(0,2)→(0,3)→(1,3)→(2,3)→(3,3)。计算步骤如图 9-4 所示，坐标格的左上角为估值函数，右上角为转弯参数 t（当前位置的转弯参数之和）。

估值函数形式应视具体情况而定，可包含多个加权因素。

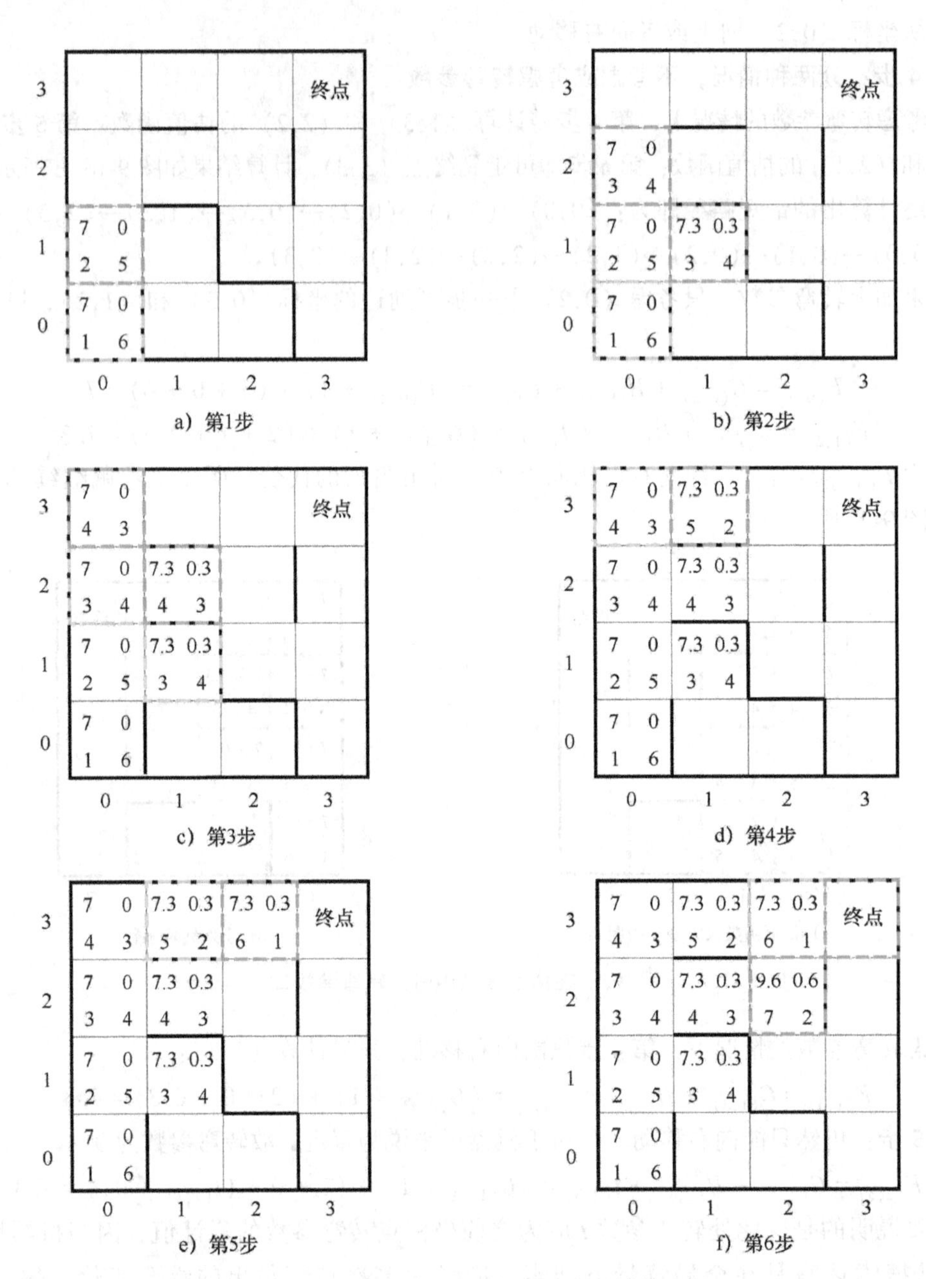

图 9-4　A* 算法移动量附加转弯参数计算实例

9.2　A* 算法实践

1. 实践目标

基于 8 × 8 的迷宫环境，应用 A* 算法完成机器鼠的搜索任务，进一步理解 A* 搜索算法的原理及计算机实现方法，通过程序熟悉 A* 算法的搜索步骤。

本次实践可将曼哈顿距离与转弯惩罚因子用于估值函数的计算，要求机器鼠找到迷宫终点后进入搜索返回阶段，回到起点后停止运动。

2. 知识要点

1）A* 算法具体步骤如下：

① 先访问起始坐标；

② 将当前坐标标记为已访问，加入 Open 表；

③ 依次计算当前坐标的所有可到达相邻坐标的估值函数，将所有相邻坐标作为关键点加入 Open 表，将当前坐标从 Open 表中删除并加入 Close 表中；

④ 将 Open 表中估值函数值最小的坐标作为新的当前坐标，搜索其相邻坐标，重复步骤③、④的内容；

⑤ 直到终点坐标加入 Open 表中，结束搜索。

2）估值函数：假设起点坐标为（x_s, y_s），终点坐标为（x_e, y_e），则坐标（x_i, y_i）的估值函数计算公式如下：

$$F_i = G_i + H_i = w_1 * G_i + w_2 * (|x_e - x_i| + |y_e - y_i|) + w_3 * t_i$$

式中，G_i 表示从起点坐标（x_s, y_s）到坐标（x_i, y_i）的移动量；t_i 表示转弯惩罚因子，如果从当前坐标（x_{i-1}, y_{i-1}）到达（x_i, y_i）不需要转弯，则 $t_i = 0$；w_1、w_2 和 w_3 为各项权重值，本节示例程序中取 $w_1 = w_2 = w_3 = 1$。

3）优先队列（Priority Queue）：A* 算法第④步中，要求从 Open 表中选出估值函数最小的坐标作为新的当前坐标，这就需要使用“优先队列”这种数据结构作为 Open 表。队列是一种“先入先出”的数据结构，优先队列即队列中的数据按照一定顺序（递增或者递减）进行排列。依照 A* 算法的要求，Open 表中的坐标元素应该按照估值函数递增的顺序进行排列，入队元素将插入合适的位置满足估值函数递增。出队元素为队首元素，即为估值函数最小二点坐标元素。

在嵌入式 C 语言中，没有系统定义好的“优先队列”这种数据类型，因此一般使用链表指针或者数组实现，通常要求该线性表要拥有在特定位置插入数据和删除首位数据的能力。

3. 程序框图

机器鼠单次搜索主循环程序如图 9-5 所示。通过按键设置起点信息并触发搜索状态，当机器鼠搜索完成回到起点后会停止运动，当触发按键后才会进入冲刺状态。当机器鼠处于搜索状态时，会用传感器检测坐标周围墙体信息，再调用算法控制函数，在本节使用的是 A* 搜索算法。根据搜索算法确定每一坐标的下一目标，再调用运动函数执行机器鼠的动作，直到完成地图搜索回到起点位置为止。

A* 搜索算法程序框图如图 9-5 所示。根据算法标志位判断机器鼠此时的状态，在起点检测完成之后，机器鼠会切换至迷宫搜索状态。先判断机器鼠当前位置是否已经为终点坐标，若不是，则更新当前迷宫格的墙体信息。然后搜索与当前坐标相连通的未访问过的相邻坐标，如果存在符合前述条件的相邻坐标，就将其作为关键点加入 Open 表，并计算该坐标的估值函数。遍历完当前坐标的相邻坐标后，将当前坐标加入 Close 表标记为“已访问”。然后从 Open 表中选出估值函数最小的坐标作为下一坐标。如果关键点中存在与机器鼠当前位置相邻，且之间没有墙体的关键点，则将该关键点前移并作为下一目标点。

4. 代码解读

1）结构体定义：定义迷宫信息结构体 Maze，其中包括 7 个变量信息：wall_info 存放当前坐标四周的墙体信息；pass_times 表示坐标点的经过次数；contour_value 表示当前坐标的等高值；node_type 表示当前坐标的访问状态；turn_times 表示相邻坐标点间到达的转向次数；end_distance 表示当前坐标距离终点坐标的曼哈顿距离；value_function 表示坐标点的估值函数。

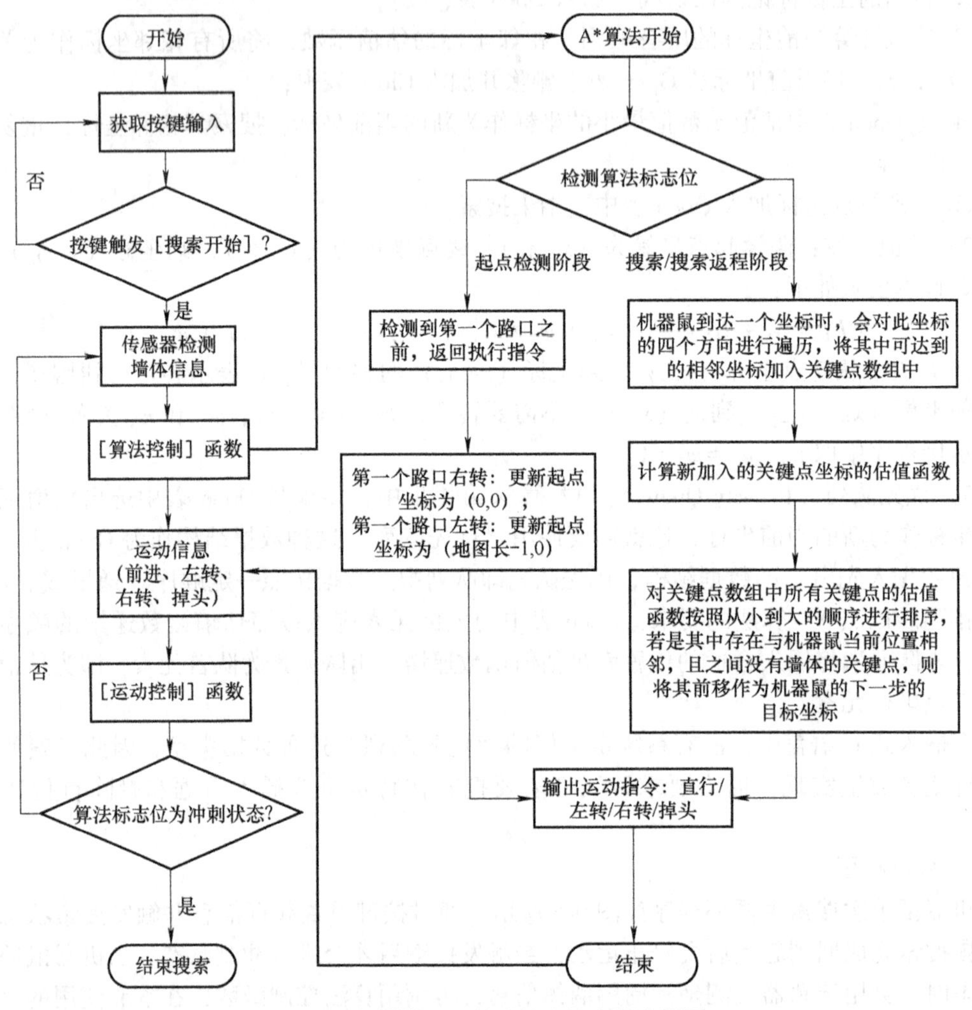

图 9-5　机器鼠 A* 算法搜索迷宫程序框图

```
typedef struct
{
    unsigned char wall_info;              //墙体信息：1 为有墙，0 为没墙
    unsigned char wall_deal;              //记录迷宫每一个坐标的墙体是否被处理过
    unsigned short int pass_times;        //经过次数
    unsigned short int contour_value;     //等高值
    unsigned char node_type;              //节点类型：1 为已经搜索的，0 为未搜索
    unsigned char turn_times;             //相邻坐标点间到达的转向次数
    unsigned char end_distance;           //坐标距离终点的曼哈顿距离
    unsigned short int value_function;    //坐标点的估值函数
```

```
}Maze;

typedef struct
{
  unsigned char axis_x;         //横坐标
  unsigned char axis_y;         //纵坐标
  unsigned char axis_toward;    //朝向
}Axis;                          //定义坐标类型
```

2）相关函数：与方向转换、迷宫墙体信息记录相关的函数定义可见第 7 章代码解析部分。下面详细介绍使用 A* 算法进行迷宫搜索的程序实现方法。

```
void IterationSearch(Axis axis_ing)  //对输入坐标点的周围坐标点进行搜索，并且计算下一步运动指令
unsigned char ArriveKeyPoint(void) //判断机器鼠是否到达指定关键点
void PointSort(void)      //根据估值函数对关键点进行排序，每次选取估值最小的关键点前往
void PointForward(void)          //A* 算法中，对关键点数据的数组进行前移一格操作
void StartCheck(void)            //起点检测，记录遇到第一个路口前的迷宫信息
void ManhattanDistance(void)     //当得知搜索终点时，为所有坐标点计算距离终点的曼哈顿距离
void MazeInit(void)              //根据地图长宽初始化信息
void MouseMove(void)    //根据机器鼠运动标志获取下一运动指令，包含直行、左转、右转、掉头
Axis MoveOneStep(Axis _axis, unsigned char _dir)   //根据当前坐标和之后的运动朝向，计算下一步坐标
unsigned char GetWallInfo(void)   //根据当前左、前、右墙体信息，返回一个坐标点的墙体信息
unsigned char DirAxis2Dir(Axis now_axis, Axis next_axis)   //根据当前坐标和下一坐标判断下一步朝向方向
unsigned char DirAbs2Rel(unsigned char _abs_dir)      //绝对朝向转相对朝向
unsigned char DirRel2Abs(unsigned char _rel_dir)      //相对朝向转绝对朝向
```

3）迷宫初始化：迷宫信息结构体定义了 7 种参数，在本函数中对它们进行初始赋值。遍历每一个迷宫坐标，墙体信息 wall_info 设为四面有墙，访问状态 node_type 设为未访问，坐标点的经过次数 pass_times 和相邻坐标点间到达的转向次数 turn_times 都初始化为 0，坐标点的估值函数 value_function、距终点的曼哈顿距离 end_distance、等高值 contour_value 全部设为最大值。

```
/************************************************************
*@Name: MazeInit
*@Function: 根据地图长宽初始化信息
************************************************************/
void MazeInit(void)
{
  unsigned char axis_x,axis_y;

  if(algorithm.mazeSizeX > 32 || algorithm.mazeSizeY > 32)
  {
```

```
        algorithm.mazeSizeX = 8;
        algorithm.mazeSizeY = 8;
    }
    for (axis_x=0; axis_x<algorithm.mazeSizeX; axis_x++)
    {
        for (axis_y=0; axis_y<algorithm.mazeSizeY; axis_y++)
        {
            algorithm.maze_info[axis_x][axis_y].wall_info = 0x0f;    //记录起点的墙体信息为 0b00001111,
高四位不用永为 0，低四位 1 (左) 1 (下) 1 (右) 1 (上)，1 为有墙，0 为无墙
            if(axis_x == 0 && axis_y == 0)     //根据不同位置，重置每一坐标周围墙体搜索状态
                algorithm.maze_info[axis_x][axis_y].wall_deal = 0x0c;
            else if(axis_x == 0 && axis_y == algorithm.mazeSizeY - 1)
                algorithm.maze_info[axis_x][axis_y].wall_deal = 0x09;
            else if(axis_x == algorithm.mazeSizeX - 1 && axis_y == 0)
                algorithm.maze_info[axis_x][axis_y].wall_deal = 0x06;
            else if(axis_x == algorithm.mazeSizeX - 1 && axis_y == algorithm.mazeSizeY - 1)
                algorithm.maze_info[axis_x][axis_y].wall_deal = 0x03;
            else if(axis_x == 0 && axis_y > 0 && axis_y < algorithm.mazeSizeY - 1)
                algorithm.maze_info[axis_x][axis_y].wall_deal = 0x08;
            else if(axis_x == algorithm.mazeSizeX - 1 && axis_y > 0 && axis_y < algorithm.mazeSizeY - 1)
                algorithm.maze_info[axis_x][axis_y].wall_deal = 0x02;
            else if(axis_y == 0 && axis_x > 0 && axis_x < algorithm.mazeSizeX - 1)
                algorithm.maze_info[axis_x][axis_y].wall_deal = 0x04;
            else if(axis_y == algorithm.mazeSizeY - 1 && axis_x > 0 && axis_x < algorithm.mazeSizeX - 1)
                algorithm.maze_info[axis_x][axis_y].wall_deal = 0x01;
            else
                algorithm.maze_info[axis_x][axis_y].wall_deal = 0x00;
            algorithm.maze_info[axis_x][axis_y].pass_times = 0;              //记录坐标点的经过次数
            algorithm.maze_info[axis_x][axis_y].contour_value = 65535;       //默认等高值为 unsigned short
int 的最大值 65535
            algorithm.maze_info[axis_x][axis_y].node_type = 0;    //为 0 表示节点未被搜索过或正在搜索,
1 表示搜索过
            algorithm.maze_info[axis_x][axis_y].end_distance = algorithm.mazeSizeX + algorithm.mazeSizeY;
            algorithm.maze_info[axis_x][axis_y].value_function = 65535;
            algorithm.maze_info[axis_x][axis_y].turn_times = 0;
        }
    }
    algorithm.mouseNowAxis.axis_x = 32;  //更新机器鼠的当前坐标为最大值表示未知
    algorithm.mouseNowAxis.axis_y = 32;
    algorithm.mouseNowAxis.axis_toward = 4;
    #ifdef _SIMULATION    //仿真宏定义_SIMULATION 定义时
    #else
        BleStructure.MomentMark = 0;  //竞速模式下机器鼠通过蓝牙发送运动时刻
    #endif
}
```

4）起点检测：同第7.3小节“环境建模与控制决策实践”中第5）步骤“起点检测”所述，机器鼠从起点出发，根据在迷宫中遇到的第一个转弯口的方向来判断起点坐标，进而得出终点坐标（调用函数代码和功能完全一致，此处不再粘贴相应代码，请翻阅前文进行查阅）。

然后调用函数 ManhattanDistance()，根据终点坐标一次性计算所有迷宫格的曼哈顿距离，存放在 maze_info[_x][_y].end_distance 中。

最后将机器鼠的当前状态 mouse_period_work 从 CHECKSTART 变为 SEARCHMAZE。

5）计算曼哈顿距离：根据终点坐标计算出迷宫中每个坐标距终点的曼哈顿距离。假设起点坐标为（0,0），则终点坐标为（7,7），起点到终点的曼哈顿距离表达式为 $|(7-0)|+|(7-0)|=14$；假设起点坐标为（7,0），则终点坐标为（0,7），起点到终点的曼哈顿距离表达式为 $|(0-7)|+|(7-0)|=14$。因为 maze_info 中的 end_distance 定义为无符号字符型，故要注意相减后的正负号问题。

```
/*************************************************************
*@Name: ManhattanDistance
*@Function: 当得知迷宫搜索的终点时，为所有坐标点计算距离终点的曼哈顿距离
*************************************************************/
void ManhattanDistance(void)
{
  unsigned char _x,_y;

  for(_x=0;_x<algorithm.mazeSizeX;_x++)
  {
    for(_y=0;_y<algorithm.mazeSizeY;_y++)
    {
      algorithm.maze_info[_x][_y].end_distance = abs(algorithm.maze_end_axis.axis_x- _x)+abs(algorithm.
maze_end_axis.axis_y- _y);
    }
  }
}
```

6）对数组中存储的关键点数据进行前移一格操作。

```
/*************************************************************
*@Name: PointForward
*@Function: A* 算法中，对关键点数据的数组进行前移一格操作
*************************************************************/
void PointForward(void)
{
  unsigned short int i = 0;

  if(algorithm.DFS_SearchPathsSum < 2) return;   //当数据个数不满足前移条件时，退出
  for (i=0;i<=algorithm.DFS_SearchPathsSum - 2;i++)
  {
```

```
            algorithm.DFS_SearchPaths[i].axis_x = algorithm.DFS_SearchPaths[i + 1].axis_x;
            algorithm.DFS_SearchPaths[i].axis_y = algorithm.DFS_SearchPaths[i + 1].axis_y;
            algorithm.DFS_SearchPaths[i].axis_toward = algorithm.DFS_SearchPaths[i + 1].axis_toward;
        }
    }
```

7）这里使用数组排序的方法实现“优先队列”。采用选择排序法对关键点进行排序，并选出估值函数最小的坐标：关键点坐标都存放在 DFS_SearchPaths 数组中，对其运用选择法排序，采用两个 for 循环，内循环与外循环都会遍历数组中的所有节点，内循环中所有节点都会与外循环中 i 的值对应的关键点坐标的估值函数大小进行比较，将小的值赋给 algorithm. DFS_SearchPaths［i］，这样便实现了对关键点数组中所有值进行排序，并将估值函数最小的坐标放在数组第一位。

```
/*************************************************************
*@Name: PointSort
*@Function: A* 算法中根据估值函数对关键点进行排序，每次选取估值最小的关键点前往
*************************************************************/
void PointSort(void)
{
    unsigned short int i = 0;
    unsigned short int j = 0;
    Axis _axis;

    for (i=0;i<algorithm.DFS_SearchPathsSum;i++)
    {
        for (j=0;j<algorithm.DFS_SearchPathsSum;j++) //用快速排序对关键点数组进行排序
        {
            if (algorithm.maze_info[algorithm.DFS_SearchPaths[j].axis_x][algorithm.DFS_SearchPaths[j].axis_y].
value_function>algorithm.maze_info[algorithm.DFS_SearchPaths[i].axis_x][algorithm.DFS_SearchPaths[i].axis
_y].value_function)
            {           //排序依据估值函数
                _axis = algorithm.DFS_SearchPaths[j];
                algorithm.DFS_SearchPaths[j] = algorithm.DFS_SearchPaths[i];
                algorithm.DFS_SearchPaths[i] = _axis;
            }
        }
    }

    if(algorithm.DFS_SearchPathsSum >= 2)
    {
        for (i=0;i<algorithm.DFS_SearchPathsSum;i++)
        {
            if(abs(algorithm.mouse_axis.axis_x - algorithm.DFS_SearchPaths[i].axis_x) + abs(algorithm.mouse_
axis.axis_y - algorithm.DFS_SearchPaths[i].axis_y) == 1)
```

```
    {   //如果关键点中存在与机器鼠当前位置相邻，且之间没有墙体的关键点，则将该关键点前移
        if (! (algorithm.maze_info[algorithm.mouse_axis.axis_x][algorithm.mouse_axis.axis_y].wall_info&
(1<<DirAxis2Dir(algorithm.mouse_axis, algorithm.DFS_SearchPaths[i]))))
        {
          _axis = algorithm.DFS_SearchPaths[0];
          algorithm.DFS_SearchPaths[0] = algorithm.DFS_SearchPaths[i];
          algorithm.DFS_SearchPaths[i] = _axis;
          break;
        }
      }
    }
  }
}
```

8）判断机器鼠是否到达指定的关键点。

```
/*************************************************************
*@Name: ArriveKeyPoint
*@Input: 无
*@Output: arriveMark: 1 为到达，0 为未到达
*@Function: 判断机器鼠是否到达指定的关键点
*************************************************************/
unsigned char ArriveKeyPoint(void)
{
  unsigned char tempdir = 0;
  unsigned char arriveMark = 0;

  if(algorithm.DFS_SearchPaths[0].axis_x - algorithm.mouse_axis.axis_x == 1
    && algorithm.DFS_SearchPaths[0].axis_y == algorithm.mouse_axis.axis_y)
                //下一关键点位于机器鼠当前位置的右侧
  {
    tempdir = 1;        //临时方向为右
    if (! (algorithm.maze_info[algorithm.mouse_axis.axis_x][algorithm.mouse_axis.axis_y].wall_info&(1<<
tempdir)) && algorithm.DFS_SearchPaths[0].axis_toward == tempdir)
    {
      arriveMark = 1; //临时方向上没有墙，且下一关键点记录的朝向也与临时朝向相符
    }
  }
  else if(algorithm.DFS_SearchPaths[0].axis_x - algorithm.mouse_axis.axis_x == -1
    && algorithm.DFS_SearchPaths[0].axis_y == algorithm.mouse_axis.axis_y)
                //下一关键点位于机器鼠当前位置的左侧
  {
    tempdir = 3;        //临时方向为左
```

```
        if (! (algorithm.maze_info[algorithm.mouse_axis.axis_x][algorithm.mouse_axis.axis_y].wall_info&(1<<
tempdir)) && algorithm.DFS_SearchPaths[0].axis_toward == tempdir)
        {
            arriveMark = 1;  //临时方向上没有墙，且下一关键点记录的朝向也与临时朝向相符
        }
    }
    else if(algorithm.DFS_SearchPaths[0].axis_x == algorithm.mouse_axis.axis_x
      && algorithm.DFS_SearchPaths[0].axis_y - algorithm.mouse_axis.axis_y == 1)
    {                    //下一关键点位于机器鼠当前位置的上方
        tempdir = 0;      //临时方向为上
        if (! (algorithm.maze_info[algorithm.mouse_axis.axis_x][algorithm.mouse_axis.axis_y].wall_info&(1<<
tempdir)) && algorithm.DFS_SearchPaths[0].axis_toward == tempdir)
        {
            arriveMark = 1;  //临时方向上没有墙，且下一关键点记录的朝向也与临时朝向相符
        }
    }
    else if(algorithm.DFS_SearchPaths[0].axis_x == algorithm.mouse_axis.axis_x
      && algorithm.DFS_SearchPaths[0].axis_y - algorithm.mouse_axis.axis_y == -1)
    {                    //下一关键点位于机器鼠当前位置的下方
        tempdir = 2;      //临时方向为下
        if (! (algorithm.maze_info[algorithm.mouse_axis.axis_x][algorithm.mouse_axis.axis_y].wall_info&(1<<
tempdir)) && algorithm.DFS_SearchPaths[0].axis_toward == tempdir)
        {
            arriveMark = 1;  //临时方向上没有墙，且下一关键点记录的朝向也与临时朝向相符
        }
    }
    return arriveMark;
}
```


9）利用 A* 算法搜索迷宫：根据搜索算法原理，估值函数计算应为

$$F(n) = G(n) + H(n)$$

$G(n)$表示从起始坐标到该坐标点的移动量，$H(n)$表示从该坐标点到终点的移动量估算值，并且还引入了转弯参数。但是在机器鼠实际搜索过程中，$G(n)$的值会给整个搜索过程带来很多重复搜索的代价，会造成机器鼠在已访问的坐标点之间来回搜索的现象，故而在本次实践中，将$G(n)$取值为 0，即估值函数只由曼哈顿距离和转弯参数决定。

搜索函数首先判断机器鼠当前坐标是否为终点坐标，判断方法同第 8.5 小节中的内容所述，本章不再赘述。然后根据机器鼠传感器返回值更新机器鼠当前坐标的四面墙体信息。

接着遍历四个绝对方向，查找是否存在与当前坐标连通的未访问过的相邻坐标，如果存在，将该相邻坐标加入 Open 表 DFS_SearchPaths 关键点数组中。如果机器鼠从当前位置前往该相邻坐标为直行，则 turn_times 取值为 0；如果从当前坐标移动到该相邻坐标需要进行转向动作，包括向左、向右、向后，则将该相邻坐标的估值函数额外+1，这样机器鼠会优先选择能直走的方向进行搜索。计算该相邻坐标的估值函数为

$$value = turn\_times + end\_distance$$

符合上述条件的相邻坐标都加入 Open 表后，接着将关键点集合向前移一格，并调用函数将集合内的关键点按照估值函数递增的顺序进行排序。

最后判断当前位置是否到达指定关键点，若到达了指定的关键点，便选取关键点数组中的第一个关键点作为即将到达的坐标点并计算下一步动作，更改机器鼠的朝向；若没有到达指定关键点，则沿着当前位置和指定关键点间的估值函数递减方向前进。

```
/*************************************************************
*@Name: IterationSearch
*@Input: axis_ing: 进行搜索的坐标点
*@Output: 无
*@Function: 对输入坐标点的周围坐标点进行搜索，并且计算下一步运动指令
*************************************************************/
void IterationSearch(Axis axis_ing)
{
  Axis _axis;
  _axis.axis_x = axis_ing.axis_x;
  _axis.axis_y = axis_ing.axis_y;
  unsigned char _dir;
  Maze _maze = algorithm.maze_info[_axis.axis_x][_axis.axis_y];
  Axis next_axis;
  Axis branch_axis;
  unsigned char branch_dir;
  Axis next_axisRush;
  unsigned short int contour_value = _maze.contour_value + 1;
  unsigned short int _next_value;

  algorithm.mouseNowAxis.axis_x = algorithm.mouse_axis.axis_x;         //更新机器鼠的当前坐标和朝向
  algorithm.mouseNowAxis.axis_y = algorithm.mouse_axis.axis_y;
  algorithm.mouseNowAxis.axis_toward = algorithm.mouse_abs_dir;

  #ifdef _SIMULATION                                 //仿真宏定义_SIMULATION 定义时
    GetSensor();        //仿真环境下获取墙体信息数据
  #else
  #endif

  if(algorithm.countMarkState == 0)   //此时为检索周围坐标，为其更新估值函数
  {
    if (algorithm.mouse_next_move ! = DOWN && algorithm.maze_info[_axis.axis_x][_axis.axis_y].pass_
times == 0)
    {             //如果机器鼠下一动作不是掉头，并且该节点未经过
      algorithm.maze_info[_axis.axis_x][_axis.axis_y].wall_info &= GetWallInfo();
           //根据传感器信息更新当前坐标点的墙体信息
      algorithm.maze_info[_axis.axis_x][_axis.axis_y].wall_deal = 0x0f;
```

```
        //设置坐标点周围墙体都被搜索过
    AroundWallSet(_axis);
    #ifdef _SIMULATION                          //仿真宏定义_SIMULATION定义时
      printf("wall_info: % d\n", algorithm.maze_info[_axis.axis_x][_axis.axis_y].wall_info);
    #else
    #endif
    algorithm.maze_info[_axis.axis_x][_axis.axis_y].pass_times++;
  }
  _maze = algorithm.maze_info[_axis.axis_x][_axis.axis_y];  //获取墙体信息
  algorithm.maze_info[algorithm.mouse_axis.axis_x][algorithm.mouse_axis.axis_y].node_type = 1;
   //设置节点搜索过

  for (_dir=0;_dir<4;_dir++)  //四个方向遍历
  {
    if (DirAbs2Rel(_dir) == DOWN) continue;     //如果是机器鼠来时的方向，略过
    if (! (_maze.wall_info&(1<<_dir)))          //该方向不是墙体
    {
      next_axis = MoveOneStep(_axis,_dir);      //获取下一坐标点
      #ifdef _SIMULATION                        //仿真宏定义_SIMULATION定义时
        printf("next_axis: % d % d\n", next_axis.axis_x, next_axis.axis_y);
      #else
      #endif

      if(algorithm.maze_info[next_axis.axis_x][next_axis.axis_y].wall_deal ! = 0x0f
        || (next_axis.axis_x == algorithm.maze_end_axis.axis_x && next_axis.axis_y == algorithm.maze_
end_axis.axis_y))
      {
        if (algorithm.maze_info[next_axis.axis_x][next_axis.axis_y].node_type ! = 1)
     //下一坐标点为访问
        {
          if (algorithm.maze_info[next_axis.axis_x][next_axis.axis_y].contour_value>contour_value)
//如果下一节点等高值大于当前坐标等高值+1
          {
            algorithm.maze_info[next_axis.axis_x][next_axis.axis_y].contour_value=contour_value;
//赋值等高值

            if(_dir == algorithm.mouse_abs_dir)       //如果机器鼠从当前位置前往为直行
              algorithm.maze_info[next_axis.axis_x][next_axis.axis_y].turn_times = 0;  //记录转弯
次数
            else  //如果机器鼠从当前位置前往需要转弯
              algorithm.maze_info[next_axis.axis_x][next_axis.axis_y].turn_times = 1;  //记录转弯
次数
```

```
                _next_value = algorithm.maze_info[next_axis.axis_x][next_axis.axis_y].end_distance
                    + algorithm.maze_info[next_axis.axis_x][next_axis.axis_y].turn_times;
    //估值函数依据为距离终点的曼哈顿距离结合到达该点时的转弯次数
                algorithm.maze_info[next_axis.axis_x][next_axis.axis_y].value_function=_next_value;
//更新机器鼠相邻坐标点的估值函数

                next_axisRush.axis_x = next_axis.axis_x;
                next_axisRush.axis_y = next_axis.axis_y;
                next_axisRush.axis_toward = _dir;
                algorithm.DFS_SearchPaths[algorithm.DFS_SearchPathsSum] = next_axisRush;
        //记录关键坐标点
                algorithm.DFS_SearchPathsSum++;
              }
            }
          }
        }
      }

      PointForward();      //关键点集合前移一格
      algorithm.DFS_SearchPathsSum--;              //关键节点递减
      PointSort();         //关键点集合按照估值函数递增的顺序排序
    }
    else if (algorithm.countMarkState == 1)    //此时为沿历史路径退回一格状态
    {
      while(algorithm.maze_info[algorithm.DFS_SearchPaths[0].axis_x][algorithm.DFS_SearchPaths[0].axis_
y].wall_deal == 0x0f
        && (algorithm.DFS_SearchPaths[0].axis_x != algorithm.maze_end_axis.axis_x && algorithm.DFS_
SearchPaths[0].axis_y != algorithm.maze_end_axis.axis_y))
      {
        PointForward();   //关键点集合前移一格
        algorithm.DFS_SearchPathsSum--; //关键节点递减
        if(algorithm.DFS_SearchPathsSum == 0)
        {
          Point pointFoward;
          Point pointBack;
          pointFoward.axis_x = algorithm.mouse_axis.axis_x;
          pointFoward.axis_y = algorithm.mouse_axis.axis_y;
          pointBack.axis_x = algorithm.maze_start_axis.axis_x;
          pointBack.axis_y = algorithm.maze_start_axis.axis_y;
          NextKeyContour(pointFoward, pointBack);  //依据当前坐标和下一关键点，绘制之间的等高图
          MouseSearchFallback();    //依据等高值回退一步
          return;
```

```
            }
        }
        Point pointFoward;
        Point pointBack;
        pointFoward.axis_x = algorithm.mouse_axis.axis_x;
        pointFoward.axis_y = algorithm.mouse_axis.axis_y;
        pointBack.axis_x = algorithm.DFS_SearchPaths[0].axis_x;
        pointBack.axis_y = algorithm.DFS_SearchPaths[0].axis_y;
        NextKeyContour(pointFoward, pointBack);     //依据当前坐标和下一关键点，绘制之间的等高图
        MouseSearchFallback();  //依据等高值回退一步
    }

    if(ArriveKeyPoint())          //判断当前位置是否到达指定关键点
    {
        if(algorithm.countMarkState == 0 || algorithm.countMarkState == 2)
        {
            algorithm.countMarkState = 0;  //选取关键点数组第一个关键点为即将到达的坐标
            while(algorithm.maze_info[algorithm.DFS_SearchPaths[0].axis_x][algorithm.DFS_SearchPaths[0].
axis_y].wall_deal == 0x0f
                && (algorithm.DFS_SearchPaths[0].axis_x != algorithm.maze_end_axis.axis_x && algorithm.
DFS_SearchPaths[0].axis_y != algorithm.maze_end_axis.axis_y))
            {
                PointForward();  //关键点集合前移一格
                algorithm.DFS_SearchPathsSum--;                //关键节点递减
                if(algorithm.DFS_SearchPathsSum == 0)
                {
                    Point pointFoward;
                    Point pointBack;
                    pointFoward.axis_x = algorithm.mouse_axis.axis_x;
                    pointFoward.axis_y = algorithm.mouse_axis.axis_y;
                    pointBack.axis_x = algorithm.maze_start_axis.axis_x;
                    pointBack.axis_y = algorithm.maze_start_axis.axis_y;
                    NextKeyContour(pointFoward, pointBack);  //依据当前坐标和下一关键点，绘制之间的等高图
                    MouseSearchFallback();  //依据等高值回退一步
                    return;
                }
            }
            branch_axis.axis_x = algorithm.DFS_SearchPaths[0].axis_x;
            branch_axis.axis_y = algorithm.DFS_SearchPaths[0].axis_y;
            branch_axis.axis_toward = algorithm.DFS_SearchPaths[0].axis_toward;
            branch_dir = algorithm.DFS_SearchPaths[0].axis_toward;
            algorithm.mouse_next_move = DirAbs2Rel(branch_dir);  //计算下一动作
```

```
        algorithm.mouse_abs_dir = branch_dir;    //更改机器鼠朝向
        algorithm.mouse_axis = branch_axis;      //更改机器鼠位置
      }
      else if(algorithm.countMarkState == 1)
      {
        algorithm.countMarkState = 2;  //此时需空过一个回合，因此次调用函数，已经获取了一个运
行状态
      }
    }
    else
    {
      if (algorithm.countMarkState == 0)
      {
        algorithm.countMarkState = 1;

        while(algorithm.maze_info[algorithm.DFS_SearchPaths[0].axis_x][algorithm.DFS_SearchPaths[0].
axis_y].wall_deal == 0x0f
          && (algorithm.DFS_SearchPaths[0].axis_x != algorithm.maze_end_axis.axis_x && algorithm.
DFS_SearchPaths[0].axis_y != algorithm.maze_end_axis.axis_y))
        {
          PointForward();  //关键点集合前移一格
          algorithm.DFS_SearchPathsSum--;          //关键节点递减
          if(algorithm.DFS_SearchPathsSum == 0)
          {
            Point pointFoward;
            Point pointBack;
            pointFoward.axis_x = algorithm.mouse_axis.axis_x;
            pointFoward.axis_y = algorithm.mouse_axis.axis_y;
            pointBack.axis_x = algorithm.maze_start_axis.axis_x;
            pointBack.axis_y = algorithm.maze_start_axis.axis_y;
            NextKeyContour(pointFoward, pointBack);  //依据当前坐标和下一关键点，绘制之间的等高图
            MouseSearchFallback();      //依据等高值回退一步
            return;
          }
        }
        Point pointFoward;
        Point pointBack;
        pointFoward.axis_x = algorithm.mouse_axis.axis_x;
        pointFoward.axis_y = algorithm.mouse_axis.axis_y;
        pointBack.axis_x = algorithm.DFS_SearchPaths[0].axis_x;
        pointBack.axis_y = algorithm.DFS_SearchPaths[0].axis_y;
        NextKeyContour(pointFoward, pointBack);     //依据当前坐标和下一关键点，绘制之间的等高图
```

```
        MouseSearchFallback();        //依据等高值回退一步

        if(ArriveKeyPoint())          //判断当前位置是否到达指定关键点
        {
          algorithm.countMarkState = 2;  //此时需空过一个回合，因此次调用函数，已经获取了一个
运行状态
        }
      }
    }
}
```

5. 实现效果

当机器鼠对如图 9-6 所示的 8 × 8 迷宫进行搜索时，其搜索路径应该如图 9-7~图 9-16 所示。图 9-7 中绿色三角形表示机器鼠当前位置与朝向；蓝色背景表示“已访问”的坐标，即已到达的坐标；粉色背景表示关键点坐标，即加入数组中的坐标。每个坐标右下角的数值为当前坐标到终点的移动量估计值，即到终点的曼哈顿距离 maze_info. end_distance ；右上角括号中的数值为转弯参量，1 表示从前级坐标到该坐标需要转弯；左上角为估值函数，即为上述两个值之和。图 9-17 中蓝色带箭头虚线表示机器鼠进行搜索地图时走过的路径。下面对机器鼠搜索地图的步骤进行分解展示。

1）迷宫地图如图 9-6 所示。

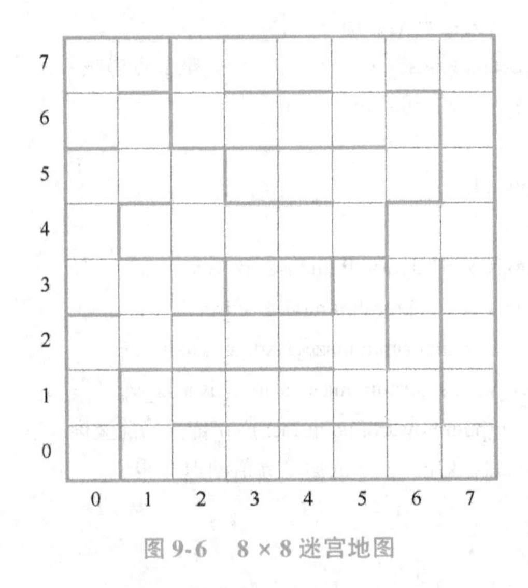

图 9-6　8 × 8 迷宫地图

2）机器鼠进行起点检测，并计算地图上所有坐标点距离终点的曼哈顿距离，图 9-7 展示了关键点的数据。

3）如图 9-8 所示，当机器鼠走到坐标（1,2）时，搜索到两个可到达的相邻坐标，其中坐标（2,2）是直行，那么该坐标的估值函数就等于其曼哈顿距离，坐标（1,3）需要转弯，计算估值函数时需要额外加转弯参数。

4）根据计算出的估值函数，坐标（1,3）比（2,2）的估值函数大，故机器鼠选择（2,2）为目标坐标，直行前进，如图 9-9 所示。

	0	1	2	3	4	5	6	7
7	NA 7	NA 6	NA 5	NA 4	NA 3	NA 2	NA 1	NA 0
6	NA 8	NA 7	NA 6	NA 5	NA 4	NA 3	NA 2	NA 1
5	NA 9	NA 8	NA 7	NA 6	NA 5	NA 4	NA 3	NA 2
4	NA 10	NA 9	NA 8	NA 7	NA 6	NA 5	NA 4	NA 3
3	NA 11	NA 10	NA 9	NA 8	NA 7	NA 6	NA 5	NA 4
2	NA 12	12 (1) 11	NA 10	NA 9	NA 8	NA 7	NA 6	NA 5
1	NA 13	NA 12	NA 11	NA 10	NA 9	NA 8	NA 7	NA 6
0	NA 14	NA 13	NA 12	NA 11	NA 10	NA 9	NA 8	NA 7

图 9-7 彩图

图 9-7　关键点的曼哈顿距离

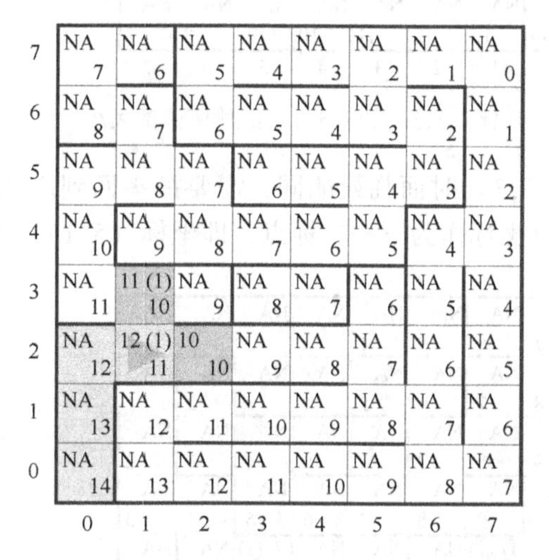

图 9-8 彩图

图 9-8　坐标（2,2）与坐标（1,3）的转弯参数

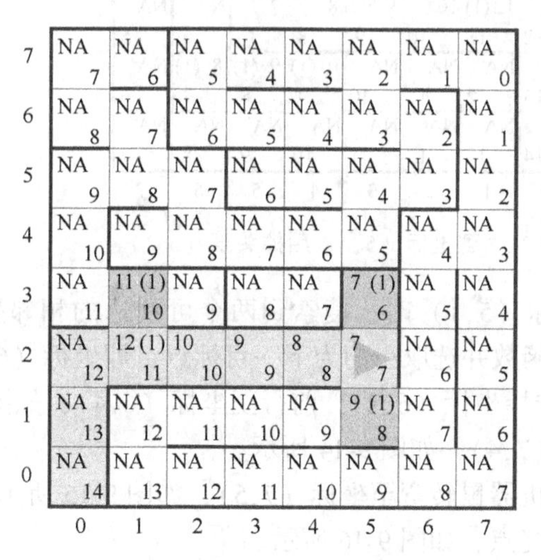

图 9-9 彩图

图 9-9　选择（2,2）后直行

5）机器鼠直行到坐标（5,2）时，搜索到两个可到达的相邻坐标（5,3）和（5,1），根据计算出的估值函数大小，坐标（5,3）比（5,1）和（1,3）的估值函数小，故机器鼠选择（5,3）为目标坐标行进，如图 9-10 所示。

	0	1	2	3	4	5	6	7
7	NA 7	NA 6	NA 5	NA 4	NA 3	NA 2	NA 1	NA 0
6	NA 8	NA 7	NA 6	NA 5	NA 4	NA 3	NA 2	NA 1
5	NA 9	NA 8	NA 7	NA 6	NA 5	NA 4	NA 3	NA 2
4	NA 10	NA 9	NA 8	NA 7	NA 6	NA 5	NA 4	NA 3
3	NA 11	11 (1) 10	NA 9	NA 8	NA 7	7 (1) 6	NA 5	NA 4
2	NA 12	12 (1) 11	10 10	9 9	8 8	7 7	NA 6	NA 5
1	NA 13	NA 12	NA 11	NA 10	NA 9	9 (1) 8	NA 7	NA 6
0	NA 14	NA 13	NA 12	NA 11	NA 10	NA 9	NA 8	NA 7

图 9-10 彩图

图 9-10　坐标（5,3）和（5,1）的估值函数大小

6）当机器鼠走到坐标（5,3）时面临死胡同，需要掉头回到之前的位置，然后在关键点数组中找到最前面的关键点坐标作为下一目标点，即坐标（5,1），如图 9-11 所示。

	0	1	2	3	4	5	6	7
7	NA 7	NA 6	NA 5	NA 4	NA 3	NA 2	NA 1	NA 0
6	NA 8	NA 7	NA 6	NA 5	NA 4	NA 3	NA 2	NA 1
5	NA 9	NA 8	NA 7	NA 6	NA 5	NA 4	NA 3	NA 2
4	NA 10	NA 9	NA 8	NA 7	NA 6	NA 5	NA 4	NA 3
3	NA 11	11 (1) 10	NA 9	NA 8	NA 7	7 (1) 6	NA 5	NA 4
2	NA 12	12 (1) 11	10 10	9 9	8 8	7 7	NA 6	NA 5
1	NA 13	NA 12	NA 11	NA 10	10 (1) 9	9 (1) 8	8 (1) 7	NA 6
0	NA 14	NA 13	NA 12	NA 11	NA 10	NA 9	NA 8	NA 7

图 9-11 彩图

图 9-11　到坐标（5,3）后掉头至（5,1）

7）当机器鼠行进到坐标（5,1）时，搜索到两个可到达的相邻坐标(4,1)和（6,1），与之前步骤相似，计算估值函数并选取小的为下一目标点，即坐标（6,1），如图 9-12 所示。

8）以此类推，机器鼠选择坐标（6,2），前行至坐标（6,4），如图 9-13 所示。

9）机器鼠转弯至坐标（7,4），如图 9-14 所示。

10）按照同样的规则，机器鼠转弯至坐标（7,5），如图 9-15 所示。

11）机器鼠行进至地图终点，如图 9-16 所示。

12）如图 9-17 所示，机器鼠本次搜索地图走过的路径如蓝色箭头所示。

	0	1	2	3	4	5	6	7
7	NA 7	NA 6	NA 5	NA 4	NA 3	NA 2	NA 1	NA 0
6	NA 8	NA 7	NA 6	NA 5	NA 4	NA 3	NA 2	NA 1
5	NA 9	NA 8	NA 7	NA 6	NA 5	NA 4	NA 3	NA 2
4	NA 10	NA 9	NA 8	NA 7	NA 6	NA 5	NA 4	NA 3
3	NA 11	11 (1) 10	NA 9	NA 8	NA 7	7 (1) 6	NA 5	NA 4
2	NA 12	12 (1) 11	10 10	9 9	8 8	7 7	7 (1) 6	NA 5
1	NA 13	NA 12	NA 11	NA 10	10 (1) 9	9 (1) 8	8 (1) 7	NA 6
0	NA 14	NA 13	NA 12	NA 11	NA 10	NA 9	9 (1) 8	NA 7

图 9-12 彩图

图 9-12　选取估值函数小的（6,1）

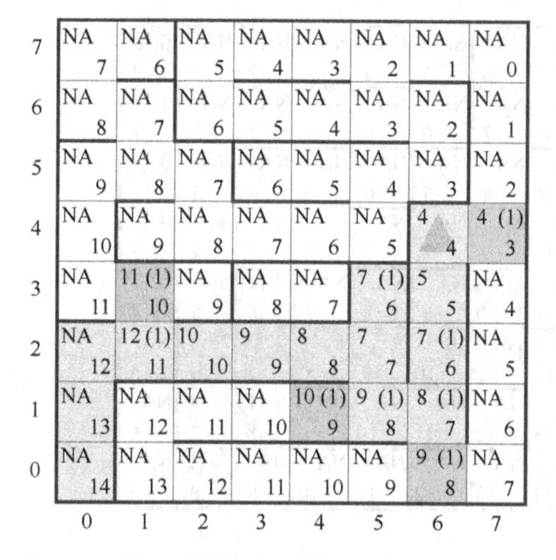

图 9-13 彩图

图 9-13　选取估值函数小的坐标前行至（6,4）

	0	1	2	3	4	5	6	7
7	NA 7	NA 6	NA 5	NA 4	NA 3	NA 2	NA 1	NA 0
6	NA 8	NA 7	NA 6	NA 5	NA 4	NA 3	NA 2	NA 1
5	NA 9	NA 8	NA 7	NA 6	NA 5	NA 4	NA 3	3 (1) 2
4	NA 10	NA 9	NA 8	NA 7	NA 6	NA 5	4 4	4 (1) 3
3	NA 11	11 (1) 10	NA 9	NA 8	NA 7	7 (1) 6	5 5	5 (1) 4
2	NA 12	12 (1) 11	10 10	9 9	8 8	7 7	7 (1) 6	NA 5
1	NA 13	NA 12	NA 11	NA 10	10 (1) 9	9 (1) 8	8 (1) 7	NA 6
0	NA 14	NA 13	NA 12	NA 11	NA 10	NA 9	9 (1) 8	NA 7

图 9-14 彩图

图 9-14　转弯至坐标（7,4）

	0	1	2	3	4	5	6	7
7	NA 7	NA 6	NA 5	NA 4	NA 3	NA 2	NA 1	NA 0
6	NA 8	NA 7	NA 6	NA 5	NA 4	NA 3	NA 2	1 1
5	NA 9	NA 8	NA 7	NA 6	NA 5	NA 4	NA 3	3 (1) 2
4	NA 10	NA 9	NA 8	NA 7	NA 6	NA 5	4 4	4 (1) 3
3	NA 11	11 (1) 10	NA 9	NA 8	NA 7	7 (1) 6	5 5	5 (1) 4
2	NA 12	12 (1) 11	10 10	9 9	8 8	7 7	7 (1) 6	NA 5
1	NA 13	NA 12	NA 11	NA 10	10 (1) 9	9 (1) 8	8 (1) 7	NA 6
0	NA 14	NA 13	NA 12	NA 11	NA 10	NA 9	9 (1) 8	NA 7

图 9-15 转弯至坐标（7,5）

图 9-15 彩图

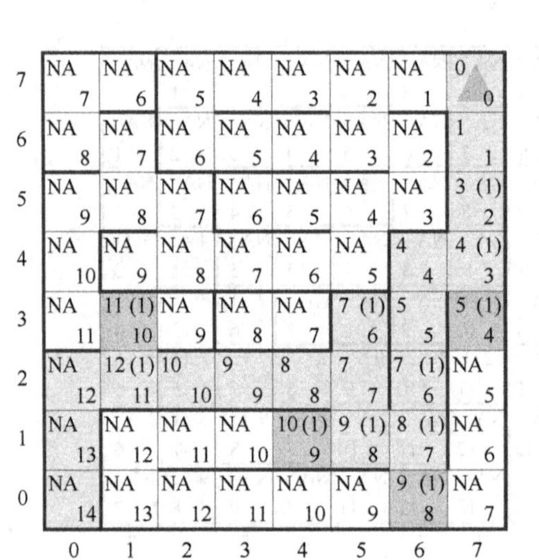

图 9-16 前行至终点

图 9-16 彩图

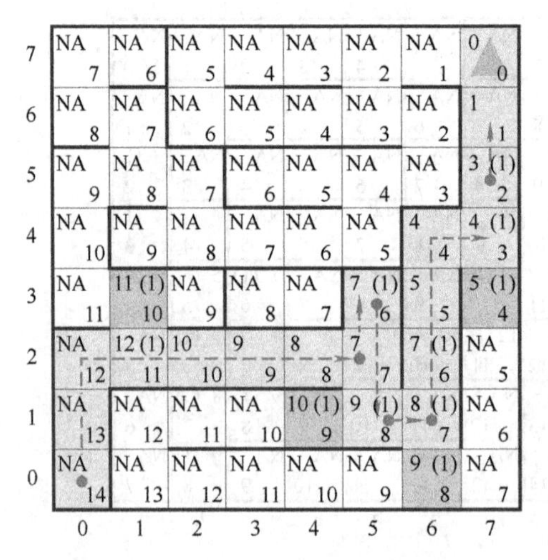

图 9-17 A* 算法迷宫搜索效果

图 9-17 彩图

机器鼠每到达一个新的坐标，就会将其相连通的未访问过的坐标加入数组中；然后在数组中选择估值函数最小的坐标作为下一坐标，此时若存在与机器鼠当前位置相邻，且之间没有墙体的关键点，将此关键点前移作为机器鼠下一目标。如图9-8所示，数组中包含坐标（1,3）和（2,2），坐标（2,2）的估值函数小于（1,3），故机器鼠下一步坐标为（2,2）；再如图9-9所示，此时open表中包含坐标（1,3）、（5,3）和（5,1），（1,3）与（5,1）均大于（5,3），故机器鼠下一步坐标选择（5，3）。

6. 思考拓展

观察上述图中机器鼠的搜索路线可以体会算法搜索地图的原则，那么请读者思考以下两个问题：

1）当关键点数组中存在两个相同估值函数的坐标时，机器鼠该如何移动呢？

2）程序中哪里可以体现出尽量减少机器鼠反复走已访问的路线了？

提示（1）：当估值函数相同时，可优先访问后加入的坐标；

提示（2）：对关键点进行排序的函数。

第 10 章 基于等高图的路径规划

机器人技术在众多领域都有广泛的应用前景，因而成为学术界关注和研究的聚焦点，其中路径规划是机器人技术中的热点话题。机器鼠闯迷宫是依据算法实现路径识别、规划及优化，实现对各功能模块的协调控制。

10.1 路径规划与等高图

依据一定的原则，在工作空间中从起点到目标终点寻找一条能避开障碍物的最优路径，这叫作路径规划。连接起点和终点位置的点或曲线的序列被称为路径，所以路径规划即是构建路径的策略，也是机器人运动规划的重要研究内容。

1. 路径规划算法

对于路径规划算法，传统的搜索算法包括广度优先搜索算法、深度优先搜索算法和 A* 搜索算法等，随着信息技术的飞速发展及需求的多样化，对路径规划算法的研究也在逐步发展中。目前对于迷宫问题来说，较为经典的算法便是洪水算法了。

洪水算法（Flood Fill Algorithm）又称种子填充算法。它从一个起始节点开始，使用不同的颜色，提取或填充附近的连接节点，直到封闭区域内的所有节点都被处理完毕，是从一个区域提取大量连接点，并将它们与其他相邻区域区分开（或将其染成不同的颜色）的较为经典的一种算法。它可以搜索与开始节点有路径连接的所有节点。

洪水算法在执行过程中有三个参数，分别是起始位置、目标颜色和替换颜色，当搜索连接到开始节点的所有节点时，会用指定的颜色替换搜索目标的颜色。该思路类似于洪水，从一个区域开始，逐渐漫延到任何它能到达的地方，洪水算法也由此而得名。

洪水算法分为四路算法和八路算法，依据四个角的节点是否参与给定节点运算而划分。四路算法和八路算法的简单示意图如图 10-1 所示。

四路算法的思想是选择一个起始点，作为“洪水”的源泉，将洪水从起始点向上、右、下、左四个方向扩散，依次填充起始点的四个节点；然后再以已被填充的四个节点为起始点，继续填充与其各自相邻的四个节点，以此类推，直到指定区域内的所有位置均被填充，即将洪水扩散到整个区域。

洪水算法广泛应用于图像处理、迷宫搜索等问题中。该算法既可以采用深度优先搜索算法的思想来实现，也可以采用广度优先搜索算法来实现。就定义而言，洪水算法并不是快速搜索算法，由于同一层节点可以同时搜索，所以广度优先搜索算法的原理与洪水算法理论更为一致。

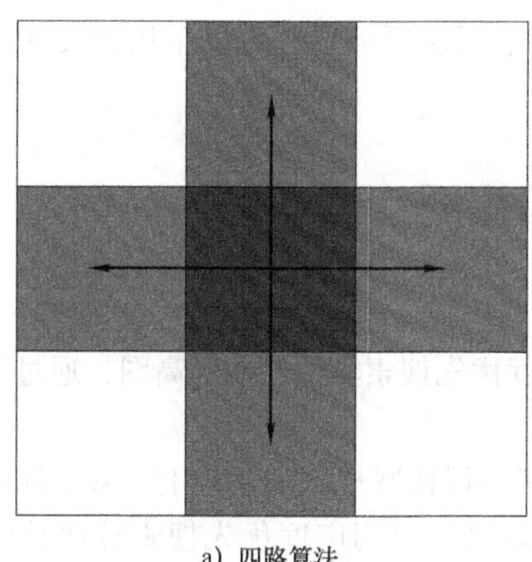

a）四路算法　　b）八路算法

图 10-1　两种洪水算法

2. 等高图

在迷宫问题中，机器鼠经过迷宫搜索后，“大脑”中就保存了完整的或包含起点终点的部分迷宫墙体信息，机器鼠会根据这份迷宫地图找出一条从起点最快到达终点的路线，这就是机器鼠竞赛中路径规划的具体内容。在不考虑机器鼠转向运动及增减速问题时，即认为机器鼠始终为匀速运动，那么耗时最短的路线即为长度最短路径。本章将基于已知迷宫的等高图找出迷宫起点与终点之间的最短路径。

等高图的概念源于地理学中的等高线地图，地理学中将地表相同高度的点投影到水平面中，形成不会交叉的环形曲线，即每条环线表示自然界中具有相同海拔的位置。迷宫的等高图由一系列等高值构成，定义一个目标点，每个坐标的等高值即为该坐标到达目标点的最短距离。

那么进行路径规划为什么要建立等高图呢？答案是显而易见的，如果以终点为目标点建立等高图，则起点坐标的等高值即为最短路径的长度，且从起点沿着等高值下降的坐标行走，就能获得最短路径，如图 10-2 所示。

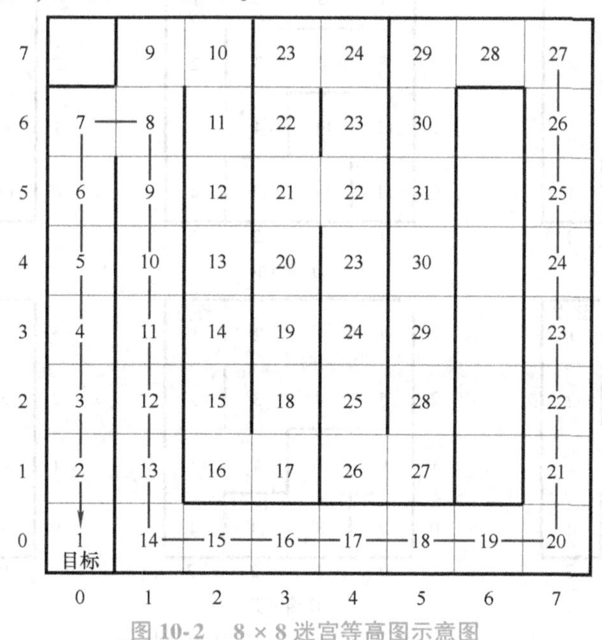

图 10-2　8 × 8 迷宫等高图示意图

那么等高图要怎么建立呢？这本质上也是一个图遍历问题，可以采用前文所述的 DFS 和 BFS 算法对每个坐标进行等高值赋值。

10.2 利用广度优先搜索算法制作等高图

1. 实践目标

理解广度优先搜索算法的原理，学习利用广度优先搜索算法绘制等高图，通过等高图规划出机器鼠冲刺的最短路径。

具体要求是：基于 8 × 8 迷宫地图，在遵循机器鼠比赛规则的基础上，基于深度优先搜索算法存储的迷宫墙体信息（示例程序采用此算法），应用广度优先搜索算法搜索已知地图，给地图中的坐标进行等高值赋值，规划出最短路径，让机器鼠完成最后冲刺。

2. 算法图解

以 4 × 4 迷宫为实例，使用广度优先搜索（BFS）算法制作等高图时计算机内存的赋值顺序如图 10-3 所示，先将终点等高值赋值为 1，然后相邻坐标的等高值依次增加直到所有坐标等高值赋值完毕。

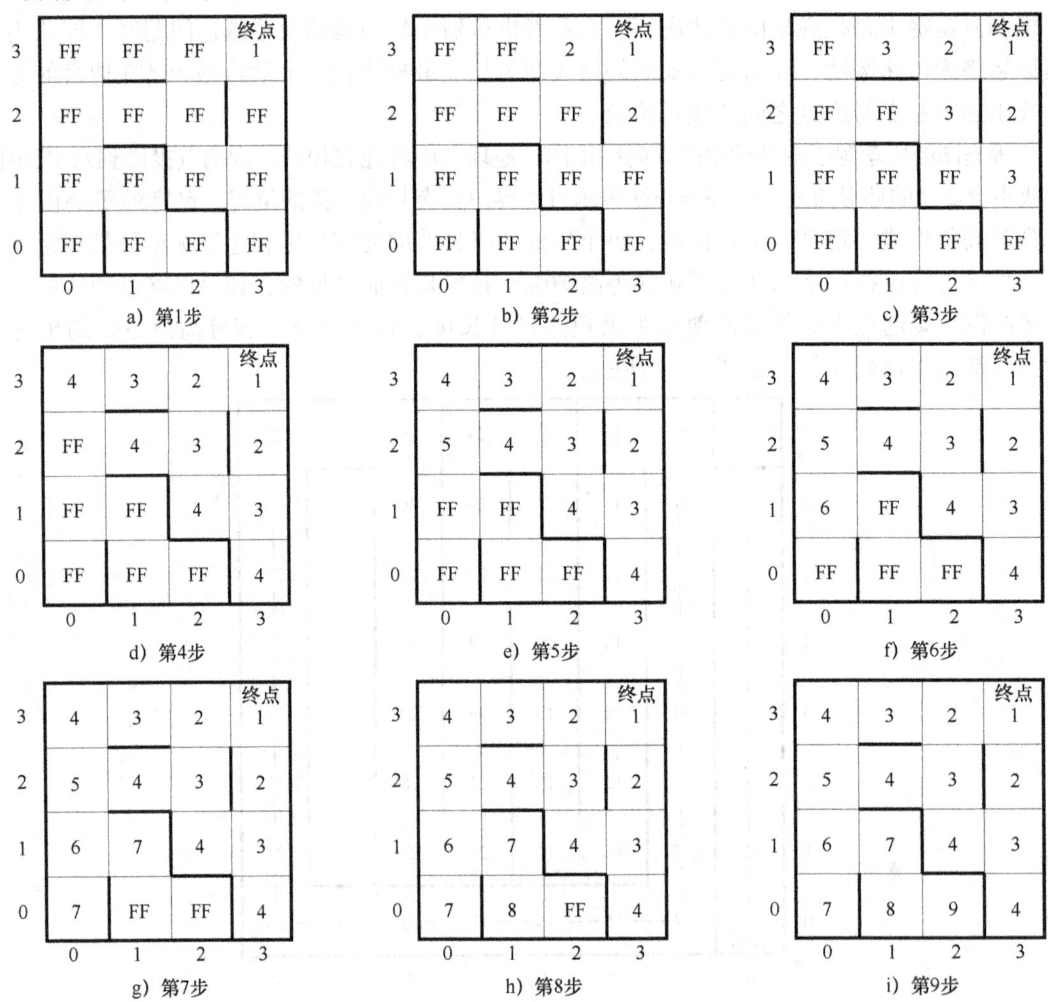

a）第1步　b）第2步　c）第3步　d）第4步　e）第5步　f）第6步　g）第7步　h）第8步　i）第9步

图 10-3　广度优先搜索算法制作等高图示意图

3. 程序框图

根据机器鼠比赛规则（详细规则可见本书附录），机器鼠首次搜索到终点后，可以通过人为手动将其放回起点，也可以让其自行移动回到起点。迷宫搜索完成返回起点的策略可以有多种，大致可以采用如下几种策略：

1）通过人为干预，手动放回起点。

2）采用类似迷宫搜索的策略，以搜索到起点位置为目标。

3）采用路径规划的策略，基于已知迷宫信息，将起点作为目标点。

回到起点的机器鼠再次向迷宫终点冲刺，再次到达终点即算作完成比赛。机器鼠开展迷宫冲刺阶段的主循环程序框图如图 10-4 所示。

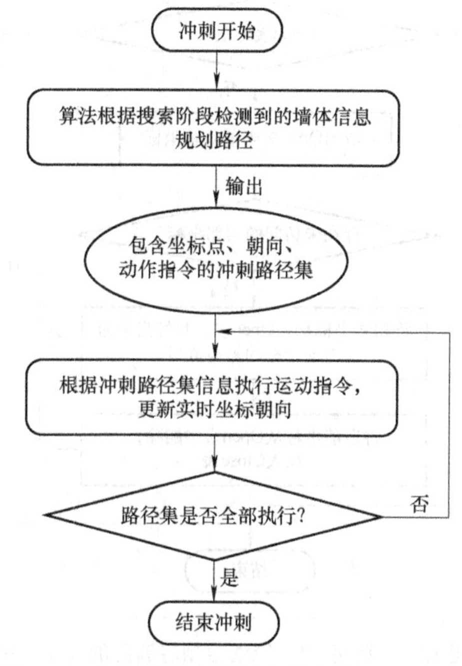

图 10-4 机器鼠迷宫冲刺阶段主循环程序框图

“终点冲刺”前要先进行路径规划，制作等高图即为路径规划的核心过程，图 10-4 中机器鼠首次到达迷宫终点后就进行等高图的绘制，而后再返回起点，可认为是采用了人为干预手段。机器鼠回到起点后依照等高图中等高值的指示向终点移动。

利用 BFS 算法绘制等高图的程序框图如图 10-5 所示，先将 Open、Close 表都初始化为空，其中 Open 表应是“先入先出”的队列结构。然后从终点坐标开始搜索地图，将终点坐标加入 Open 表，其等高值为 0。将 Open 表队首坐标取出作为当前坐标，第一个取出的自然是终点坐标，将与其相连通的相邻坐标加入 Open 表，并将这些相邻坐标的等高值设为前级坐标的等高值+1，再将当前坐标从 Open 表中删除并加入 Close 表中。取出此时 Open 表的队首坐标作为当前坐标重复上述工作，直到 Open 表为空。等高值相同的每一层坐标同时进行。由此完成了从终点坐标开始地图中所有相连通坐标的等高值赋值。

通过 BFS 算法得到等高值地图后，如何依据等高值指导机器鼠向终点移动？终点冲刺程序框图如图 10-6 所示，从起点开始，机器鼠每次找出与当前坐标相邻且相连通的等高值最小的方向移动一格，直到移动到等高值为 0 的坐标即为终点坐标。

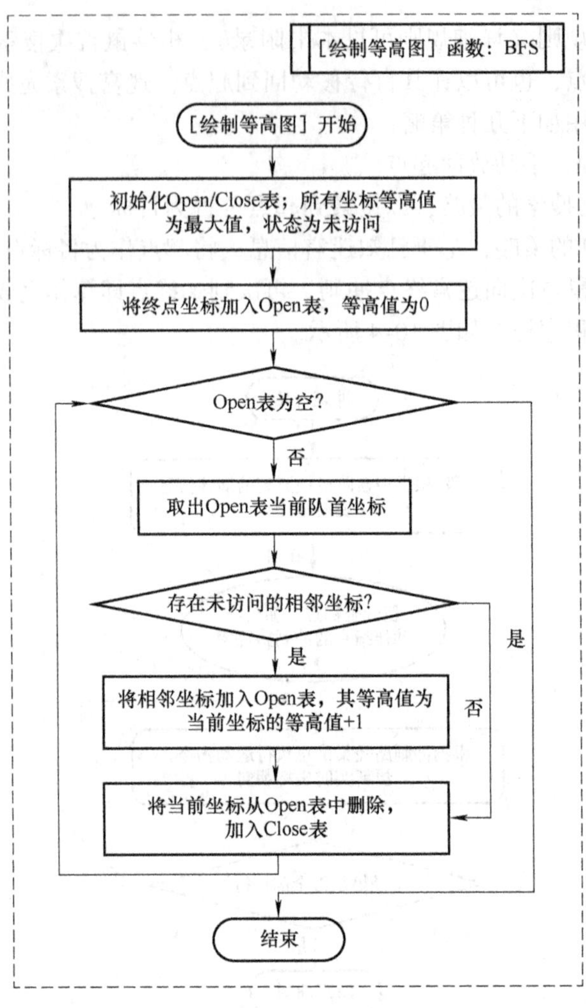

图 10-5　利用 BFS 算法绘制等高图的程序框图

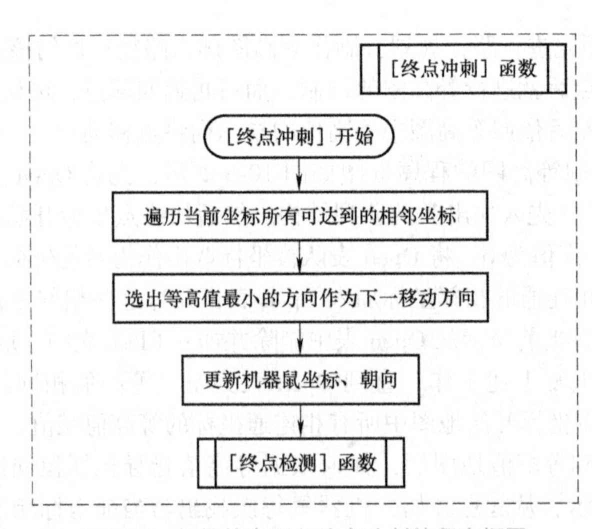

图 10-6　根据等高图向终点冲刺的程序框图

4. 代码解读

1）自定义的用于存储迷宫信息的 Maze 结构体，wall_info 用于存储墙体信息；wall_deal 记录迷宫每一个坐标的墙体是否被处理过；pass_times 表示经过的次数；contour_value 存储等高值；node_type 表示坐标节点的状态：0 为未搜索或正在搜索，即表示该坐标在 open 表中；1 为已搜索，即表示该坐标已压入 close 表中；自定义表示坐标类型的 Axis 结构体，axis_x 表示横坐标；axis_y 表示纵坐标；axis_toward 表示机器鼠朝向；自定义表示冲刺坐标类型的 AxisRush 结构体，next_move 表示机器鼠的动作指令。

```
typedef struct
{
    unsigned char wall_info;                //墙体信息：1 为有墙，0 为没墙
    unsigned char wall_deal;                //记录迷宫每一个坐标的墙体是否被处理过
    unsigned short int pass_times;          //经过次数
    unsigned short int contour_value;       //等高值
    unsigned char node_type;                //节点类型：1 为已经搜索，0 为未搜索
}Maze;                                      //迷宫单坐标信息
typedef struct
{
    unsigned char axis_x;                   //横坐标
    unsigned char axis_y;                   //纵坐标
    unsigned char axis_toward;              //朝向
}Axis;                                      //定义坐标类型
typedef struct
{
    unsigned char axis_x;                   //横坐标
    unsigned char axis_y;                   //纵坐标
    unsigned char axis_toward;              //朝向
    unsigned char next_move;                //动作指令
}AxisRush;                                  //定义冲刺坐标类型
```

2）定义 ALGORITHM 结构体：定义场地、迷宫信息以及机器鼠的相关变量。定义内存相关结构体，用以完成仿真环境下软件和算法的通信。结合上位机仿真环境可以更加直观地查看路径规划的结果。

注意此处定义迷宫最大值为 32 × 32，实际迷宫大小依据地图长和宽而定。

```
typedef struct
{
    unsigned char mazeSizeX;                //地图长
    unsigned char mazeSizeY;                //地图宽
    Maze maze_info[32][32];                 //迷宫信息数组
    Axis maze_start_axis;                   //机器鼠起始点
    Axis maze_end_axis;                     //机器鼠结束点
    unsigned char mouse_abs_dir;            //机器鼠绝对朝向
    unsigned char mouse_rush_dir;           //机器鼠计算冲刺路径时使用的临时朝向
```

```
    Axis mouse_ axis;                                    //机器鼠运动的下一坐标
    Axis mouseNowAxis;                                   //机器鼠实时坐标
    unsigned char mouse_ period_work;                    //搜索算法模块运行状态
    unsigned char mouse_next_move;                       //下一步运动标志
    unsigned char begin_count;                           //起点检测阶段计数
    Axis mouse_stack[32* 32];                            //机器鼠曾经走过的路径点记录数组
    unsigned short int stack_ point;                     //机器鼠曾经走过的路径点计数
    AxisRush rushPaths[32* 32* 2];                       //冲刺路径存储数据
    unsigned short int rushPathsSum;                     //冲刺路径存储计数
    AxisRush axisRush;                                   //机器鼠冲刺坐标点记录
    Axis DFS_ SearchPaths[32* 32];                       //搜索算法记录关键点数组
    unsigned short int DFS_ SearchPathsSum;              //搜索算法记录关键点计数
    MoveType_T NextMovement;                             //机器鼠下一步运动指令
    InfraredAg infraredAg;                               //记录一次六个传感器采集的墙体信息
    unsigned char goFrontMark;                           //机器鼠动作组执行标志
    unsigned char errorState;                            //算法执行过程中的错误记录
}ALGORITHM;
```

3）函数声明：基于 BFS 绘制等高图的实现方法，在仿真环境下通过程序入口函数 main( )，初始化共享内存，并调用算法函数 MouseSearch( )，通过判断机器鼠的状态，来根据不同的状态调用不同的函数，执行不同的效果。

```
void GetSensor(void)                     //仿真环境下，通过共享内存获取传感器检测到的墙体信息，
1 为有墙，0 为无墙
void SetMovement(void)                   //仿真环境下，在共享内存中写入下一步的运动指令
void PrintfContourMap(void)              //仿真环境下，打印输出等高图

void RecursiveContour(Axis axis_ing)     //对输入坐标周边坐标进行等高值计算
void BuildContourMap(void)               //构建等高图用于计算冲刺路径
void MazeContourMap(void)                //输出构建好的等高图，输出计算后的冲刺路径
void MouseRush(void)                     //指导机器鼠向下一坐标点冲刺
void MouseRushPaths(void)                //以此获取冲刺路径
void MouseSearch(void)                   //控制搜索算法模块的状态切换
void main(int argc, char * argv[])       //仿真环境下的程序入口，初始化共享内存，调用算法函数
```


4）仿真环境下，共享内存的读取和写入。读取共享内存中存储的传感器检测到的墙体信息：1 表示有墙，0 表示无墙。在共享内存中写入机器鼠的下一步运动指令：0 表示直行，1 表示左转，2 表示右转，3 表示掉头。将通过 BFS 算法赋等高值的等高图打印输出。

```
/*************************************************************
*@Name: GetSensor
*@Function: 仿真环境下，通过共享内存获取一次传感器检测的墙体信息，1 为有墙，0 为无墙
*************************************************************/
void GetSensor(void)
{
```

```
    while (! (*(sharedMemory.pBuffer + 1) && ! (*(sharedMemory.pBuffer + 8))))
      Sleep(1);
    if (*(sharedMemory.pBuffer + 1) && ! (*(sharedMemory.pBuffer + 8)))              //可以读取
    {
      algorithm.infraredAg.Left_Wall = *(sharedMemory.pBuffer + 2);
      algorithm.infraredAg.Ad_LeftOblique = *(sharedMemory.pBuffer + 3);
      algorithm.infraredAg.FrontLeft_Wall = *(sharedMemory.pBuffer + 4);
      algorithm.infraredAg.FrontRight_Wall = *(sharedMemory.pBuffer + 5);
      algorithm.infraredAg.Ad_RightOblique = *(sharedMemory.pBuffer + 6);
      algorithm.infraredAg.Right_Wall = *(sharedMemory.pBuffer + 7);

      printf("%d Sensor %d %d %d %d %d %d\n", *(sharedMemory.pBuffer + 0),
        algorithm.infraredAg.Left_Wall,
        algorithm.infraredAg.Ad_LeftOblique,
        algorithm.infraredAg.FrontLeft_Wall,
        algorithm.infraredAg.FrontRight_Wall,
        algorithm.infraredAg.Ad_RightOblique,
        algorithm.infraredAg.Right_Wall);
    }
}
/*************************************************************
*@Name: SetMovement
*@Function: 仿真环境下，往共享内存中写入下一步运动指令，包括：0 直行，1 左转，2 右转，3 掉头
*************************************************************/
void SetMovement(void)
{
    while (! (*(sharedMemory.pBuffer + 1) && ! (*(sharedMemory.pBuffer + 8))))
      Sleep(1);
    if (*(sharedMemory.pBuffer + 1) && ! (*(sharedMemory.pBuffer + 8)))          //可以写入
    {
      *(sharedMemory.pBuffer + 8) = 1;
      *(sharedMemory.pBuffer + 9) = algorithm.NextMovement;
    }
}

/*************************************************************
*@Name: PrintfContourMap
*@Function: 仿真环境下，打印等高图信息
*************************************************************/
void PrintfContourMap(void)
{
    int _x,_y;
```

```
    printf("\n");
    for (_y=algorithm.mazeSizeY-1;_y>=0;_y--)
    {
      printf("%d/",_y);
      for (_x=0;_x<algorithm.mazeSizeX;_x++)
      {
        printf("\t[%d %d]%d",_x, _y, algorithm.maze_info[_x][_y].contour_value);
      }
      printf("\n");
    }
  }

#else
#endif
```

5）对输入坐标的周边坐标进行等高值计算。机器鼠在执行深度优先搜索算法搜索迷宫后，存储了大量搜索后的墙体信息。输入坐标点并获取该坐标点的墙体信息，将该点设置为已搜索状态（node_type=1，即该点进入 Close 表），接着对其四个方向的坐标进行遍历，根据朝向获取下一个点的坐标，如果机器鼠从当前位置到下一个坐标为直行，则下一个坐标点的等高值应为当前位置的等高值+1；如果机器鼠从当前位置到下一坐标需要转弯，则等高值应为当前等高值+2。如果坐标点未被搜索过（node_type=0）且下一坐标点等高值大于当前坐标等高值，则给该下一坐标赋上预计的等高值。

```
/************************************************************
*@Name: RecursiveContour
*@Input: axis_ing: 输入的坐标点
*@Output: 无
*@Function: 对输入坐标周边坐标进行等高值计算
************************************************************/
void RecursiveContour(Axis axis_ing)
{
  Axis _axis;
  _axis.axis_x = axis_ing.axis_x;
  _axis.axis_y = axis_ing.axis_y;
  unsigned char _dir;
  Maze _maze = algorithm.maze_info[_axis.axis_x][_axis.axis_y];
  Axis next_axis;
  Axis next_axisRush;
  unsigned short int contour_value = _maze.contour_value + 1;

  _maze = algorithm.maze_info[_axis.axis_x][_axis.axis_y];          //获取当前点的墙体信息
  algorithm.maze_info[_axis.axis_x][_axis.axis_y].node_type = 1;  //设置该点为搜索过状态
```

```
    for (_dir=0;_dir<4;_dir++) //对该点的四个方向进行遍历
    {
      if (! (_maze.wall_info&(1<<_dir)))            //如果该方向没有墙
      {
        next_axis = MoveOneStep(_axis,_dir);  //根据朝向获得下一个点坐标
        #ifdef _SIMULATION                    //仿真宏定义_SIMULATION 定义时
          printf("next_axis: %d %d\n", next_axis.axis_x, next_axis.axis_y);
        #else
        #endif
        if(_dir == algorithm.mouse_rush_dir)  //如果机器鼠从当前位置前往为直行
          contour_value = _maze.contour_value + 1;    //等高值+1
        else              //如果机器鼠从当前位置前往需要转弯
          contour_value = _maze.contour_value + 2;  //等高值+2

        if(algorithm.maze_info[next_axis.axis_x][next_axis.axis_y].node_type == 0)   //如果坐标点未被搜
索过
        {
          if (algorithm.maze_info[next_axis.axis_x][next_axis.axis_y].contour_value > contour_value)
      //如果下一节点等高值大于当前坐标等高值+1
          {
            algorithm.maze_info[next_axis.axis_x][next_axis.axis_y].contour_value = contour_value;
      //赋值等高值

            next_axisRush.axis_x = next_axis.axis_x;
            next_axisRush.axis_y = next_axis.axis_y;
            next_axisRush.axis_toward = _dir;
            algorithm.DFS_SearchPaths[algorithm.DFS_SearchPathsSum] = next_axisRush;
          //记录关键坐标点
            algorithm.DFS_SearchPathsSum++;
          }
        }
      }
    }
}
```

6）根据墙体信息，从终点开始构建等高图，用于规划冲刺路径。将等高值重置为最大值65535，同时将坐标点设置为未搜索状态。将终点的等高值置为0，根据起点、终点的关系确定冲刺阶段的朝向，关键点个数置0，记录关键点。如果起点被搜索过，则退出；设置关键点周围点的等高值，从记录的关键点最前侧开始，遵从BFS算法先进先出原则，根据设定的搜索结束条件，当搜索到起点时，结束搜索，更新冲刺阶段的朝向（参考以下代码思路，变量命名可自行更改）。

```
/****************************************************************
*@Name: BuildContourMap
```

```
*@Function: 根据墙体信息从终点开始构建等高图，用于计算冲刺路径
***************************************************************/
void BuildContourMap(void)
{
  unsigned char _x,_y;

  for (_x=0;_x<algorithm.mazeSizeX;_x++)
  {
    for (_y=0;_y<algorithm.mazeSizeY;_y++)
    {
      algorithm.maze_info[_x][_y].contour_value = 65535;    //重置等高值为 unsigned short int 的最大值
65535
      algorithm.maze_info[_x][_y].node_type=0;   //重置坐标点为未搜索状态
    }
  }

  if (algorithm.mouse_period_work == RUSH2END)
  {
    algorithm.maze_info[algorithm.maze_end_axis.axis_x][algorithm.maze_end_axis.axis_y].contour_value = 0;
  //终点等高值置 0

    algorithm.mouse_rush_dir = DirAxis2Dir(algorithm.maze_end_axis, algorithm.maze_start_axis);
      //以起点、终点的关系，确定冲刺阶段的朝向
    algorithm.DFS_SearchPathsSum = 0;  //记录算法策略关键节点的个数置 0
    algorithm.DFS_SearchPaths[algorithm.DFS_SearchPathsSum] = algorithm.maze_end_axis;
      //记录第一个关键点为结束点
    algorithm.DFS_SearchPathsSum++;
    while(algorithm.maze_info[algorithm.maze_start_axis.axis_x][algorithm.maze_start_axis.axis_y].node_
type == 0 && algorithm.DFS_SearchPathsSum > 0)
    {          //如果开始点被搜索过，则退出。深度优先算法采用栈存储结构，遵循先进后出原则；
广度优先算法采用队列存储结构，遵循先进先出原则。这是深度优先算法与广度优先算法的区别
      RecursiveContour(algorithm.DFS_SearchPaths[0]);
  //设置关键点周围点的等高值，从记录的关键点最前侧开始，遵从先进先出原则。深度优先算法
采用栈存储结构，遵循先进后出原则；广度优先算法采用队列存储结构，遵循先进先出原则。这是
深度优先算法与广度优先算法的区别
      PointForward();  //对关键点进行前移
      algorithm.DFS_SearchPathsSum--;
      if(algorithm.DFS_SearchPathsSum > 0)
        algorithm.mouse_rush_dir  = algorithm.DFS_SearchPaths[0].axis_toward;   //更新冲刺阶段朝向
    }
  }
}
```

7）调用构建等高图函数，输出等高图。先更新机器鼠的坐标和朝向，然后调用控制机器鼠移动的函数 MouseMove()。将机器鼠的状态切换到冲刺状态，调用函数 BuildContourMap()，从终点开始构建等高图，计算冲刺路径，打印输出计算冲刺路径后的等高图。

```
/*************************************************************
*@Name: MazeContourMap
*@Function: 根据墙体信息，从终点开始构建等高图
*************************************************************/
void MazeContourMap(void)
{
  #ifdef _SIMULATION          //仿真宏定义_SIMULATION 定义时
  PrintfContourMap();         //打印等高图
  #else
  #endif
  BuildContourMap();
  #ifdef _SIMULATION          //仿真宏定义_SIMULATION 定义时
  PrintfContourMap();         //打印等高图
  #else
    #endif
}
```

8）指导机器鼠冲刺。获取机器鼠当前位置的等高值，对当前位置的四个方向坐标进行遍历，判断当前坐标的朝向是否有墙，如果没有墙，则计算下一坐标点和下一坐标的等高值，在四个方向的坐标点中，寻找等高值最小的坐标，将等高值最小的坐标作为机器鼠的下一运动坐标。

```
/*************************************************************
*@Name: MouseRush
*@Function: 机器鼠冲刺一次
*************************************************************/
void MouseRush(void)
{
  unsigned char _dir;
  unsigned char min_dir=0;
  Maze _maze;
  Axis _next_axis;
  unsigned short int min_value = 65535;
  unsigned short int _next_value=0;

  _maze = algorithm.maze_info[algorithm.mouse_axis.axis_x][algorithm.mouse_axis.axis_y];
              //获取机器鼠当前位置等高值
  for (_dir=0;_dir<4;_dir++)    //四个朝向遍历
  {
    if (! (_maze.wall_info&(1<<_dir)))  //当前朝向没有墙
```

```
        {
            _next_axis = MoveOneStep(algorithm.mouse_axis, _dir); //计算下一坐标点
            _next_value = algorithm.maze_info[_next_axis.axis_x][_next_axis.axis_y].contour_value;
            //下一坐标等高值
            if (_next_value < min_value)              //寻找周围坐标点中等高值最小的坐标
            {
                min_dir = _dir;
                min_value = _next_value;
            }
        }
    }

    if(min_value == 65535)    //如果周围无可冲刺坐标，视为规划失败
    {
        algorithm.NextMovement = Stop;   //重置运动指令
        algorithm.mouse_next_move = UP;
        algorithm.mouse_period_work = SEARCHSTOP; //状态置为 SEARCHSTOP 停止状态
        #ifdef _SIMULATION                            //仿真宏定义_SIMULATION 定义时
        while (! (*(sharedMemory.pBuffer + 1) && ! (*(sharedMemory.pBuffer + 8))))
            Sleep(1);
        if (*(sharedMemory.pBuffer + 1) && ! (*(sharedMemory.pBuffer + 8)))          //可以写入数据
        {
            *(sharedMemory.pBuffer + 8) = 1;
            *(sharedMemory.pBuffer + 0) = 5;
            *(sharedMemory.pBuffer + 9) = algorithm.NextMovement;
            *(sharedMemory.pBuffer + 10) = algorithm.mouse_axis.axis_x;
            *(sharedMemory.pBuffer + 11) = algorithm.mouse_axis.axis_y;
            *(sharedMemory.pBuffer + 12) = algorithm.mouse_axis.axis_toward;
        }
        #else
        algorithm.errorState = Error_Planning;   //记录算法规划错误
        #endif
    }
    else
    {
        algorithm.mouse_axis = MoveOneStep(algorithm.mouse_axis,min_dir);
        algorithm.mouse_next_move = DirAbs2Rel(min_dir);
        algorithm.mouse_abs_dir = min_dir;   //将最小等高值的坐标点赋予机器鼠的下一运动坐标
    }
}
```

9）依次计算下一坐标点，获取机器鼠的冲刺路径。当机器鼠并未到达终点时，不断地调用 MouseRush( ) 函数计算下一坐标点，不断地将下一坐标点写入数据，并将冲刺路径点的 x、y、运动指令存入到共享内存中，添加冲刺路径点。

```
/*****************************************************************
*@Name: MouseRushPaths
*@Function: 依次获取冲刺路径
*****************************************************************/
void MouseRushPaths(void)
{
  algorithm.goFrontMark = 0;
  while ((algorithm.mouse_axis.axis_x ! = algorithm.maze_end_axis.axis_x)
    ||(algorithm.mouse_axis.axis_y ! = algorithm.maze_end_axis.axis_y))    //当机器鼠坐标没有到达终点
坐标时
  {
    algorithm.axisRush.axis_x = algorithm.mouse_axis.axis_x;
    algorithm.axisRush.axis_y = algorithm.mouse_axis.axis_y;
    MouseRush();       //机器鼠冲刺一次
    if(algorithm.mouse_period_work == SEARCHSTOP)   //如果规划失败则退出
      break;
    if(algorithm.goFrontMark == 0)
    {
      switch(algorithm.mouse_next_move)                //机器鼠下一步运动标志
      {
        case UP:
        {
          break;
        }
        case LEFT:
        {
          algorithm.axisRush.next_move = TurnLeft;
          algorithm.axisRush.axis_toward = algorithm.mouse_abs_dir;
          #ifdef _SIMULATION                           //仿真宏定义_SIMULATION 定义时
            while (! (*(sharedMemory.pBuffer + 1) && ! (*(sharedMemory.pBuffer + 8))))
              Sleep(1);
            if (*(sharedMemory.pBuffer + 1) && ! (*(sharedMemory.pBuffer + 8)))  //可以写入数据
            {
              *(sharedMemory.pBuffer + 8) = 1;
              *(sharedMemory.pBuffer + 0) = 1;
              *(sharedMemory.pBuffer + 9) = algorithm.axisRush.next_move;
              *(sharedMemory.pBuffer + 10) = algorithm.axisRush.axis_x;
              *(sharedMemory.pBuffer + 11) = algorithm.axisRush.axis_y;
              *(sharedMemory.pBuffer + 12) = algorithm.axisRush.axis_toward;
      //将冲刺路径点的坐标 x、y、朝向、运动指令存入共享内存
            }
          #else
          #endif
```

```
            algorithm.rushPaths[algorithm.rushPathsSum++] = algorithm.axisRush;    //添加冲刺路径点
            break;
        }
        //case RIGHT 与 case DOWN 代码与上面 case LEFT 相似，此处略，读者可自行模仿练习
        default: break;
    }
}
else
    algorithm.goFrontMark = 0;

algorithm.axisRush.next_move = GoFront;
#ifdef _SIMULATION                              //仿真宏定义_SIMULATION 定义时
  while (! (*(sharedMemory.pBuffer + 1) && ! (*(sharedMemory.pBuffer + 8))))
    Sleep(1);
  if (*(sharedMemory.pBuffer + 1) && ! (*(sharedMemory.pBuffer + 8)))          //可以写入数据
  {
    *(sharedMemory.pBuffer + 8) = 1;
    *(sharedMemory.pBuffer + 0) = 1;
    *(sharedMemory.pBuffer + 9) = algorithm.axisRush.next_move;
    *(sharedMemory.pBuffer + 10) = algorithm.axisRush.axis_x;
    *(sharedMemory.pBuffer + 11) = algorithm.axisRush.axis_y;
    *(sharedMemory.pBuffer + 12) = algorithm.axisRush.axis_toward;
        //将冲刺路径点的坐标 x、y、朝向、运动指令存入共享内存
  }
#else
#endif
algorithm.rushPaths[algorithm.rushPathsSum++] = algorithm.axisRush;          //添加冲刺路径点
  }
}
```

10）根据机器鼠的运行状态控制算法模块的状态切换。

机器鼠的运行状态主要分为三种，分别是起点检测状态、搜索/搜索返回状态、冲刺状态。不同的运行状态下，算法模块要进行相应的切换。

当算法模块的运行状态为初始化模块时，内容主要是接收场地的尺寸信息，赋值地图的长、宽，如果接收到终点坐标的信息，则赋值终点坐标，否则按照默认终点搜索。

当算法模块的运行状态切换为起点检测状态时，调用函数 GetSensor( ) 函数在仿真环境下获取墙体的信息数据，如果 algorithm. goFrontMark = 0 时，调用起点检测函数 StartCheck( )（对于起点检测函数，在第 7 章有详细的讲解）；当状态未切换到搜索状态时，如果 algorithm. goFrontMark = 0，则调用 MouseMove( ) 函数执行一步或者两步中的第一个动作，否则执行两步中的第二个动作，第二个动作一定为直行，调用 SetMovement( ) 函数，将动作信息通过共享内存完成传输，并将 algorithm. goFrontMark 置为 0；否则（当状态切换到搜索状态时），记录算法搜索策略中的关键点，如果机器鼠的位置 algorithm. mouse_axis 等于搜索迷宫的起点，则调用构建等高图的函数 MazeContourMap( )，进行等高图构建，否则搜索算法策

略执行一步。当 algorithm. goFrontMark = 0 时，执行一步或两步中的第一个动作；当 algorithm. goFrontMark ≠ 0 时，执行两步中的第二个动作（直行），然后调用 SetMovement( ) 函数，将动作信息写入共享内存完成传输，并将 algorithm. goFrontMark 置为 0。

当算法模块的运行状态切换为搜索迷宫/搜索返回状态时，在仿真环境下获取墙体信息数据，如果机器鼠的位置 algorithm. mouse_axis 等于搜索迷宫的起点，则调用构建等高图的函数 MazeContourMap ( )，进行等高图构建，否则搜索算法策略执行一步。当 algorithm. goFrontMark = 0 时。执行一步或两步中的第一个动作；当 algorithm. goFrontMark ≠ 0 时，执行两步中的第二个动作（直行），然后调用 SetMovement( ) 函数，将动作信息写入共享内存完成传输，并将 algorithm. goFrontMark 置为 0。

当算法模块的运行状态切换为冲刺状态时，更新机器鼠的当前坐标和朝向，并将冲刺路径个数置为 0，调用 MouseRushPaths( ) 函数获取冲刺路径，添加冲刺路径点，将冲刺路径写入数据，最后重置运动指令将状态切换为停止状态。

```
/*************************************************************
*@Name: MouseSearch
*@Function: 控制搜索算法模块的状态切换
*************************************************************/
void MouseSearch(void)
{
  /* 使用说明：
    设置 algorithm.mouse_period_work = RESETINIT; 后，调用 MouseSearch(); 初始化算法建图模块；
    嵌入式代码注意：在此之前赋值地图长、宽 algorithm. mazeSizeX、algorithm. mazeSizeY；
    需要自定义终点的设置终点坐标 algorithm.maze_end_axis.axis_x，algorithm.maze_end_axis.axis_y
为自定义值，不然终点坐标 X、Y 均置为 32;

    之后 algorithm.mouse_period_work 自动切换到 CHECKSTART，之后调用 MouseSearch(); 后获取
algorithm.NextMovement 为下一步运动指令,包含：0 直行，1 左转，2 右转，3 掉头；
    嵌入式代码注意：在此之前设置 algorithm.infraredAg.Left_Wall,algorithm.infraredAg.Ad_LeftOb-
lique, algorithm.infraredAg.FrontLeft_Wall,algorithm.infraredAg.FrontRight_Wall,algorithm.infraredAg.Ad_
RightOblique,algorithm.infraredAg.Right_Wall;
    六个传感器检测到的墙体标志：1 为有墙，0 为无墙；

    搜索完地图后，algorithm.mouse_period_work 自动切换到 RUSH2END，
    当判断 algorithm.mouse_period_work == RUSH2END 后，调用一次 MouseSearch();
    之后 algorithm.rushPaths 中保存的数据为冲刺路径数据，algorithm.rushPathsSum 为个数；
    algorithm.rushPaths 中每个单元的数据为：机器鼠到达每一个坐标后的坐标 X、坐标 Y、朝向、
此步移动指令（直行、左转、右转、掉头）
  */
  Axis axisRushTemp;

  if (algorithm.mouse_period_work == RESETINIT)   //搜索算法模块的运行状态为 RESETINIT 初始化
状态
  {
```

```
    #ifdef _SIMULATION                          //仿真宏定义_SIMULATION 定义时
      while (! (*(sharedMemory.pBuffer + 13)))
        Sleep(1);
      if (*(sharedMemory.pBuffer + 13))  //接收到场地尺寸信息
      {
        algorithm.mazeSizeX = *(sharedMemory.pBuffer + 14);
        algorithm.mazeSizeY = *(sharedMemory.pBuffer + 15);          //赋值地图长、宽
        *(sharedMemory.pBuffer + 13) = 0;
        *(sharedMemory.pBuffer + 14) = 0;
        *(sharedMemory.pBuffer + 15) = 0;
        if (*(sharedMemory.pBuffer + 16))   //接收到终点坐标信息
        {
          algorithm.maze_end_axis.axis_x = *(sharedMemory.pBuffer + 17);
          algorithm.maze_end_axis.axis_y = *(sharedMemory.pBuffer + 18);        //赋值终点坐标
          *(sharedMemory.pBuffer + 16) = 0;
          *(sharedMemory.pBuffer + 17) = 0;
          *(sharedMemory.pBuffer + 18) = 0;
        }
        else
        {
          algorithm.maze_end_axis.axis_x = 32;
          algorithm.maze_end_axis.axis_y = 32;
              //未自定义终点坐标值时，赋值为场地长、宽最大取值
        }
      }
      printf("MazeSize: %d %d\n", algorithm.mazeSizeX, algorithm.mazeSizeY);
    #else
    #endif
    algorithm.mouse_period_work = CHECKSTART;  //切换到起点检测状态
    MazeInit();        //初始化场地
  }
  else if (algorithm.mouse_period_work == CHECKSTART)
                    //搜索算法模块的运行状态为 CHECKSTART 起点检测状态
  {
    #ifdef _SIMULATION                       //仿真宏定义_SIMULATION 定义时
      GetSensor();   //仿真环境下获取墙体信息数据
    #else
    #endif
    if (algorithm.goFrontMark == 0) StartCheck();             //algorithm.goFrontMark 为 0 时，才进
行检测功能，不然执行上一步检测后的第二步动作，一次检测可能得到一个或者两个动作
    if (algorithm.mouse_period_work == SEARCHSTOP)
    {
      return;
```

```
    }
    if (algorithm.mouse_period_work ! = SEARCHMAZE)    //状态没有切换到搜索状态
    {
      if(algorithm.goFrontMark == 0)
        MouseMove(); //algorithm.goFrontMark 为 0 时，执行一步或两步中第一个动作
      else
      {
        algorithm.mouseNowAxis.axis_toward = algorithm.mouse_abs_dir;
        algorithm.NextMovement = GoFront;       //执行两步动作中的第二个动作，第二个动作一定
为直行
        #ifdef _SIMULATION                       //仿真宏定义_SIMULATION 定义时
          SetMovement();  //将动作信息通过共享内存传输
        #else

        #endif
        algorithm.goFrontMark = 0;
      }
    }
    else
    {
      axisRushTemp.axis_x = algorithm.mouse_axis.axis_x;
      axisRushTemp.axis_y = algorithm.mouse_axis.axis_y;
      algorithm.DFS_SearchPaths[algorithm.DFS_SearchPathsSum] = axisRushTemp;
          //记录搜索算法策略中的关键点

      if(algorithm.goFrontMark == 0 && algorithm.mouse_axis.axis_x == algorithm.maze_start_axis.axis_
x && algorithm.mouse_axis.axis_y == algorithm.maze_start_axis.axis_y)
      {
        #ifdef _SIMULATION                       //仿真宏定义_SIMULATION 定义时
        #else
          if(BleStructure.MomentMark == 2)
          {
            BleStructure.MomentMark = 3;
            BleStructure.MomentEnable = true;       //竞速模式下机器鼠通过蓝牙发送运动时刻
          }
        #endif
        algorithm.mouseNowAxis.axis_x = algorithm.mouse_axis.axis_x;      //更新机器鼠坐标和朝向
        algorithm.mouseNowAxis.axis_y = algorithm.mouse_axis.axis_y;
        algorithm.mouseNowAxis.axis_toward = algorithm.mouse_abs_dir;
        algorithm.mouse_next_move = DOWN;                                  //控制机器鼠掉头
        algorithm.mouse_abs_dir = (algorithm.mouse_abs_dir + 2) % 4;
        MouseMove();  //执行一步运动
        algorithm.mouse_period_work = RUSH2END;  //状态切换到冲刺状态
```

```
            }
            else
            {
              if(algorithm.goFrontMark == 0)
                IterationSearch(algorithm.DFS_SearchPaths[algorithm.DFS_SearchPathsSum]);
            //搜索算法策略执行一步
              if(algorithm.goFrontMark == 0)
                MouseMove();        //algorithm.goFrontMark 为 0 时，执行一步或者两步中的第一个动作
              else
              {
                algorithm.mouseNowAxis.axis_toward = algorithm.mouse_abs_dir;
                algorithm.NextMovement = GoFront;      //执行两步动作中的第二个动作，第二个动作一定
为直行
                #ifdef _SIMULATION                        //仿真宏定义_SIMULATION 定义时
                  SetMovement();  //将动作信息通过共享内存传输
                #else

                #endif
                algorithm.goFrontMark = 0;
              }
            }
          }
        }
        else if (algorithm.mouse_period_work == SEARCHMAZE || algorithm.mouse_period_work ==
BACK2START)          //搜索算法模块的运行状态为 SEARCHMAZE 搜索迷宫或 BACK2START 搜索返
回状态
        {
          #ifdef _SIMULATION                                 //仿真宏定义_SIMULATION 定义时
            GetSensor();  //仿真环境下获取墙体信息数据
          #else

          #endif

          if(algorithm.goFrontMark == 0 && algorithm.mouse_axis.axis_x == algorithm.maze_start_axis.axis_x
&& algorithm.mouse_axis.axis_y == algorithm.maze_start_axis.axis_y)
          {
            #ifdef _SIMULATION              //仿真宏定义_SIMULATION 定义时
            #else
              if(BleStructure.MomentMark == 2)
              {
                BleStructure.MomentMark = 3;
                BleStructure.MomentEnable = true;          //竞速模式下机器鼠通过蓝牙发送运动时刻
              }
```

```
        #endif
        algorithm.mouseNowAxis.axis_x = algorithm.mouse_axis.axis_x;        //更新机器鼠坐标和朝向
        algorithm.mouseNowAxis.axis_y = algorithm.mouse_axis.axis_y;
        algorithm.mouseNowAxis.axis_toward = algorithm.mouse_abs_dir;
        algorithm.mouse_next_move = DOWN;    //控制机器鼠掉头
        algorithm.mouse_abs_dir = (algorithm.mouse_abs_dir + 2) % 4;
        MouseMove();   //执行一步运动
        algorithm.mouse_period_work = RUSH2END;   //状态切换到冲刺状态
    }
    else
    {
        if(algorithm.goFrontMark == 0)
            IterationSearch(algorithm.DFS_SearchPaths[algorithm.DFS_SearchPathsSum]);
        //搜索算法策略执行一步
        if(algorithm.goFrontMark == 0)
            MouseMove();              //algorithm.goFrontMark 为 0 时，执行一步或者两步中的第一个动作
        else
        {
            algorithm.mouseNowAxis.axis_toward = algorithm.mouse_abs_dir;
            algorithm.NextMovement = GoFront;
            #ifdef _SIMULATION                          //仿真宏定义_SIMULATION 定义时
                SetMovement();  //将动作信息通过共享内存传输
            #else

            #endif
            algorithm.goFrontMark = 0;
        }
    }
}
else if (algorithm.mouse_period_work == RUSH2END)     //搜索算法模块的运行状态为 RUSH2END
冲刺
{
    algorithm.mouseNowAxis.axis_x = algorithm.mouse_axis.axis_x;      //更新机器鼠的当前坐标和朝向
    algorithm.mouseNowAxis.axis_y = algorithm.mouse_axis.axis_y;
    algorithm.mouseNowAxis.axis_toward = algorithm.mouse_abs_dir;

    MazeContourMap();   //如果机器鼠位置 algorithm.mouse_axis 等于搜索迷宫的起点，进行等高图
构建
    algorithm.rushPathsSum = 0;   //冲刺路径个数置 0

    MouseRushPaths();   //获取冲刺路径

    if(algorithm.mouse_period_work == SEARCHSTOP)   //如果规划失败则退出
```

```
            return;
        algorithm.axisRush.next_move = Stop;
        algorithm.axisRush.axis_x = algorithm.mouse_axis.axis_x;
        algorithm.axisRush.axis_y = algorithm.mouse_axis.axis_y;
        algorithm.axisRush.axis_toward = algorithm.mouse_abs_dir;
        algorithm.rushPaths[algorithm.rushPathsSum++] = algorithm.axisRush;        //添加冲刺路径点
        #ifdef _SIMULATION                                    //仿真宏定义_SIMULATION 定义时
            while (! (*(sharedMemory.pBuffer + 1) && ! (*(sharedMemory.pBuffer + 8))))
                Sleep(1);
            if (*(sharedMemory.pBuffer + 1) && ! (*(sharedMemory.pBuffer + 8)))          //可以写入数据
            {
                *(sharedMemory.pBuffer + 8) = 1;
                *(sharedMemory.pBuffer + 0) = 2;
                *(sharedMemory.pBuffer + 9) = algorithm.axisRush.next_move;
                *(sharedMemory.pBuffer + 10) = algorithm.axisRush.axis_x;
                *(sharedMemory.pBuffer + 11) = algorithm.axisRush.axis_y;
                *(sharedMemory.pBuffer + 12) = algorithm.axisRush.axis_toward;
                //将冲刺路径点的坐标 X、Y、朝向、运动指令存入共享内存
            }
            for(int i = 0; i < algorithm.rushPathsSum; i++)
            {
                printf("algorithm.rushPaths: %d %d %d %d\n", algorithm.rushPaths[i].axis_x, algorithm.rushPaths
    [i].axis_y, algorithm.rushPaths[i].axis_toward, algorithm.rushPaths[i].next_move);
            }
        #else
        #endif

        algorithm.NextMovement = Stop;    //重置运动指令
        algorithm.mouse_next_move = UP;
        algorithm.mouse_period_work = SEARCHSTOP;    //状态置为 SEARCHSTOP 停止状态
    }
    else
    {
        algorithm.NextMovement = Stop;
    }
    #ifdef _SIMULATION                                          //仿真宏定义_SIMULATION 定义时
    #else
        BleStructure.MazeInfoEnable = true;    //竞速模式下机器鼠通过蓝牙发送地图信息
    #endif
}
```

11）仿真环境下的程序入口，初始化共享内存，调用算法函数。打开 Micromouse 的共享内存，将文件对象映射到当前程序的地址空间，切换搜索算法模块的状态为初始化状态，调用搜索算法函数 MouseSearch( )，然后输出。

```
/***********************************************************
*@Name: main
*@Input: argc: 用来统计程序运行时发送给 main 函数的命令行参数的个数；argv: 用来存放指向的字
符串参数的指针数组
*@Output: 无
*@Function: 仿真环境下使用，程序运行的入口，初始化共享内存，调用算法函数
***********************************************************/
void main(int argc, char * argv[])
{
  int _x,_y;
  sharedMemory.hMap = OpenFileMapping(FILE_MAP_READ | FILE_MAP_WRITE, 0, TEXT("Micro-
mouse"));              //打开已存在的共享内存 Micromouse
  if (sharedMemory.hMap == NULL)
    return;
  sharedMemory.pBuffer = MapViewOfFile(sharedMemory.hMap, FILE_MAP_READ | FILE_MAP_
WRITE, 0, 0, 19);        //将文件对象映射到当前程序的地址空间
  if (sharedMemory.pBuffer == NULL)
    return;

  algorithm.mouse_period_work = RESETINIT;   //设置搜索算法模块的状态为 RESETINIT 初始化状态
  while (1)
  {
    MouseSearch();      //调用搜索算法函数
    if(0 && algorithm.mouse_period_work ! = SEARCHSTOP)
    {
      printf("\n");
      printf("algorithm.NextMovement %d\n", algorithm.NextMovement);
      printf("algorithm.mouse_next_move %d\n", algorithm.mouse_next_move);
      printf("algorithm.goFrontMark %d\n", algorithm.goFrontMark);
      printf("algorithm.mouse_axis %d %d %d\n", algorithm.mouse_axis.axis_x, algorithm.mouse_axis.ax-
is_y, algorithm.mouse_axis.axis_toward);
      printf("algorithm.mouseNowAxis %d %d %d\n", algorithm.mouseNowAxis.axis_x, algorithm.
mouseNowAxis.axis_y, algorithm.mouseNowAxis.axis_toward);
      printf("algorithm.mouse_period_work %d\n", algorithm.mouse_period_work);
      for (_y=algorithm.mazeSizeY-1;_y>=0;_y--)
      {
        printf("%d/",_y);
        for (_x=0;_x<algorithm.mazeSizeX;_x++)
        {
          printf("\t[%d %d]%d",_x, _y, algorithm.maze_info[_x][_y].wall_info);
        }
```

```
            printf("\n");
        }
    }
  }
}
```

5. 实现效果

基于 8 × 8 迷宫地图和代码示例，在仿真环境下，基于深度优先搜索算法检测到的墙体信息，通过广度优先搜索算法构建等高图，打印输出的等高图如图 10-7 所示。

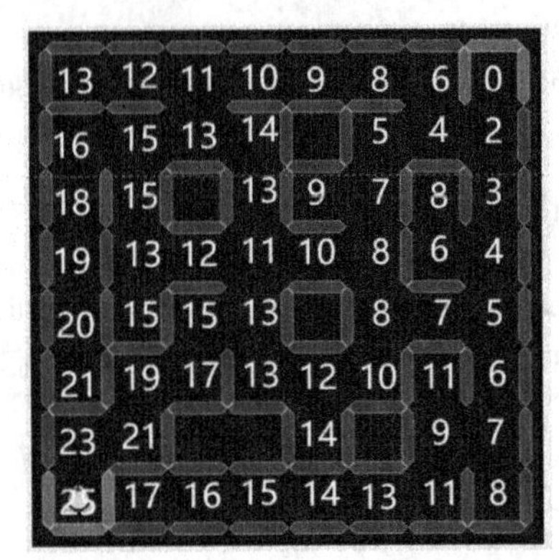

图 10-7 打印输出等高图

依据等高值递减原则，规划出最短路径，如图 10-8 所示。

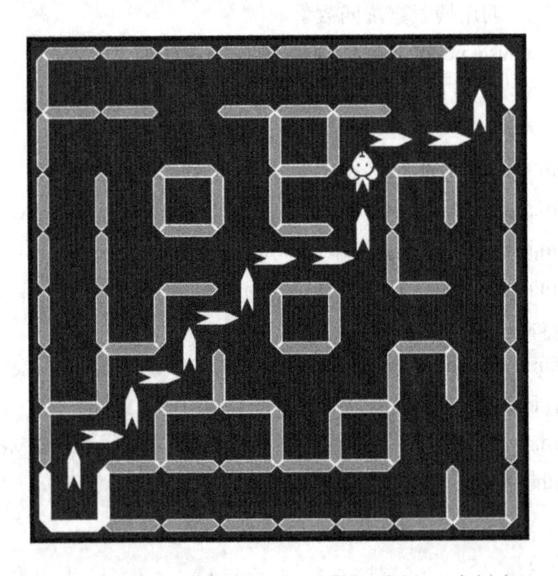

图 10-8 采用 BFS 算法规划出最短路径（冲刺中）

假设内存中的迷宫墙体信息如图 10-9a 所示，即对迷宫进行了完全搜索，则制作等高图中的等高值分布应该如图 10-9b 所示，其中蓝色带箭头虚线为得到的最短路径。

图 10-10a 是机器鼠使用 BFS 算法进行单次搜索，经过 28 步搜索移动，到达终点即刻停止，存储已搜索的墙体信息，制作等高图中的等高值分布应该如图 10-10b 所示。

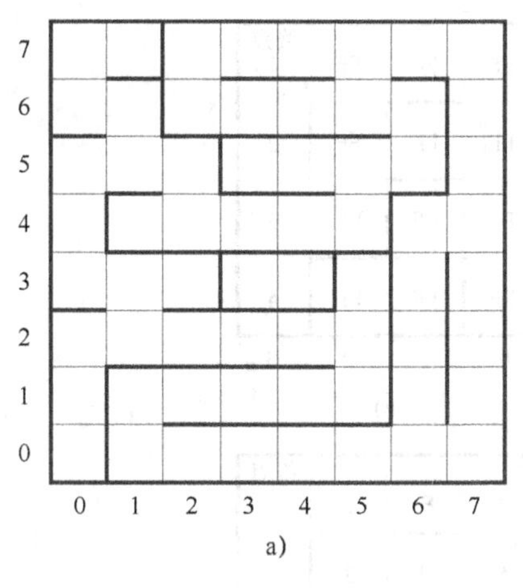

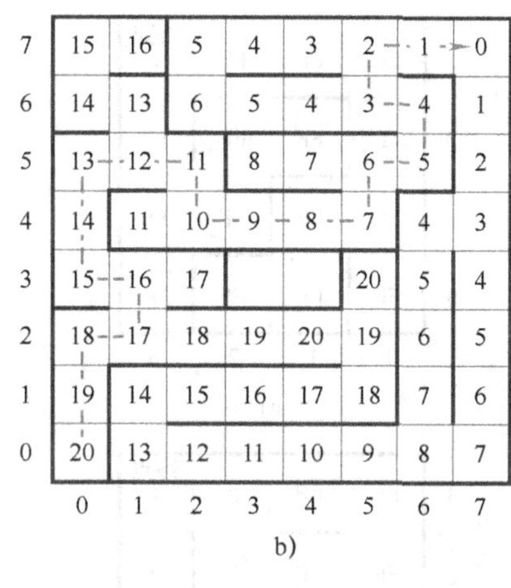

图 10-9 彩图

图 10-9 迷宫等高图

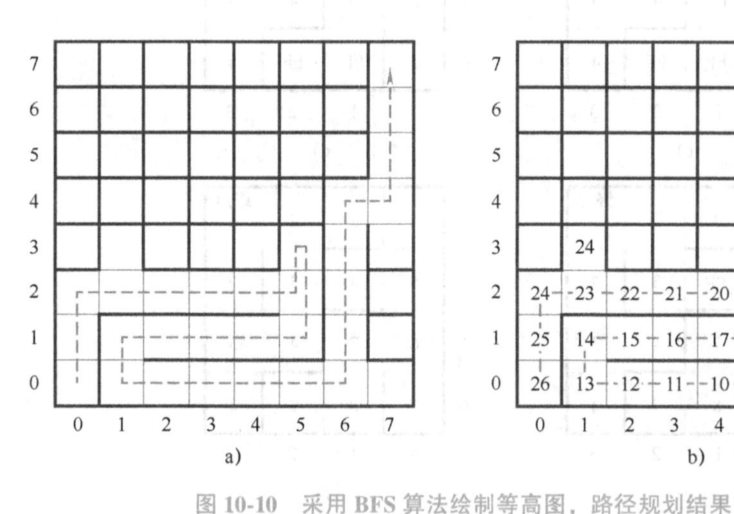

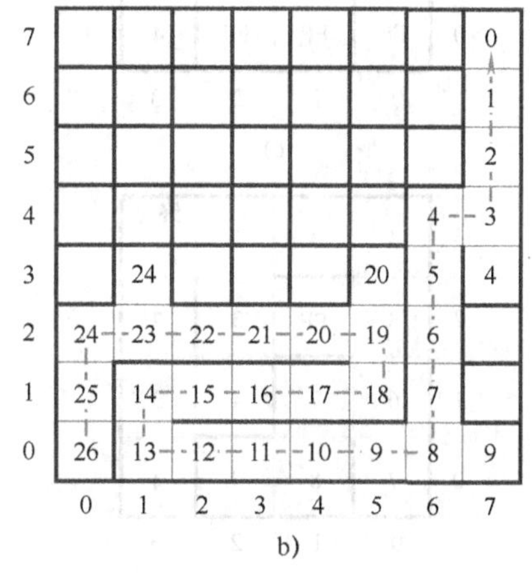

图 10-10 彩图

图 10-10 采用 BFS 算法绘制等高图，路径规划结果

10.3 利用深度优先搜索算法制作等高图

1. 实践目标

掌握深度优先搜索算法的原理，学习利用深度优先搜索算法绘制等高图，通过等高图规划出机器鼠冲刺迷宫的最短路径。

具体要求是基于 8 × 8 迷宫地图，遵循机器鼠比赛规则，应用深度优先搜索（DFS）算法搜索未知地图，给地图中的坐标进行等高值赋值，规划出最短路径，让机器鼠完成最后冲刺。

2. 算法图解

同样以 4 × 4 迷宫为实例，类似 BFS 算法，先将终点坐标等高值赋值为 1，使用 DFS 算法制作等高图时计算机内存的赋值顺序如图 10-11 所示，不同于 BFS 算法绘制等高图的是，DFS 算法会“一条道走到黑”，无路可走才会返回分支路口继续为其他未访问的坐标赋等高值。

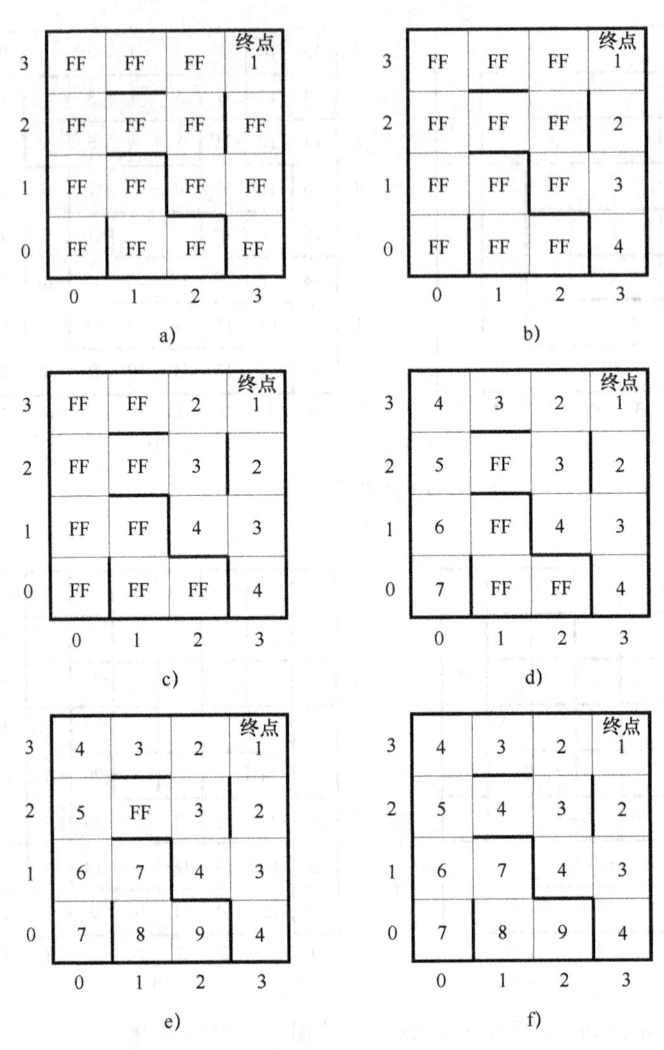

图 10-11　深度优先搜索算法制作等高图示意图

采用 DFS 算法制作等高图需要注意，在岔路口处的等高值应该是连续的，例如图 10-12a 是错误的，图 10-12b 是正确的。

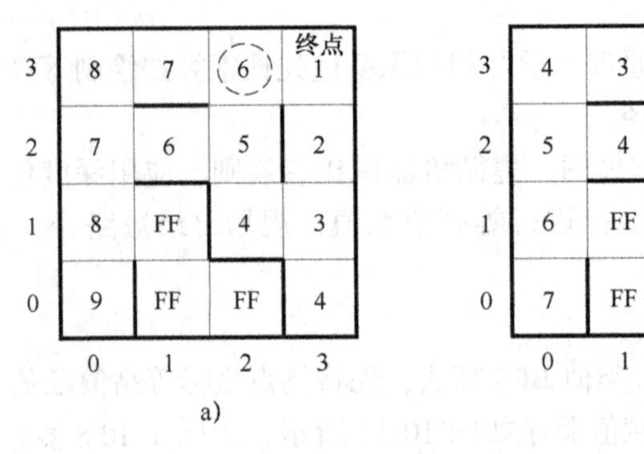

图 10-12　深度优先搜索算法制作等高图易错点

3. 程序框图

利用 DFS 算法进行等高图绘制的函数程序框图如图 10-13 所示。将所有坐标的等高值初始化为最大等高值，将终点等高值设为 0，从终点坐标开始进行遍历。

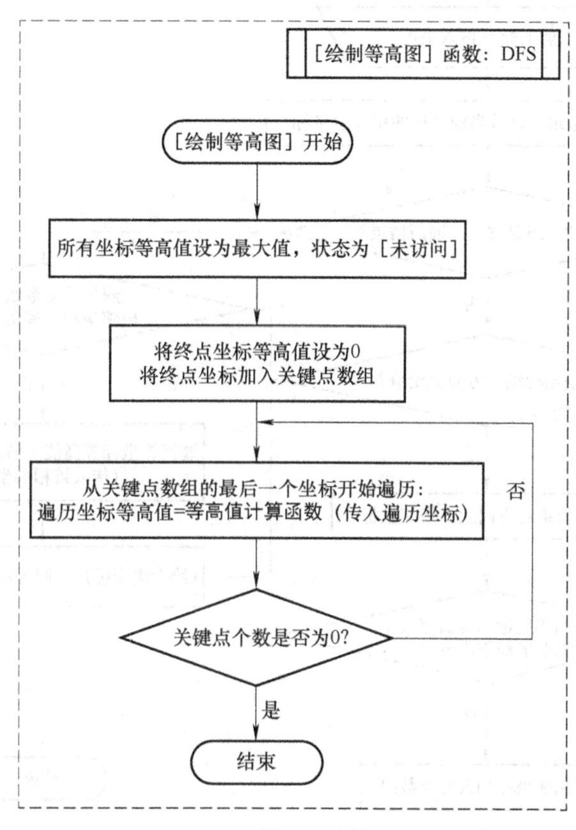

图 10-13　利用 DFS 算法绘制等高图的程序框图

DFS 算法绘制等高图主体部分程序框图如图 10-14 所示。将函数传入的坐标作为当前坐标，遍历四个绝对方向，将与当前坐标相连通且等高值大于当前坐标等高值+1 的相邻坐标标记为访问中，进一步对这些坐标进行遍历。当四个方向遍历完成后，将当前坐标的状态值变为已访问并返回。

4. 代码解读

1）自定义用于存储迷宫信息的 Maze 结构体：wall_info 用于存储墙体信息；wall_deal 记录迷宫每一个坐标的墙体是否被处理过；pass_times 表示经过的次数；contour_value 存储等高值；node_type 表示坐标节点的状态：0 表示未搜索或正在搜索，即表示该坐标在 open 表中；1 表示已搜索，即表示该坐标已压入 close 表中。自定义表示坐标的 Axis 结构体：axis_x 表示横坐标；axis_y 表示纵坐标；axis_toward 表示机器鼠朝向。自定义表示冲刺坐标类型的 AxisRush 结构体，next_move 表示机器鼠的动作指令。代码同广度优先搜索算法实践，这里不再重复。

2）宏定义以及变量定义同前一章所述，定义 ALGORITHM 结构体：定义场地、迷宫信息以及机器鼠的相关变量；定义内存相关结构体，用以完成仿真环境下软件和算法的通信。代码同广度优先搜索算法实践。

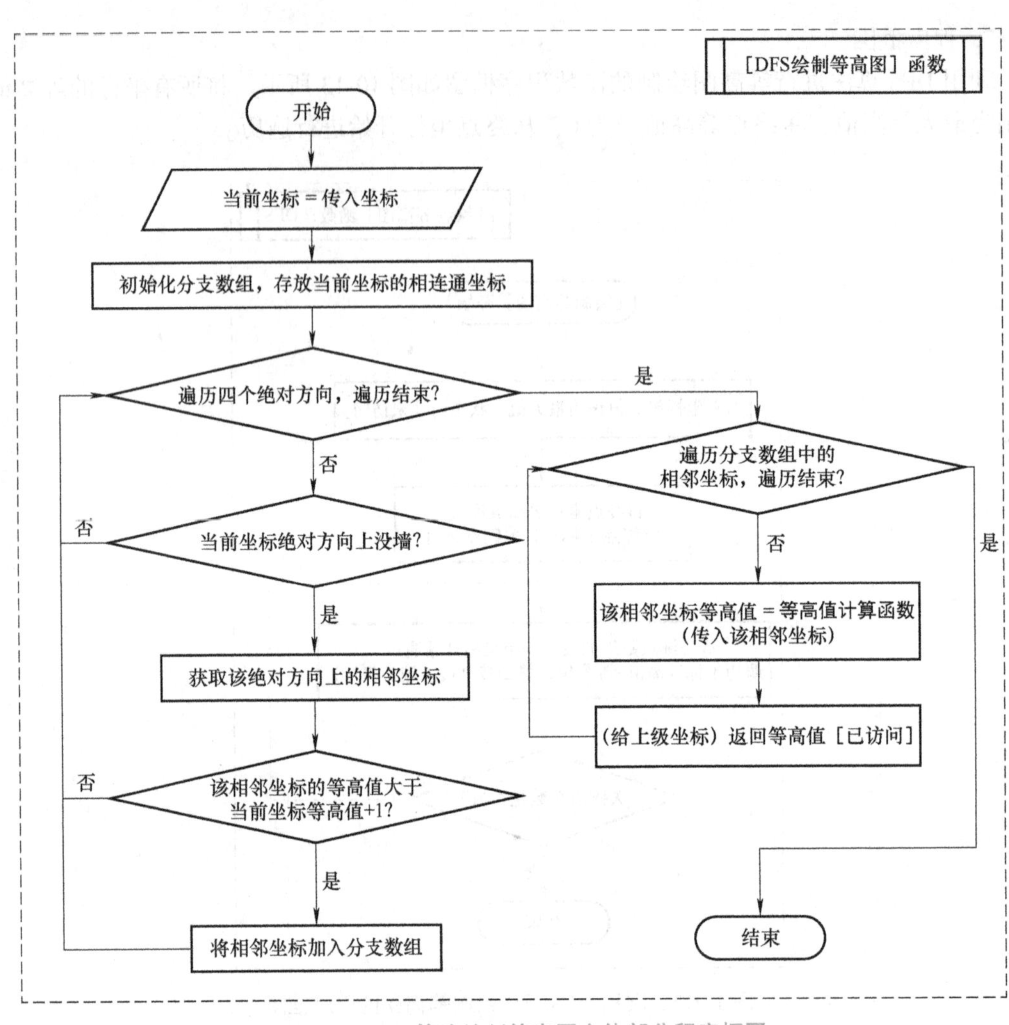

图 10-14　DFS 算法绘制等高图主体部分程序框图

3）函数声明：基于 DFS 算法绘制等高图的实现方法，在仿真环境下通过程序入口函数 main( ) 初始化共享内存，并调用算法函数 MouseSearch( )，通过判断机器鼠状态，来根据不同的状态调用不同的函数，执行不同的效果。


```
Void GetSensor(void)                    //仿真环境下，通过共享内存获取传感器检测到的墙体信
息，1 为有墙，0 为无墙
void SetMovement(void)                  //仿真环境下，在共享内存中写入下一步的运动指令
void PrintfContourMap(void)             //仿真环境下，打印输出等高图

void RecursiveContour(Axis axis_ing)    //对输入坐标的周边坐标进行等高值计算
void BuildContourMap(void)              //构建等高图，用于计算冲刺路径
void MazeContourMap(void)               //输出构建好的等高图，输出计算后的冲刺路径
void MouseRush(void)                    //指导机器鼠向下一坐标点冲刺
void MouseRushPaths(void)               //以此获取冲刺路径
void MouseSearch(void)                  //控制搜索算法模块的状态切换
void main(int argc, char * argv[])      //仿真环境下程序入口，初始化共享内存，调用算法函数
```

4）在仿真环境下，通过共享内存获取一次传感器检测到的墙体信息，1表示有墙，0表示无墙。传感器检测到的墙体信息存储在共享内存中，在共享内存中读取墙体信息。在指导机器鼠运动时，需要将机器鼠的下一步运动指令写入共享内存中，用于完成Micromouse系统与机器鼠的通信。代码参考本章第10.2小节的内容。

5）对当前坐标的周边坐标进行等高值计算，获取当前坐标点的墙体信息，设置该点的状态为已搜索。对该点的四个方向坐标点进行遍历并判断该方向是否有墙，如果该方向没有墙，则根据朝向获取下一个坐标点的坐标，如果下一步为直行，则等高值+1；如果下一步需要转弯，则等高值+2。如果下一节点等高值大于当前坐标等高值+1，则赋值等高值并记录关键点。最后将当前坐标点从关键点数组中移除，更新冲刺阶段的朝向。代码同前。

6）根据墙体信息，从终点开始构建等高图，用于计算冲刺路径。将等高值重置为地图的长×宽，同时将坐标点设置为未搜索状态。将终点的等高值设置为0，确认起点、终点以确定冲刺阶段的朝向，关键点个数设置为1，记录关键点。如果关键点个数为0则退出，所有关键点都遍历完成后再退出。遵循DFS算法先进后出的搜索规则，根据设定搜索结束条件，当搜索完全图时，结束搜索，更新冲刺阶段的朝向。

```
void BuildContourMap(void)
{
  unsigned char _x,_y;
  for (_x=0;_x<algorithm.mazeSizeX;_x++)
  {
    for (_y=0;_y<algorithm.mazeSizeY;_y++)
    {
      algorithm.maze_info[_x][_y].contour_value = 65535;
            //重置等高值为 unsigned short int 的最大值 65535
      algorithm.maze_info[_x][_y].node_type=0;  //重置坐标点为未搜索状态
    }
  }

  if (algorithm.mouse_period_work == RUSH2END)
  {
    algorithm.maze_info[algorithm.maze_end_axis.axis_x][algorithm.maze_end_axis.axis_y].contour_value
= 0;  //终点等高值置 0

    algorithm.mouse_rush_dir = DirAxis2Dir(algorithm.maze_end_axis, algorithm.maze_start_axis);
//以起点、终点的关系，确定冲刺阶段的朝向
    algorithm.DFS_SearchPathsSum = 1;  //记录算法策略关键节点的个数置 1
    algorithm.DFS_SearchPaths[algorithm.DFS_SearchPathsSum] = algorithm.maze_end_axis;
//记录第一个关键点为结束点
    while(algorithm.DFS_SearchPathsSum > 0)
  //如果关键点个数为 0 则退出，所有关键点都遍历完成后再退出。深度优先算法采用栈存储结构，
遵循先进后出原则；广度优先算法采用队列存储结构，遵循先进先出原则。这是深度优先算法与广
度优先算法的区别
```

```
        {
            RecursiveContour(algorithm.DFS_SearchPaths[algorithm.DFS_SearchPathsSum]);   //设置关键点周
        围点的等高值，从关键点序列的最后一个开始，遵从先进后出原则。深度优先算法采用栈存储结构，
        遵循先进后出原则；广度优先算法采用队列存储结构，遵循先进先出原则。这是深度优先算法与广
        度优先算法的区别
        }
    }
}
```

7）调用构建等高图函数，输出等高图。首先更新机器鼠的坐标和朝向，控制机器鼠掉头，将机器鼠的状态切换到冲刺状态，打印输出已赋等高值后的等高图。调用 BuildContourMap( ) 函数，打印输出计算冲刺路径后的等高图。

8）机器鼠冲刺。获取机器鼠的当前位置，遍历当前位置的四个方向坐标，判断每个方向是否有墙，如果该方向没有墙，则计算下一坐标点获取下一坐标点的等高值，并寻找周围坐标点中等高值最小的方向，将等高值最小的坐标点作为机器鼠前进的下一坐标点。

9）依次计算下一坐标点，获取机器鼠的冲刺路径。当机器鼠并未到达终点时，不断地调用 MouseRush( ) 函数计算下一坐标点，不断地将下一坐标点写入数据，并将冲刺路径点的 X、Y、运动指令存入到共享内存中，添加冲刺路径点。

代码参考本章第 10.2 小节的内容。

5. 实现效果

仿真环境下，基于深度优先搜索算法检测到的示例 8 × 8 迷宫墙体信息，通过深度优先搜索（DFS）算法构建等高图，打印输出等高图如图 10-15 所示。依据等高值递减原则，规划出最短路径，如图 10-16 所示。

```
[0 7]13 [1 7]12 [2 7]11 [3 7]10 [4 7]9  [5 7]8  [6 7]6  [7 7]0
[0 6]16 [1 6]15 [2 6]13 [3 6]15 [4 6]64 [5 6]5  [6 6]4  [7 6]2
[0 5]18 [1 5]17 [2 5]64 [3 5]17 [4 5]9  [5 5]7  [6 5]8  [7 5]3
[0 4]19 [1 4]18 [2 4]18 [3 4]16 [4 4]10 [5 4]8  [6 4]6  [7 4]4
[0 3]20 [1 3]19 [2 3]17 [3 3]15 [4 3]64 [5 3]8  [6 3]7  [7 3]5
[0 2]21 [1 2]21 [2 2]19 [3 2]13 [4 2]12 [5 2]10 [6 2]11 [7 2]6
[0 1]25 [1 1]23 [2 1]64 [3 1]64 [4 1]14 [5 1]64 [6 1]9  [7 1]7
[0 0]27 [1 0]17 [2 0]16 [3 0]15 [4 0]14 [5 0]13 [6 0]11 [7 0]8
```

a)

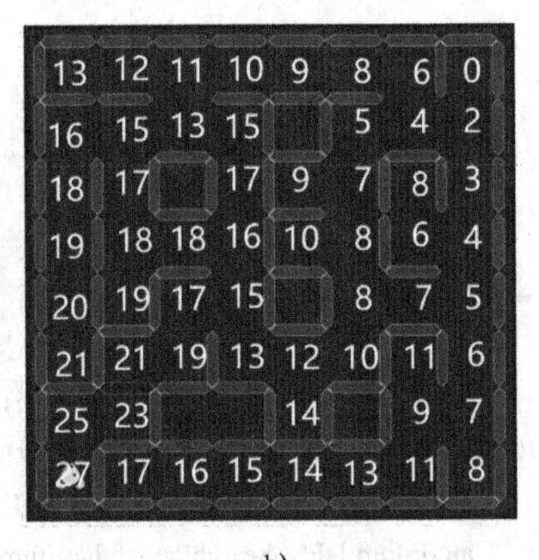

b)

图 10-15　打印输出等高图

图 10-17a 是机器鼠使用 DFS 算法进行完全搜索，搜完全图后制作的等高图的等高值分布，其中终点等高值赋值为 0，转弯坐标点等高值+2。图 10-17b 中的蓝色带箭头虚线是根据存储的墙体信息规划出的最短路径。

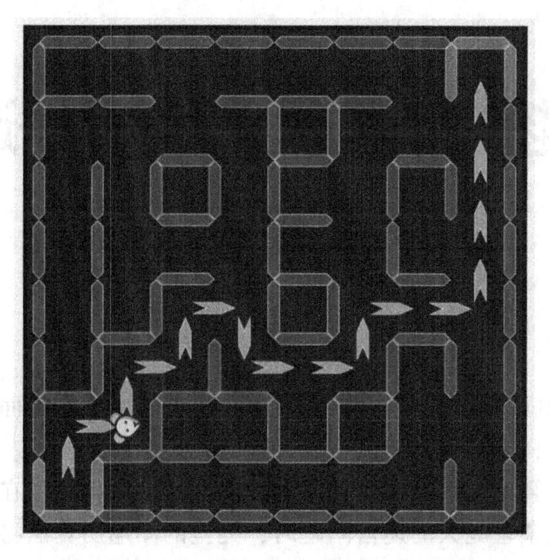

图 10-16　采用 DFS 算法规划出最短路径（冲刺中）

a)

	0	1	2	3	4	5	6	7
7	26	28	5	4	3	2	1	0
6	24	22	7	7	6	4	6	2
5	21	20	18	12	11	10	8	3
4	23	17	16	15	14	12	6	4
3	24	26	27			25	8	5
2	30	28	28	27	26	24	9	6
1	32	17	19	20	21	22	10	7
0	33	15	14	13	12	11	10	8

b)

	0	1	2	3	4	5	6	7
7	26	28	5	4	3	2	1	0
6	24	22	7	7	6	4	6	2
5	21	20	18	12	11	10	8	3
4	23	17	16	15	14	12	6	4
3	24	26	27			25	8	5
2	30	28	28	27	26	24	9	6
1	32	17	19	20	21	22	10	7
0	33	15	14	13	12	11	10	8

图 10-17 彩图

图 10-17　等高图制作与路径规划结果

第 11 章
群体智能抉择最优路径——遗传算法

回顾前面几章的内容，本书已经完整讲述了传统方法中机器鼠面对未知迷宫，从环境建模到搜索补全迷宫信息，再到基于迷宫信息进行路径规划的全过程。对于尺寸较小、结构较简单的迷宫问题，即计算量较小的迷宫问题，使用前述方法就可以在适当的时间消耗中找到最优路径。但在面对复杂且庞大的迷宫问题时，完全的图遍历算法将会耗费大量的时间和空间成本，那么如何在复杂且庞大的迷宫问题中快速地找到最优路径呢？

随机搜索算法是一种“在庞大解空间中搜索最优解”的新思路。什么是随机搜索算法？在迷宫问题的解空间中，将机器鼠在迷宫中任意的移动路线都视为一个解，从解空间中随机取出几个解，根据一定的标准对这些解进行评价：将“用较少步数就到达终点或是停止时最靠近终点”视为表现较优的解；而将“未到达终点或是绕路”视为表现较差的解；将表现较优的解作为启发信息，继续依照标准不断选出较优解，如此反复操作若干次后，保留下来的就是最优的解。

随机搜索算法权衡了时间、空间消耗与随机性，不一定能找到全局最优解甚至不一定能找到正确解。正如迷路的人在森林中随机地找路，他确实有概率较快就走出森林，但也有可能体力耗尽都走不出森林。那么如何提高成功找到最优解的概率呢？一些学者从自然界的生物群体如鸟群、蚁群等中获得了灵感，找到了一些较为可靠的筛选准则和启发方法，从而提出了遗传算法（Genetic Algorithm，GA）、蚁群算法（Ant Colony Optimization，ACO）、粒子群算法（Particle Swarm Optimization，PSO）、人工鱼群算法（Artificial Fish Swarms Algorithm，AFSA）等这些经典的源于生物种群中涌现出来的智能算法，又被称为群体智能算法。

接下来将对路径规划类问题进行拓展，利用随机算法面向拥有庞大解空间的迷宫，本章将介绍遗传算法用于迷宫问题求解最优路径。

11.1 遗传算法基本原理

遗传算法的思想源于“自然选择”和“优胜劣汰”的进化规律，它是由美国密歇根大学的霍兰德教授在 1975 年提出的，是一种基于达尔文生物进化理论和孟德尔遗传理论的随机搜索算法。它通过计算方法模拟生物的遗传进化过程，主要包括三个核心过程，见表 11-1。

在计算机语言中，是如何描述“基因”“个体”“种群”这些名词的呢？

表 11-1　遗传算法遗传进化三大过程

进化过程	生物学解释	计算机解释
选择	物竞天择，适者生存。种群中环境适应度高的个体得以生存，适应度低的个体容易死亡	计算种群中每个个体的**适应度**，根据适应度大小决定该个体是否被遗传到下一代的种群中。该个体遗传到下一代的概率与其适应度成正比
交配	两个个体交配时，两个匹配的染色体可能进行基因交换	设置一个**交叉概率**，从种群中随机选出两个个体，这两个个体按照交叉概率进行基因交换，基因交换的位置是随机选取的
变异	种群中任意个体的任意基因片段都可能发生基因变异	设置一个**变异概率**，从种群中随机选出一个个体，该个体按照变异概率进行基因变异，变异的基因位置是随机的

1. 基因

在标准遗传算法中，**等位基因**由**二值符号集 {0,1}** 表示，见表 11-2。在生物学中“Aa”和“aA”可能表现为相同的性状，但在计算机中可以将“10”和“01”用来表示不同的结果。

表 11-2　标准遗传算法中的基因表示

一对等位基因	二值符号表示
AA	00
Aa/aA	01
	10
aa	11

对于复杂的问题，可以用 3 位、4 位甚至更多位二值符号来表示一对等位基因。即如果用 n 位二值符号来表示一对等位基因，则可以有 2^n 种性状被表示，这与“自然界中大多数性状是由多对等位基因决定”的实际情况也是相吻合的。

2. 个体

个体是由基因构成的。在标准的遗传算法中，个体一般用固定长度的二进制符号串进行表示，即根据实际情况设置一个固定的基因长度，假设固定长度为 6，则一个个体的基因序列可能为：01 10 11 01 10 00 或 01 01 01 11 10 00 ……

在理论上，应当有 $4^6=4096$ 种不同的排列方式。当固定长度增加 1 变为 7 时，所有排列可能的总数就迅速扩增为 $4^7=16384$ 种，而在这些排列组合中只有一种或几种基因序列是最适应自然环境的，即为最优解。基因长度越长，基因库就越庞大，计算量则会呈指数增长。

3. 适应度

自然界中“物竞天择，适者生存”，计算机中通过给定一个适应度算子，来计算每个个体是否适应“自然”。

根据实际问题，适应度 S 的表达式不同。例如在路径规划问题中，可能以路径长度的倒数作为 S，路径越短，S 越大，即适应度越高；或者，相同步数下移动的距离越远，认定其适应度更高。

确定了适应度表达式后还需要估计其取值范围，并制定合适的**淘汰阈值**，即适应度低于阈值的个体将被自然淘汰。

4. 种群

生物学将种群定义为在给定时间内占据一定空间的同一物种的所有个体。所以在计算机中，**具有固定数量和固定长度的二进制符号串组成了种群**。

在自然界中，一个种群不会一开始就包括全部性状，**初代种群**往往只有固定数量，且只具备部分性状，**每代种群**中的个体通过**选择**、**交配**、**变异**三大过程削减适应度低的个体或产生新性状的个体。种群迭代过程如图 11-1 所示，其中，**根据杂交概率决定是否发生杂交，根据变异概率决定是否发生变异**。

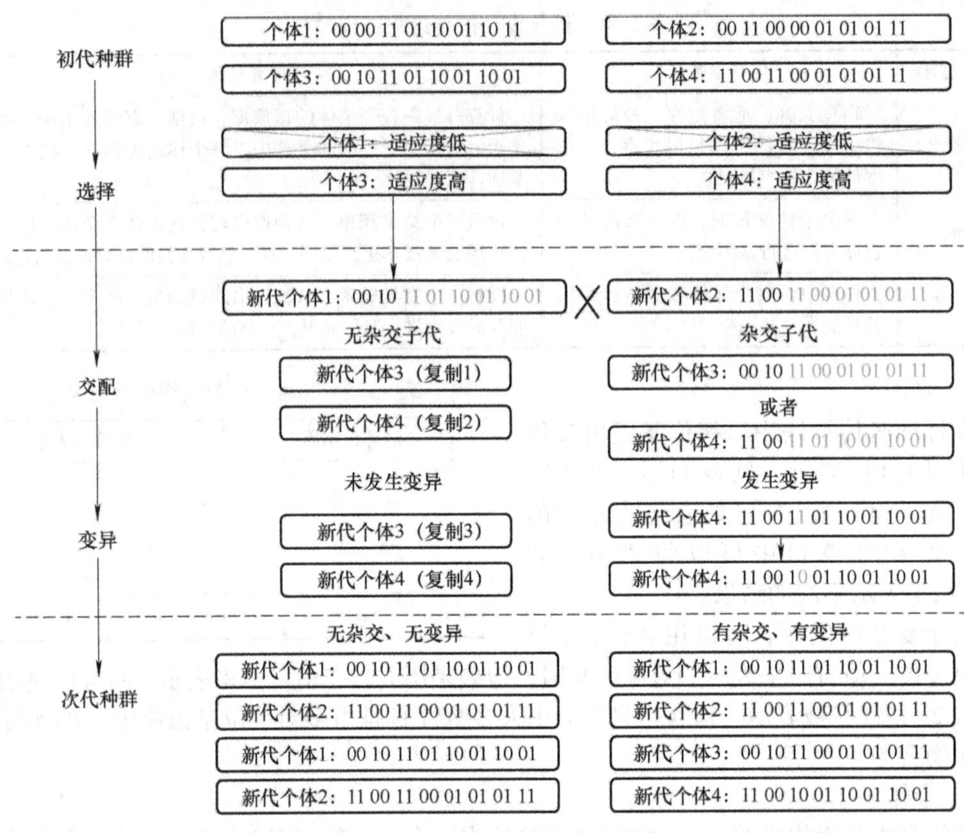

图 11-1　遗传算法种群迭代过程

5. 重复迭代

每次迭代通过选择、交配、变异得到**新种群的个体数目始终与初代个体数目相同**。遗传算法包含五个“随机”规则：

1）初代种群包含的个体是随机的。

2）进行交配的个体是随机的。

3）交配时若发生基因交叉，交叉的基因片段是随机的。

4）发生变异的个体是随机的。

5）发生变异的基因片段是随机的。

选择和**交叉**体现了遗传算法的搜索能力，**变异**使得遗传算法有机会搜索到问题的所有结果。在实际应用时，会给遗传算法设定一个**最大迭代次数**，让该种群迭代有限次数，观察其结果是否会收敛于某个解。即若干代后，种群中的全部个体或大部分个体的基因序列是否都相同，若相同，则该基因序列就是本问题的最优解；否则，需要反复调节各项参数收敛到最终结果。遗传算法的程序框图如图 11-2 所示。

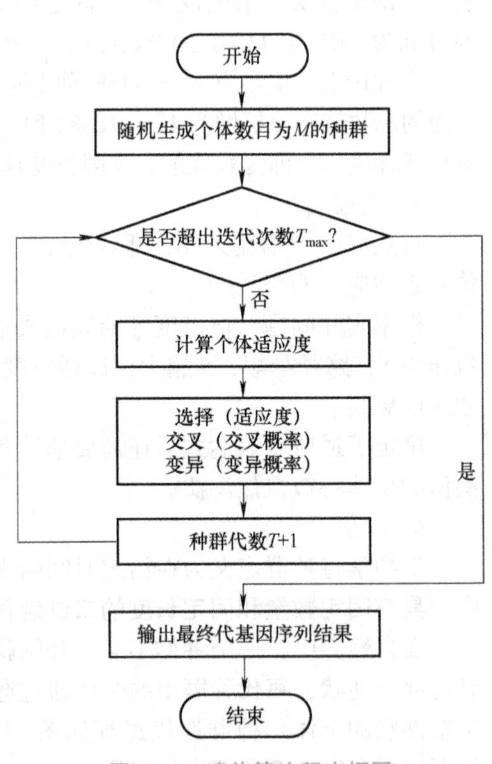

图 11-2　遗传算法程序框图

遗传算法通常需要调节以下参数：

1）基因序列长度 L；

2）种群数目 M：**每代种群的数目都为 M**，一般设为基因序列长度的两倍。

3）杂交概率 P_c：根据经验，使用二进制编码的基因序列杂交率为 0.7。

4）变异概率 P_m：根据经验，一般设为 0.001。

5）最大迭代次数：根据经验，一般设为 20 次。

目前并没有如何调节这些参数的有效规则，只能凭借调试人员的实践经验，根据具体的应用情景和实际效果进行调整。

11.2　遗传算法抉择迷宫最优路径

11.2.1　迷宫问题中的基因与个体

在迷宫问题中，遗传算法的等位基因是由一系列的坐标点构成的，即若干个坐标点（X,Y）组成一组基因。从起点到终点的方向就是基因生成的递进方向。在生成初代基因的过程中，需要先指定生成基因的个数，确定基因的长度。

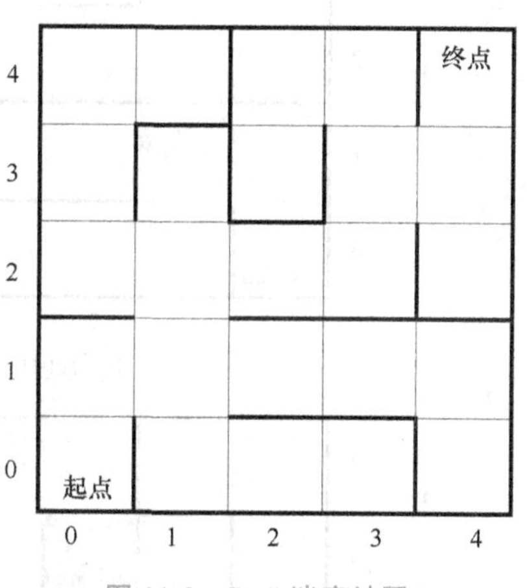

图 11-3　5×5 迷宫地图

为方便计算，假设一个 5×5 的迷宫中，起点为（0,0），终点为（4,4），初代基因的个数和基因长度根据实际情况设定，如图 11-3 所示。根据本迷宫实际环境，可以设置生成 4 个初代基因（个数可自主设定），每个基因的长度为地图长（或宽）-1，或终点坐标与起点坐标的差值（X 轴方向就是 X 坐标的差值，Y 轴方向就是 Y 坐标的差值），5 × 5 迷宫中基因长度为 4。

在迷宫问题中，生成初代基因的规则是：计算起点坐标和终点坐标 X 轴坐标差的绝对值和 Y 轴坐标差的绝对值，进行比较，取较大的方向作为基因的递进方向。结合图 11-3 给出的迷宫地图，从起点位置，机器鼠的朝向只能向上（沿 Y 轴），即可假设此时基因的递进方向是沿着 Y 轴方向递进，Y 方向的坐标递增，而 X 方向的坐标通过随机数生成（0~4），构成关键点。这里关键点指机器鼠一定会经过的点。基因长度为 Y 轴终点坐标与起点坐标的差值 4，则每 4 个关键点坐标构成一个个体基因。个体基因序列见表 11-3。

表 11-3　基因初始化

关　键　点	Y 轴坐标	X 轴坐标	说　　明
	0	0	起点坐标固定 不作为初代基因的关键点
1	1	0~4	Y 轴坐标递增 X 轴坐标为随机数
2	2	0~4	
3	3	0~4	
4	4	4	终点坐标不随机

基因长度为4，4 个关键点坐标构成一个个体基因，可理解为解迷宫的一个解（一条路径）。根据表 11-3，随机生成的一个基因序列为：[（1,1）,（2,2）,（4,3）,（4,4）]，若设定初代基因个数为4，则依据同样的规则，生成剩余 3 组基因。假设生成的 4 组个体基因序列为：

个体基因 1：[（1,1）,（2,2）,（4,3）,（4,4）]

个体基因 2：[（2,1）,（3,2）,（3,3）,（4,4）]

个体基因 3：[（3,1）,（1,2）,（2,3）,（4,4）]

个体基因 4：[（3,1）,（1,2）,（4,3）,（4,4）]

个体基因序列在迷宫中的表示如图 11-4 所示。

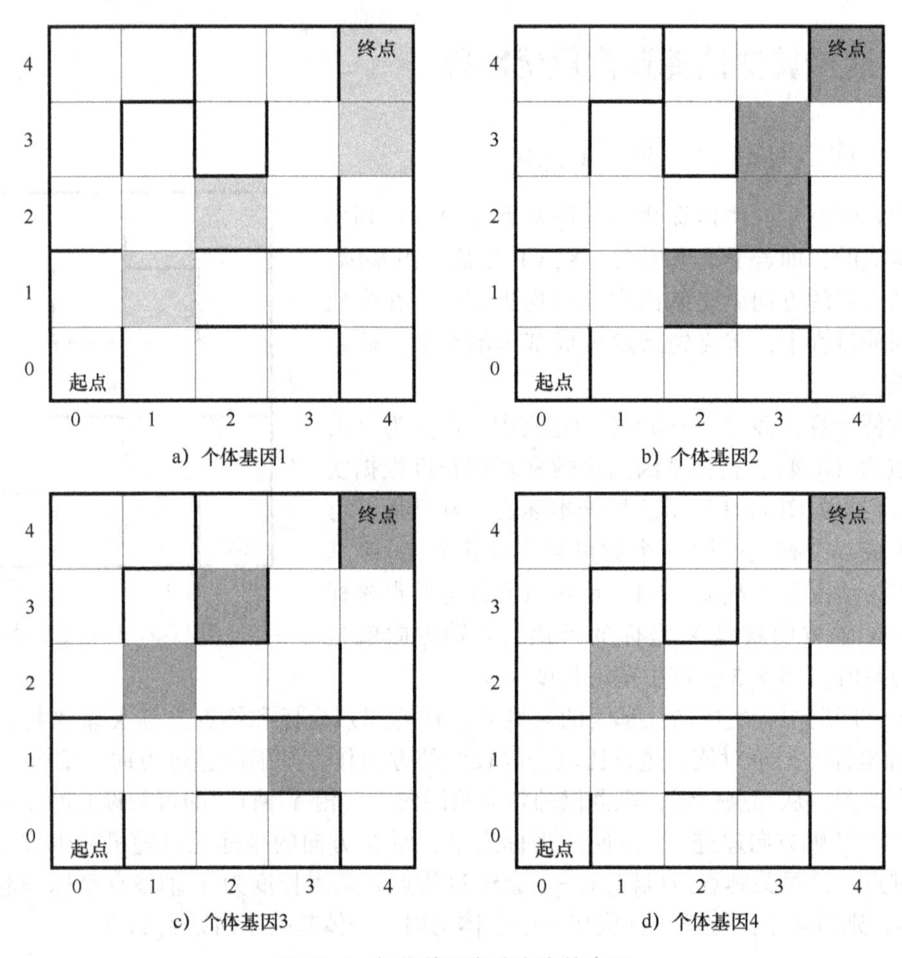

图 11-4　初代基因在迷宫中的表示

11.2.2　迷宫问题中的适应度

对于路径规划问题，通常将遗传适应度与路径长度相关联。在迷宫问题中，种群初始化时，生成的基因是由一系列的坐标点构成的，需要通过计算两坐标点之间的适应度，来判断基因的优劣。

在本迷宫问题中，两坐标之间的适应度是由等高值计算所得，具体做法是：先绘制两点之间的等高图，判断能否从开始点到达目标点，如果能够到达，则用目标点的等高值减去开始点的等高值，就是两坐标点的适应度；如果无法到达，则适应度会被赋一个最大值，表示无法到达。适应度的值越大，代表路径越长，该基因越可能被淘汰；反之，适应度的值越小，基因越不易被淘汰。

以个体基因 1、2 为例，计算个体基因 1、2 的适应度，判断两个基因的优劣。

个体基因 1：[(1,1),(2,2),(4,3),(4,4)]；

个体基因 2：[(2,1),(3,2),(3,3),(4,4)]。

以个体基因 1 为例计算适应度：先计算起点坐标（0,0）到坐标点（1,1）的等高值之差为 2；坐标点（1,1）到（2,2）的等高值差为 2，坐标点（2,2）到坐标点（4,3）的等高值差为 3，坐标点（4,3）到坐标点（4,4）的等高值差为 1。两两坐标点之间的适应度计算出来后，将个体基因序列中所有关键点的适应度相加就是该个体的适应度。

个体基因 1 的适应度 = 2 + 2 + 3 + 1 = 8。

根据此方法，计算个体基因 2 的适应度 = 3 + 4 + 1 + 2 = 10。

由图 11-5 可知，个体基因 2 的适应度较大，代表路径更长，因此该个体基因在后续的迭代过程中有极大的可能会被优化掉，应选择更优的路径。

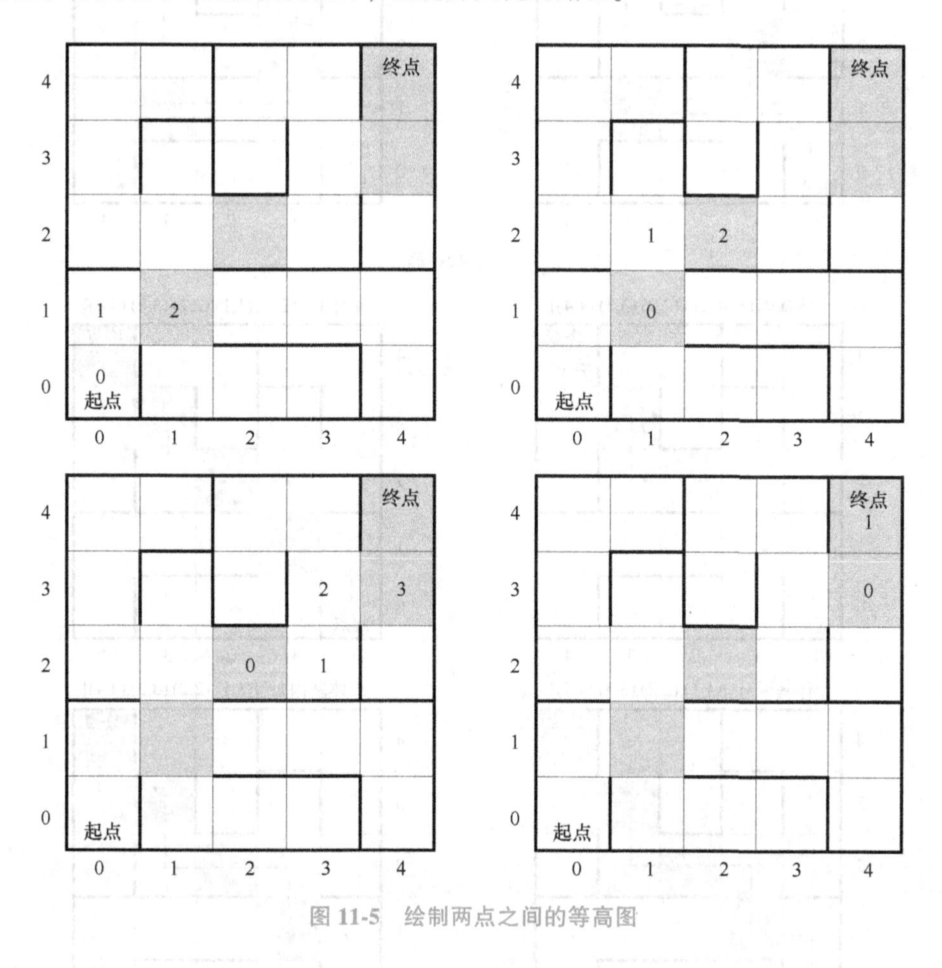

图 11-5　绘制两点之间的等高图

11.2.3　迷宫问题中的迭代过程

将遗传算法种群迭代的过程“翻译”为迷宫问题的表述形式，则初代种群与次代种群中各个解所表示的路线如图 11-6 所示。

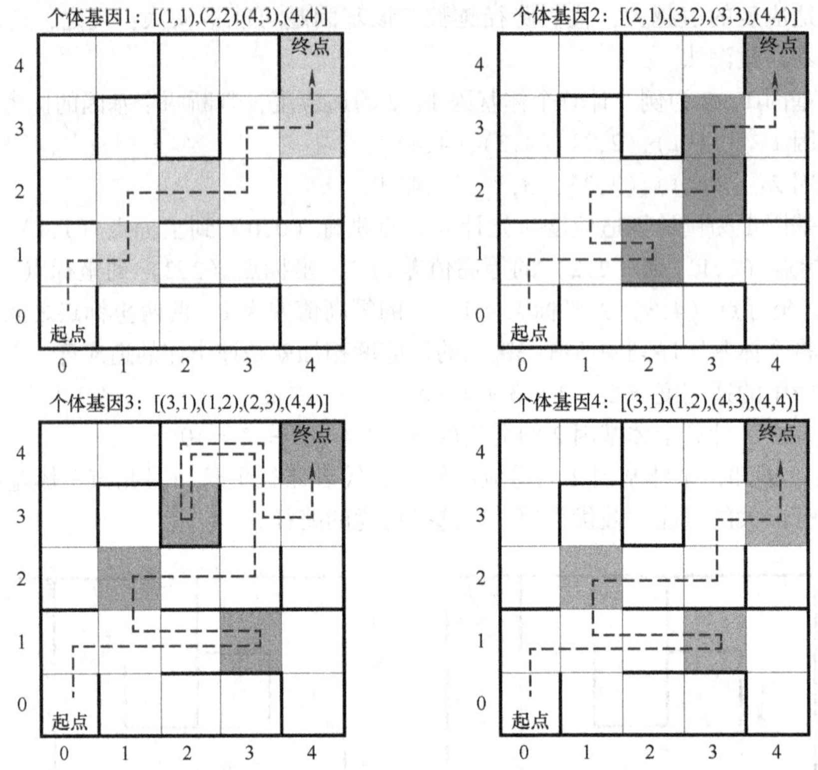

个体基因1：[(1,1),(2,2),(4,3),(4,4)]

个体基因2：[(2,1),(3,2),(3,3),(4,4)]

个体基因3：[(3,1),(1,2),(2,3),(4,4)]

个体基因4：[(3,1),(1,2),(4,3),(4,4)]

a）初代种群

个体基因1：[(1,1),(2,2),(3,3),(4,4)]

个体基因2：[(1,1),(2,2),(3,3),(4,4)]

个体基因3：[(1,1),(2,2),(3,3),(4,4)]

个体基因4：[(1,1),(2,2),(3,3),(4,4)]

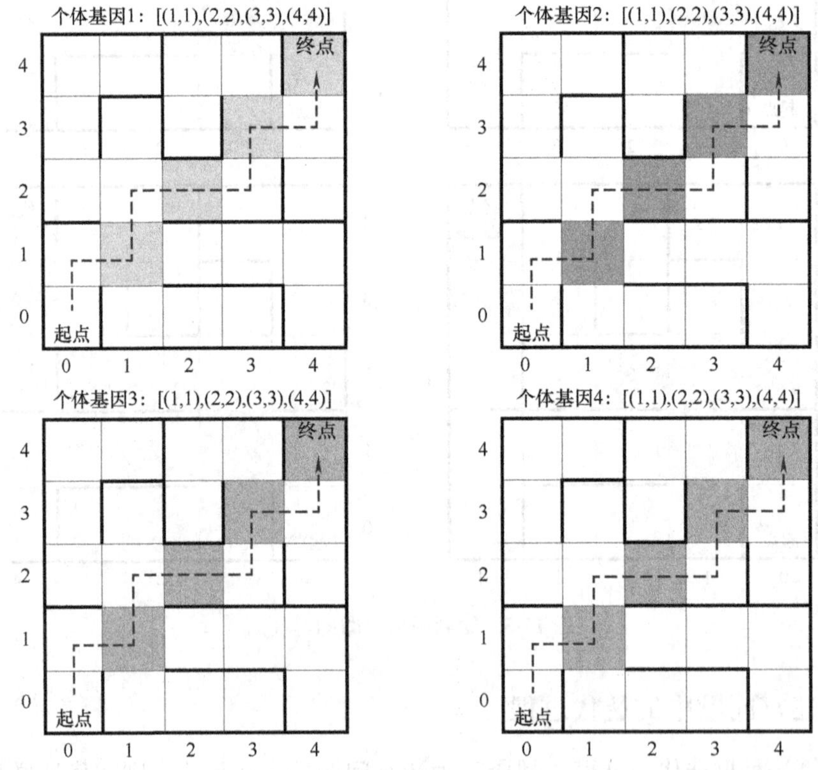

b）次代种群

图 11-6　迷宫解法迭代过程

迷宫问题迭代过程如下：

淘汰：对基因的适应度进行排序，若设置 50% 的淘汰率，可将适应度较大的一半基因淘汰。

杂交：随机选择两组基因，作为父代基因和母代基因，生成一个随机数并和杂交概率做比较。如果随机数大于杂交概率，则不发生杂交，直接复制父代基因和母代基因，产生新的子代基因；如果随机数小于杂交概率，则发生杂交，将父代基因的前半部分和母代基因的后半部分组合成为一个新的子代基因，将父代基因的后半部分和母代基因的前半部分组合成为一个新的子代基因，杂交结果如图 11-7 所示。

变异：随机选择一组优质基因，生成一个随机数，如果随机数大于变异概率，则不发生变异，直接复制优质基因，产生一组新的子代基因；如果随机数小于变异概率，则对基因的随机关键点随机赋值，产生新的子代基因。

最后需要设置迭代停止条件。停止条件可以是设置一个固定值，作为最大迭代次数；或者当前最优结果经过若干代不再改变，即可提前结束迭代。

父代基因1：[(1,1),(2,2)|(4,3),(4,4)]
母代基因2：[(2,1),(3,2)|(3,3),(4,4)]

子代基因1：[(1,1),(2,2)|(3,3),(4,4)]
子代基因2：[(2,1),(3,2)|(4,3),(4,4)]

图 11-7　杂交方式

11.3　遗传算法实践

1. 实践目标

理解遗传算法的原理，将遗传算法应用到迷宫问题上，学习利用遗传算法指导机器鼠对迷宫进行搜索，最终找到起点到终点的最短路径。

具体要求是：基于 8 × 8 的迷宫地图，且基于深度优先搜索算法检测到的墙体信息，应用遗传算法进行路径规划，找到最短路径。

2. 知识要点

遗传算法的主要步骤如下：

1）设定个体基因长度、种群数量，进行种群初始化，生成初代种群。

2）确定适应度表达式，计算种群中每个个体的适应度，根据个体适应度淘汰部分表现较差的个体。

3）在剩余个体中选出父代基因进行交配产生次代个体，直到次代种群数量与初代种群相同。设定一定的杂交概率和变异概率，交配过程中可能发生基因杂交或基因变异。

4）设定迭代停止条件，不断重复 2）、3）步直至达到迭代停止条件。

遗传算法的随机性体现在以下几个方面：

1）初代种群中产生的基因个体是随机的。

2）生成次代种群时，选择的父代个体是随机的。

3）交配过程中，基因片段是否发生杂交和变异是随机的。

4）基因发生杂交和变异的位置是随机的。

传统遗传算法中有多处设定是随机的，但实际应用中可根据具体情况将部分随机过程简化为固定过程。

3. 程序框图

当机器鼠完成迷宫搜索后，存储器中已经保存了必要的迷宫墙体信息，程序进入路径规划阶段，使用遗传算法进行路径规划的相关程序封装在四个子函数中。路径规划的主体控制部分程序框图如图 11-8 所示，程序功能包括：通过遗传算法决策出最优路径，以及控制机器鼠按最优路径走向终点。

在迭代控制函数中，又对遗传算法的几个主要过程进行了函数封装：种群初始化函数、个体测试函数和种群迭代函数。

种群初始化即根据设置的种群大小和基因长度随机生成若干个基因个体，构成初始种群。

个体测试函数的程序框图如图 11-9 所示，其功能包括：模拟机器鼠按基因个体指令移动后的坐标，计算该基因个体的适应度，更新全局最优适应度和最优基因个体。

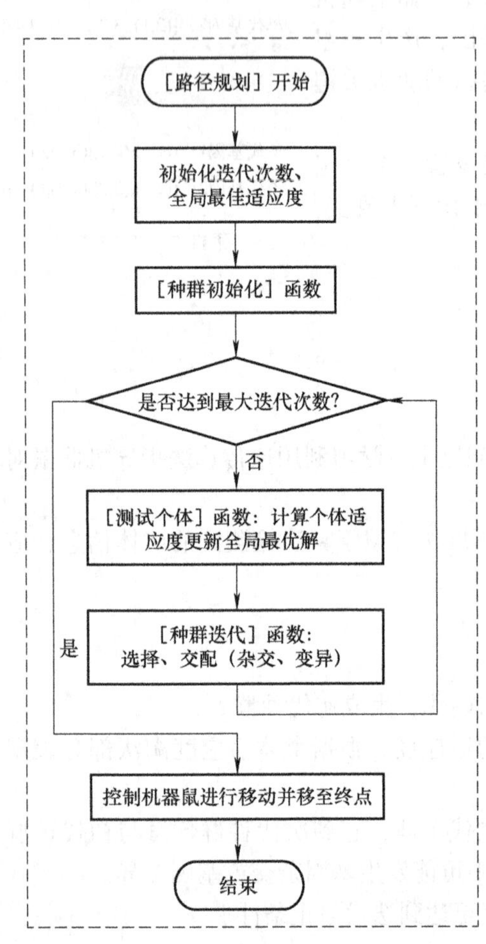

图 11-8 遗传算法迭代控制函数程序框图

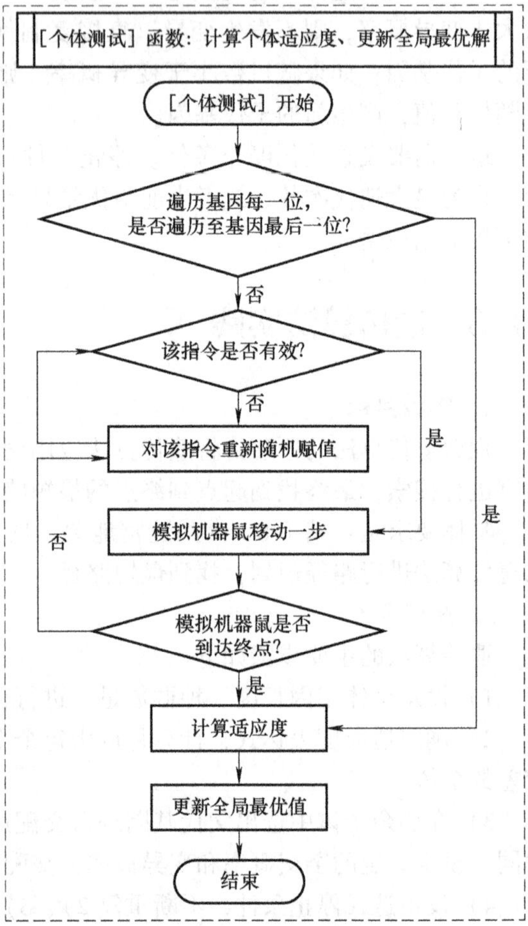

图 11-9 遗传算法个体测试函数程序框图

种群迭代函数的功能包括对当代种群进行半数淘汰，再通过交配（包含基因杂交、基因突变）过程产生次代个体补全种群，使得次代种群与当代种群数量完全一致，其程序框图如图 11-10 所示。

4. 代码解读

1）宏定义：通过宏定义的形式设置遗传算法中的种群大小（个体数量）GENES_AMOUNT、杂交概率 HYBRID_RATE、变异概率 VARIATION_RATE 和最大迭代次数 GENERATION_COUNT。本程序中将适应度设置为 50%，即通过每次种群迭代淘汰其中一半的个体来实现，在后续解读中会再详细说明。

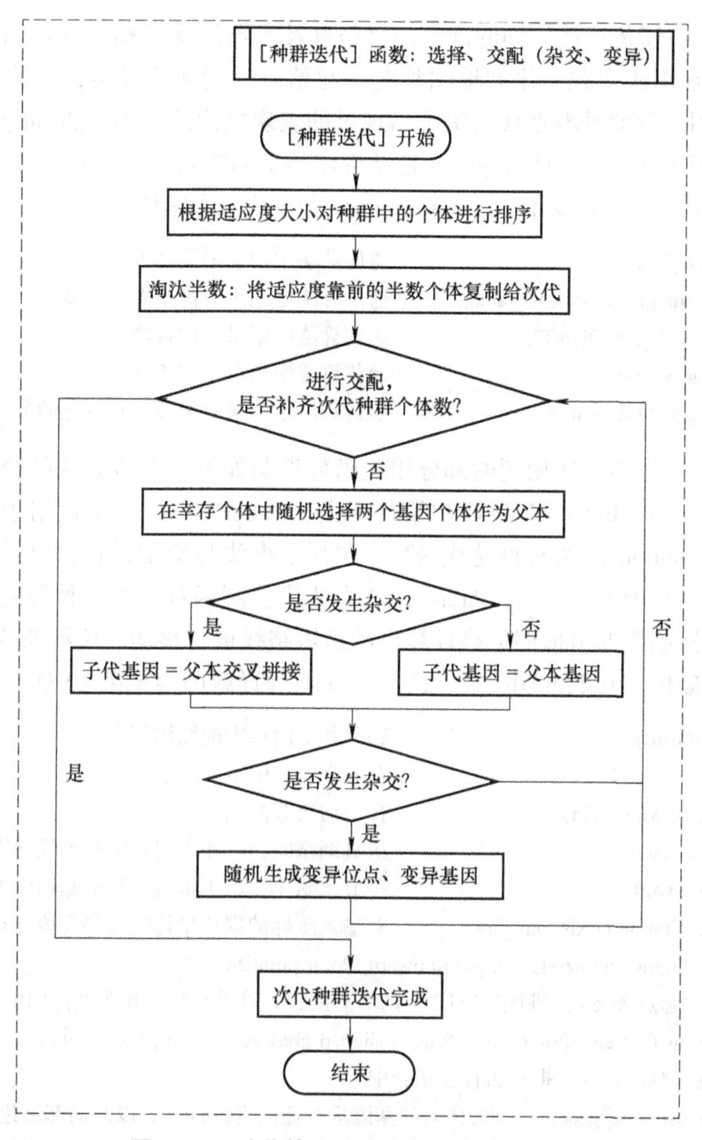

图 11-10　遗传算法种群迭代函数程序框图

```
#define GENES_AMOUNT           8   //种群数量
#define GENERATION_COUNT        16  //迭代次数
#define HYBRID_RATE          0.8   //杂交概率
#define VARIATION_RATE         0.8   //变异概率
```


2）结构体定义：定义基因（个体）类型的结构体 Gene，其中包含两个变量，一是用整数数组 gene 表示个体的基因序列，二是该基因序列对应的适应度 fitness_value。

```
typedef struct
{
  Point gene[32];                        //个体基因
  unsigned short int fitness_value;      //个体适应度
}Gene;                                   //定义基因类型
```

3）变量定义：遗传算法用到的部分迷宫信息及机器鼠状态相关变量同广度优先搜索算法和深度优先搜索算法实践，比如地图长宽、起始点、朝向等设定，另外定义五个全局变量，global_best 用于存储种群迭代历史中出现过的表现最优的个体，global_fitness_value 为该最优个体对应的历史最优适应度，genes 是结构体类型的集合，用于存放整个种群，geneSize 是用于记录个体基因长度的集合，geneDirection 是用于记录基因关键点变化方向的集合。

```
Point global_best[32];                          //遗传算法中记录最优基因
unsigned short int global_fitness_value;        //遗传算法中记录最优基因适应度
Gene genes[GENES_AMOUNT];                       //遗传算法中记录本代种群
unsigned char geneSize;                         //遗传算法中记录基因长度
unsigned char geneDirection;                    //遗传算法中记录基因关键点变化的方向
```

4）函数声明：遗传算法用到的部分相关函数声明如下，遗传算法的全过程被分解为四个函数（过程）：GenesInit ( ) 为种群初始化函数；GeneFitness ( ) 函数用于计算基因个体的适应度；GenesEvolution ( ) 为种群迭代函数，包括了淘汰与交配过程，以及交配过程中可能发生的基因杂交和基因变异；FindPathGA ( ) 为迭代控制函数，控制种群的初始化、迭代的开始与停止，并控制机器鼠依照最终计算出的最短路线进行移动。所涉及的机器鼠冲刺路径函数，指导机器鼠依次获取冲刺路径，向终点冲刺（详解内容见第 10 章）。

```
void GetSensor(void)                            //获取共享内存中的墙体信息
void SetMovement(void)                          //在共享内存中写入运动指令
void PrintfContourMap(void)                     //打印输出等高图
void PrintfGenes(void)                          //仿真调试时，打印本代种群和最优基因
void GenesInit (void)                           //种群初始化，产生指定个数的基因作为初代种群
void AdjoinKeyContour(Axis axis_ing)            //对输入坐标的周边坐标进行等高值计算
unsigned int AdjoinKeyFitness(Point pointFoward, Point pointBack)
  //根据输入的起点和终点，制作它们之间的等高图，计算等高值差作为两点间的适应度
unsigned char ListContains(Point*  resetList, unsigned char resetCount, Point gene)      //对指定偏移的
集合进行查询，判断输入数据是否存在集合中
Gene GeneFitness(Gene_gene)          //对传入的基因进行适应度的计算，以及局部优化基因
void GenesEvolution(void)            //种群进化，根据淘汰、杂交、变异策略，对本代种群进行进化，生
成次代种群
void FindPathGA(void)                //根据遗传算法策略发现最优路径
void MouseRush(void)                 //机器鼠冲刺一次
void MouseRushPaths(void)            //依次获取冲刺路径
void MouseSearch(void)               //控制搜索算法模块的状态切换
void main(int argc, char * argv[])   //在仿真环境下使用，程序运行入口，初始化共享内存，调用算法
函数
```

5）在仿真环境下，调试代码，打印输出本代种群和最优基因。

```
/*************************************************************
*@Name: PrintfGenes
*@Input: 无
*@Output: 无
```

```
*@Function: 仿真调试时，打印本代种群和最优基因
***********************************************************************/
void PrintfGenes(void)
{
   unsigned char i,j;
   for (i=0;i<GENES_AMOUNT;i++)
   {
      printf("\nGene %d gene=",i);
      for (j=0;j<algorithm.geneSize;j++) printf(" %d %d",algorithm.genes[i].gene[j].axis_x,algorithm.genes
[i].gene[j].axis_y);
      printf("\nGene %d fitness_value= %d",i,algorithm.genes[i].fitness_value);
   }
   printf("\nglobal_best_gene=");
   for (j=0;j<algorithm.geneSize;j++) printf(" %d %d",algorithm.global_best[j].axis_x,algorithm.global_best
[j].axis_y);
   printf("\nglobal_fitness_value= %d\n",algorithm.global_fitness_value);
}
```

6）种群初始化，产生指定个数的基因作为初代种群：把起点和终点之间 X 坐标之差的绝对值和 Y 坐标之差的绝对值进行比较，取较大值的方向为基因的递进方向。生成 GENES_AMOUNT 个基因的初代种群。

当 algorithm. geneDirection＝0 时，表示沿着 X 轴方向进行初始化基因：如果起点位于终点的左侧，则朝着 X 轴正方向生成基因，每个基因由终点坐标 X 和起点坐标 X 的差值个关键点组成，沿 X 轴方向初始化基因，每个关键点的 X 坐标为递增关系，表示机器鼠将要经过每一个 X 刻度，每一个关键点的 Y 坐标为随机数，表示机器鼠在对应的 X 刻度上，随机一个 Y 刻度，组成一个关键点，由一系列关键点组成了一条基因，表示机器鼠沿着 X 轴正方向，需要经过每个 X 刻度上的一个关键点，到达终点，并设置基因的长度为终点坐标 X 和起点坐标 X 的差值；否则，如果起点位于终点的右侧，则朝着 X 轴负方向生成基因，每个基因由终点坐标 X 和起点坐标 X 的差值个关键点组成，每个关键点的 X 坐标为递减关系，表示机器鼠将要经过每一个 X 刻度，每一个关键点的 Y 坐标为随机数，表示机器鼠在对应的 X 刻度上，随机一个 Y 刻度，组成一个关键点，由一系列关键点组成了一条基因，表示机器鼠沿着 X 轴负方向，需要经过每个 X 刻度上的一个关键点，到达终点，并且设置基因长度为终点坐标 X 和起点坐标 X 的差值。

当 algorithm. geneDirection≠0 时，表示沿着 Y 轴方向进行初始化基因：如果起点位于终点的左侧，则朝着 Y 轴正方向生成基因，每个基因由终点坐标 Y 和起点坐标 Y 的差值个关键点组成，每个关键点的 Y 坐标为递增关系，表示机器鼠将要经过每一个 Y 刻度，每一个关键点的 X 坐标为随机数，表示机器鼠在对应的 Y 刻度上，随机一个 X 刻度，组成一个关键点，由一系列关键点组成了一条基因，表示机器鼠沿着 Y 轴正方向，需要经过每个 Y 刻度上的一个关键点，到达终点，并且设置基因长度为终点坐标 Y 和起点坐标 Y 的差值。否则，如果起点位于终点的右侧，则朝着 Y 轴负方向生成基因，每个基因由终点坐标 Y 和起点坐标 Y 的差值个关键点组成，每个关键点的 Y 坐标为递减关系，表示机器鼠将要经过每一个 Y 刻度，每一个关键点的 X 坐标为随机数，表示机器鼠在对应的 Y 刻度上，随机一个

X 刻度，组成一个关键点，一系列关键点组成了一条基因，表示机器鼠沿着 Y 轴负方向，需要经过每个 Y 刻度上的一个关键点，到达终点，并且设置基因长度为终点坐标 Y 和起点坐标 Y 的差值。

基因的最后一位是终点，不随机设置。基因的初始适应度均设置为最大值 65535。

```
/*****************************************************************
*@Name: GenesInit
*@Function: 种群初始化，产生指定个数的基因作为初代种群
*****************************************************************/
void GenesInit(void)
{
  unsigned char i,j;
  Pointpoint;
  time_t t;

  srand((unsigned) time(&t));
  algorithm.geneDirection = abs(algorithm.maze_start_axis.axis_x- algorithm.maze_end_axis.axis_x)
     >=abs(algorithm.maze_start_axis.axis_y- algorithm.maze_end_axis.axis_y) ? 0 : 1;
    //把起点和终点之间的 X 坐标之差的绝对值和 Y 坐标之差的绝对值进行比较，取较大一方的方
向为基因递进方向
  for (i=0;i<GENES_AMOUNT;i++)      //生成 GENES_AMOUNT 个基因的初代种群
  {
    if(algorithm.geneDirection == 0)      //此时沿着 X 轴方向进行初始化基因
    {
      if(algorithm.maze_start_axis.axis_x < algorithm.maze_end_axis.axis_x)
      //当起点位于终点的左侧时，朝着 X 轴正方向生成基因
      {
        for (j=0;j<algorithm.maze_end_axis.axis_x - algorithm.maze_start_axis.axis_x - 1;j++)
  //每个基因由终点坐标 X 和起点坐标 X 的差值个关键点组成
        {
          point.axis_x = algorithm.maze_start_axis.axis_x + 1 + j;
        //每个关键点的 X 坐标为递增关系，表示机器鼠将要经过每一个 X 刻度
          point.axis_y = rand()% algorithm.mazeSizeY;  //每一个关键点的 Y 坐标为随机数，表示机
器鼠在对应的 X 刻度上，随机一个 Y 刻度，组成一个关键点
          algorithm.genes[i].gene[j] = point;  //一系列关键点组成了一条基因，表示机器鼠沿着 X 轴
正方向，需要经过每个 X 刻度上的一个关键点，到达终点
        }
        algorithm.geneSize = algorithm.maze_end_axis.axis_x - algorithm.maze_start_axis.axis_x;
    //基因长度为终点坐标 X 和起点坐标 X 的差值
      }
      else          //当起点位于终点的右侧时，朝着 X 轴负方向生成基因
      {
        for (j=0;j<algorithm.maze_start_axis.axis_x - algorithm.maze_end_axis.axis_x - 1;j++)
```

```
  //每个基因由终点坐标X和起点坐标X的差值个关键点组成
          {
            point.axis_x = algorithm.maze_start_axis.axis_x - 1 - j;
      //每个关键点的X坐标为递减关系，表示机器鼠将要经过每一个X刻度
            point.axis_y = rand()% algorithm.mazeSizeY;           //每个关键点的Y坐标为随机数，
表示机器鼠在对应的X刻度上，随机一个Y刻度，组成一个关键点
            algorithm.genes[i].gene[j] = point;                  //一系列关键点组成了一条基因，
表示机器鼠沿着X轴负方向，需要经过每个X刻度上的一个关键点，到达终点
          }
          algorithm.geneSize = algorithm.maze_start_axis.axis_x - algorithm.maze_end_axis.axis_x;
  //基因长度为终点坐标X和起点坐标X的差值
      }
    }
    else              //此时沿着Y轴方向进行初始化基因
    {
      if(algorithm.maze_start_axis.axis_y < algorithm.maze_end_axis.axis_y)
      //当起点位于终点的左侧时，朝着Y轴正方向生成基因
      {
        for (j=0;j<algorithm.maze_end_axis.axis_y - algorithm.maze_start_axis.axis_y - 1;j++)
  //每个基因由终点坐标Y和起点坐标Y的差值个关键点组成
          {
            point.axis_y = algorithm.maze_start_axis.axis_y + 1 + j;
      //每个关键点的Y坐标为递增关系，表示机器鼠将要经过每一个Y刻度
            point.axis_x =rand()% algorithm.mazeSizeX;
 //每个关键点的X坐标为随机数，表示机器鼠在对应的Y刻度上，随机一个X刻度，组成一个关
键点
            algorithm.genes[i].gene[j] = point;  //一系列关键点组成了一条基因，表示机器鼠沿着Y轴
正方向，需要经过每个Y刻度上的一个关键点，到达终点
          }
          algorithm.geneSize = algorithm.maze_end_axis.axis_y - algorithm.maze_start_axis.axis_y;
    //基因长度为终点坐标Y和起点坐标Y的差值
      }
      else             //当起点位于终点的右侧时，朝着Y轴负方向生成基因
      {
        for (j=0;j<algorithm.maze_start_axis.axis_y - algorithm.maze_end_axis.axis_y - 1;j++)
    //每个基因由终点坐标Y和起点坐标Y的差值个关键点组成
          {
            point.axis_y = algorithm.maze_start_axis.axis_y - 1 - j;
      //每个关键点的Y坐标为递减关系，表示机器鼠将要经过每一个Y刻度
            point.axis_x =rand()% algorithm.mazeSizeX;
 //每个关键点的X坐标为随机数，表示机器鼠在对应的Y刻度上，随机一个X刻度，组成一个关
键点
```

```
            algorithm.genes[i].gene[j] = point;      //一系列关键点组成了一条基因，表示机器鼠沿 Y 轴
负方向，需经过每个 Y 刻度上的一个关键点，到达终点
          }
          algorithm.geneSize = algorithm.maze_start_axis.axis_y - algorithm.maze_end_axis.axis_y;
  //基因长度为终点坐标 Y 和起点坐标 Y 的差值
        }
      }

      point.axis_x = algorithm.maze_end_axis.axis_x;
      point.axis_y = algorithm.maze_end_axis.axis_y;
      algorithm.genes[i].gene[algorithm.geneSize - 1] = point;      //最后一个基因为终点，不随机生成
      algorithm.genes[i].fitness_value = 65535;      //基因的初始适应度为 unsigned short int 的最大
值 65535
    }
    algorithm.global_fitness_value = 65535;           //最优基因的初始适应度为 unsigned short int 的最
大值 65535
}
```

7）获取当前坐标点的墙体信息，设置该点为已搜索状态，对四个方向的坐标点进行遍历，判断该方向是否有墙体，如果没墙，根据当前朝向获取下一坐标点，设置当前坐标等高值+1，如果坐标未被搜索过，且下一坐标等高值大于当前坐标等高值+1，给下一坐标重新赋值等高值，并记录关键坐标点标记为已搜索状态。

```
/*************************************************************
*@Name: AdjoinKeyContour
*@Input: axis_ing: 输入的坐标点
*@Output: 无
*@Function: 对输入坐标的周边坐标进行等高值计算
*************************************************************/
void AdjoinKeyContour(Axis axis_ing)
{
    Axis _axis;
    _axis.axis_x = axis_ing.axis_x;
    _axis.axis_y = axis_ing.axis_y;
    unsigned char _dir;
    Maze _maze = algorithm.maze_info[_axis.axis_x][_axis.axis_y];
    Axisn ext_axis;
    Axisn ext_axisRush;
    unsigned short int contour_value = _maze.contour_value + 1;

    _maze =algorithm.maze_info[_axis.axis_x][_axis.axis_y];  //获取当前点的墙体信息
    algorithm.maze_info[_axis.axis_x][_axis.axis_y].node_type = 1;  //设置该点为搜索过状态

    for (_dir=0;_dir<4;_dir++)      //对该点的四个方向进行遍历
```

```
{
  if (! (_maze.wall_info&(1<<_dir)))    //如果该方向没有墙
  {
    next_axis = MoveOneStep(_axis,_dir);    //根据朝向获得下一个点坐标

    contour_value = _maze.contour_value + 1;  //等高值+1
    if(algorithm.maze_info[next_axis.axis_x][next_axis.axis_y].node_type == 0)      //如果坐标点未被
搜索过
    {
        if (algorithm.maze_info[next_axis.axis_x][next_axis.axis_y].contour_value > contour_value)
  //如果下一节点等高值大于当前坐标等高值+1
        {
          algorithm.maze_info[next_axis.axis_x][next_axis.axis_y].contour_value = contour_value;
  //赋值等高值

          next_axisRush.axis_x = next_axis.axis_x;
          next_axisRush.axis_y = next_axis.axis_y;
          next_axisRush.axis_toward = _dir;
          algorithm.DFS_SearchPaths[algorithm.DFS_SearchPathsSum] = next_axisRush;  //记录关键坐
标点
          algorithm.DFS_SearchPathsSum++;
        }
    }
  }
 }
}
```

8）根据起点和终点的坐标去制作等高图，计算等高值差作为两个坐标点间的适应度。重置地图和等高图，设置终点坐标的等高值为 0，从终点至起点确定冲刺朝向，记录关键点的坐标，根据 BFS 算法的先进先出原则，设置关键点周围坐标的等高值。最后将起点和终点等高值差值作为两点间的适应度。

```
/* * * * * * * * * * * * * * * * * * * * * * * * * * * * * * * * * * * * * * * * * * * * * * * *
*@Name: AdjoinKeyFitness
*@Input: pointFoward: 起点，pointBack: 终点
*@Output: unsignedint: 两点间的适应度
*@Function: 根据输入的起点和终点，制作它们之间的等高图，计算等高值差作为两点间的适应度
* * * * * * * * * * * * * * * * * * * * * * * * * * * * * * * * * * * * * * * * * * * * * * * */
unsigned int AdjoinKeyFitness(Point pointFoward, Point pointBack)
{
  unsigned char _x,_y;
  Axis startAxis;
  Axis endAxis;
  startAxis.axis_x = pointFoward.axis_x;
```

```
startAxis.axis_y = pointFoward.axis_y;
endAxis.axis_x = pointBack.axis_x;
endAxis.axis_y = pointBack.axis_y;

for (_x=0;_x<algorithm.mazeSizeX;_x++)
{
  for (_y=0;_y<algorithm.mazeSizeY;_y++)
  {
    algorithm.maze_info[_x][_y].contour_value = 65535;  //重置等高值为 unsigned short int 的最大
值 65535
    algorithm.maze_info[_x][_y].node_type=0;    //重置坐标点为未搜索状态
  }
}

algorithm.maze_info[endAxis.axis_x][endAxis.axis_y].contour_value = 0;    //终点等高值置 0

algorithm.mouse_rush_dir = DirAxis2Dir(endAxis, startAxis);    //以起点、终点的关系，确定冲刺阶
段的朝向
algorithm.DFS_SearchPathsSum = 0;  //记录算法策略关键节点的个数置 0
algorithm.DFS_SearchPaths[algorithm.DFS_SearchPathsSum] = endAxis;  //记录第一个关键点为终点
algorithm.DFS_SearchPathsSum++;

while(algorithm.maze_info[startAxis.axis_x][startAxis.axis_y].node_type == 0 && algorithm.DFS_Search-
PathsSum > 0)
{          //如果起点被搜索过，则退出。深度优先搜索算法采用栈存储结构，遵循先进后出原
则；广度优先搜索算法采用队列存储结构，遵循先进先出原则。这也是广度优先算法与深度优先算
法的区别。
  AdjoinKeyContour(algorithm.DFS_SearchPaths[0]);
//设置关键点周围点的等高值，从记录的关键点最前侧开始，遵从先进先出原则。深度优先搜索算
法采用栈存储结构，遵循先进后出原则；广度优先搜索算法采用队列存储结构，遵循先进先出原则。
这也是广度优先算法与深度优先算法的区别。
  PointForward();    //对关键点进行前移
  algorithm.DFS_SearchPathsSum--;
  if(algorithm.DFS_SearchPathsSum > 0)
    algorithm.mouse_rush_dir  = algorithm.DFS_SearchPaths[0].axis_toward;  //更新冲刺阶段朝向
}
          //将起点和终点的等高值差值作为两点间的适应度
return algorithm.maze_info[startAxis.axis_x][startAxis.axis_y].contour_value - algorithm.maze_info[en-
dAxis.axis_x][endAxis.axis_y].contour_value;
}
```

9）对传入的基因进行适应度计算，以及局部优化基因。遍历基因内的关键点，计算两点之间的适应度。判断基因的关键点是沿着 X 轴方向还是沿着 Y 轴方向。当基因关键点沿着 X 轴方向时，判断适应度是否异常，如果异常则退出函数；如果适应度过大则进行局部

优化，加快获得最优解，由于不可重复产生不可用的关键点，产生一个随机关键点，X 刻度不变，Y 刻度随机产生。当基因关键点沿着 Y 轴方向时，累加各个关键点之间的适应度作为整个基因的适应度，用当前关键点作为下一关键点的起始点。判断该基因的适应度是否小于最优基因适应度，如果小于，则更新最优基因。

```
/*************************************************************
*@Name: GeneFitness
*@Input: _gene: 传入一个基因，基因包含指定长度的关键点集和适应度
*@Output: _gene: 将该基因的适应度进行计算，后返回该基因
*@Function: 对传入的基因进行适应度的计算，以及局部优化基因
*************************************************************/
Gene GeneFitness(Gene _gene)
{
  Point GA_try_axis;
  unsigned char j = 0;
  unsigned char i;
  unsigned short int phaseFitness = 0;
  GA_try_axis.axis_x = algorithm.maze_start_axis.axis_x;
  GA_try_axis.axis_y = algorithm.maze_start_axis.axis_y;
  _gene.fitness_value = 0;
  Point resetList[32];
  unsigned char resetCount = 0;
  time_t t;

  srand((unsigned) time(&t));
  while (j<algorithm.geneSize)   //遍历基因内的每个关键点
  {
    phaseFitness = AdjoinKeyFitness(GA_try_axis, _gene.gene[j]);   //计算两个关键点之间的适应度
    if(algorithm.geneDirection == 0)   //当基因中的关键点沿着 X 轴方向时
    {
      if(phaseFitness == 0)              //如果适应度异常,则退出函数
      {
        _gene.fitness_value = 65535;
        return _gene;
      }
      else if(phaseFitness == 65535 && j < algorithm.geneSize - 1)
    //如果关键点不为最后一个，且适应度过大，则进行基因局部调整，加快得到最优解
      {
        while(ListContains(resetList, resetCount, _gene.gene[j]) == 1)
    //当存储当前关键点的历史数据中包含当前关键点时，作用：不要重复产生不可用的关键点
        {
          _gene.gene[j].axis_y =rand()% algorithm.mazeSizeY;
    //产生一个随机关键点，X 刻度不变，Y 刻度随机产生
```

```
            }
            resetList[resetCount++] = _gene.gene[j];  //记录历史产生关键点
            if(resetCount == algorithm.mazeSizeY)    //若关键点个数达最大值
            {
                _gene.fitness_value = 65535;
                break;
            }
        }
        else
        {
            _gene.fitness_value += phaseFitness;  //累加各个关键点之间的适应度作为整个基因的适应度
            GA_try_axis = _gene.gene[j];    //用当前关键点作为下一关键点的起始点
            j++;
            resetCount = 0;
        }
    }
    else                    //当基因中的关键点沿着 Y 轴方向时
    {
        if(phaseFitness == 0)               //如果适应度异常，则退出函数
        {
            _gene.fitness_value = 65535;
            return _gene;
        }
        else if(phaseFitness == 65535 && j < algorithm.geneSize - 1)
    //如果关键点不为最后一个，且适应度过大，则进行基因局部调整，加快得到最优解
        {
            while(ListContains(resetList, resetCount, _gene.gene[j]) == 1)
  //当存储当前关键点的历史数据中包含当前关键点时，作用：不要重复产生不可用的关键点
            {
                _gene.gene[j].axis_x =rand()% algorithm.mazeSizeX;
   //产生一个随机关键点，Y 刻度不变，X 刻度随机产生
            }
            resetList[resetCount++] = _gene.gene[j];  //记录历史产生关键点
            if(resetCount == algorithm.mazeSizeX)      //若关键点个数达最大值
            {
                _gene.fitness_value = 65535;
                break;
            }
        }
        else
        {
            _gene.fitness_value += phaseFitness;      //累加各个关键点之间的适应度作为整个基因的适
应度
```

```
            GA_try_axis = _gene.gene[j];    //用当前关键点作为下一关键点的起始点
            j++;
            resetCount = 0;
        }
      }
    }
    if (_gene.fitness_value <= algorithm.global_fitness_value)  //如果该基因的适应度小于最优基因适应度
    {
      algorithm.global_fitness_value = _gene.fitness_value;     //更新当前基因为最优基因
      for (i=0;i<algorithm.geneSize;i++) algorithm.global_best[i] = _gene.gene[i];
    }
    return _gene;
}
```

10）种群进化，根据淘汰、杂交、变异策略，让种群进化，生成次代种群。将种群中的基因进行排序，直接将适应度较好的一半基因作为次代种群，通过种群中的优秀基因进行杂交，来将种群的数量回复到原来的种群数量。通过变异策略，对次代种群的随机基因的随机关键点进行随机赋值。最终将次代基因更新为本代基因。

```
/******************************************************************
*@Name: GenesEvolution
*@Function: 种群进化，根据淘汰、杂交、变异策略，对本代种群进行进化，生成次代种群
******************************************************************/
void GenesEvolution(void)
{
  Genenext_genes[GENES_AMOUNT];
  Gene _gene;
  Gene father_gene,mother_gene,child1_gene,child2_gene;
  unsigned char rand_father,rand_mother;
  unsigned char rand_child;
  unsigned char i,j;
  unsigned char hybrid_times;
  time_t t;

  srand((unsigned) time(&t));
  for (i=0;i<GENES_AMOUNT;i++)  //对本代种群依据适应度进行快速排序
  {
    for (j=0;j<GENES_AMOUNT;j++)
    {
      if (algorithm.genes[j].fitness_value>algorithm.genes[i].fitness_value)
      {
        _gene =algorithm.genes[j];
        algorithm.genes[j] = algorithm.genes[i];
        algorithm.genes[i] = _gene;
```

```
            }
        }
    }
    for (i=0;i<(GENES_AMOUNT/2);i++) next_genes[i] = algorithm.genes[i];
            //将本代种群适应度优的一半基因直接作为次代基因
    for (hybrid_times=0;hybrid_times<(GENES_AMOUNT/4);hybrid_times++)
            //进行种群数量 1/4 次的杂交，产生另外 1/2 的基因
    {
        rand_father = rand()% (GENES_AMOUNT/2); //随机选取一半种群中的一个基因作为父基因
        rand_mother = rand()% (GENES_AMOUNT/2); //随机选取一半种群中的一个基因作为母基因
        while (rand_father == rand_mother) rand_mother = rand()% (GENES_AMOUNT/2);
            //如果父母基因相同，则重新选取母基因
        father_gene = next_genes[rand_father];
        mother_gene = next_genes[rand_mother];
        if (((float)rand()/(float)RAND_MAX)<(float)HYBRID_RATE)          //RAND_MAX 为 rand()产生
随机数的最大值，产生一个 0~1 之间的随机数，如果小于杂交概率，则发生杂交
        {
            rand_child = rand()% (algorithm.geneSize);  //产生一个随机数，为基因发生杂交的位置
            for (j=0;j<rand_child;j++)
            {
                child1_gene.gene[j] = father_gene.gene[j];  //子 1 基因的前一半使用父基因杂交位置的前半段
                child2_gene.gene[j] = mother_gene.gene[j]; //子 2 基因的前一半使用母基因杂交位置的前半段
            }
            for (j=rand_child;j<algorithm.geneSize;j++)
            {
                child1_gene.gene[j] =mother_gene.gene[j];    //子 1 基因的后一半使用母基因杂交位置的后
半段
                child2_gene.gene[j] = father_gene.gene[j];      //子 2 基因的后一半使用父基因杂交位置的后
半段
            }
            #ifdef _SIMULATION //仿真宏定义_SIMULATION 定义时
                printf("Gene crossed: % d \n",rand_child);
            #else
            #endif
        }
        else                //如果不发生杂交，则父母基因直接复制给子 1、2 基因
        {
            child1_gene =father_gene;
            child2_gene =mother_gene;
            #ifdef _SIMULATION      //仿真宏定义_SIMULATION 定义时
                printf("No Gene crossed\n");
            #else
            #endif
        }
```

```
        next_genes[i++] = child1_gene;
        next_genes[i++] = child2_gene;
    }
    if (((float)rand()/(float)RAND_MAX)<(float)VARIATION_RATE)
            //产生一个 0~1 之间的随机数，如果小于变异概率，则发生变异
    {
        if(algorithm.geneDirection == 0)
        //当基因中的关键点沿着 X 轴方向时，对次代种群的随机基因的随机关键点进行随机赋值
            next_genes[rand()% (GENES_AMOUNT)].gene[rand()% (algorithm.geneSize- 1)].axis_y=rand()%
algorithm.mazeSizeY;
        else    //当基因中的关键点沿着 Y 轴方向时，对次代种群的随机基因的随机关键点进行随机
赋值
            next_genes[rand()% (GENES_AMOUNT)].gene[rand()% (algorithm.geneSize- 1)].axis_x=rand()%
algorithm.mazeSizeX;
        #ifdef _SIMULATION                      //仿真宏定义_SIMULATION 定义时
            printf("The gene has mutated! \n");
        #else
        #endif
    }
    for (i=0;i<GENES_AMOUNT;i++) algorithm.genes[i] = next_genes[i];   //将次代基因更新为本代基因
}
```

11）根据遗传算法策略发现最优路径。采用迭代控制函数，先对初始种群进行初始化，输出初代种群和最优基因，根据最大迭代数计算每个基因的适应度，对种群根据淘汰、杂交、变异策略进行进化，不断更新最优基因，最后输出最优基因。

```
/**********************************************************
*@Name: FindPathGA
*@Function: 根据遗传算法策略发现最优路径
**********************************************************/
void FindPathGA(void)
{
    unsigned char generation_time,i;

    GenesInit();                //对遗传算法的初始种群进行初始化
    #ifdef _SIMULATION          //仿真宏定义_SIMULATION 定义时
        PrintfGenes();          //打印遗传算法种群和最优基因
    #else
    #endif
    for (generation_time=0;generation_time<GENERATION_COUNT;generation_time++)  //迭代指定次数
    {
        #ifdef _SIMULATION      //仿真宏定义_SIMULATION 定义时
            printf("\n------------- Generation %d ----------------\n",generation_time);
        #else
```

```
    #endif
    for (i=0;i<GENES_AMOUNT;i++)
    {
      algorithm.genes[i] = GeneFitness(algorithm.genes[i]);       //对每一个基因进行适应度计算
    }
    #ifdef _SIMULATION      //仿真宏定义_SIMULATION 定义时
      PrintfGenes();              //打印遗传算法种群和最优基因
    #else
    #endif
    GenesEvolution();           //根据遗传算法的杂交和变异策略，生成次代种群
  }
  #ifdef _SIMULATION        //仿真宏定义_SIMULATION 定义时
    printf("\n generations all done!");
    for (i=0;i<algorithm.geneSize;i++)          //打印最优基因
    {
      printf("\n algorithm.global_best[i]: % d % d", algorithm.global_best[i].axis_x, algorithm.global_best[i].
axis_y);
    }
  #else
  #endif
}
```

5. 实现效果

在仿真环境下，基于深度优先搜索算法对 8 × 8 迷宫进行搜索，基于遗传算法对机器鼠路径进行规划，输出遗传算法迭代过程，找到起点到终点的最短距离，效果如图 11-11 所示。

```
------------- Generation 15 ----------------
Gene 0 gene= 1 1 2 3 3 4 4 7 5 6 6 6 7 7
Gene 0 fitness_value= 22
Gene 1 gene= 1 1 2 3 3 4 4 7 5 6 6 6 7 7
Gene 1 fitness_value= 22
Gene 2 gene= 1 1 2 2 3 2 4 1 5 2 6 3 7 7
Gene 2 fitness_value= 64
Gene 3 gene= 1 1 2 3 3 4 4 7 5 6 6 6 7 7
Gene 3 fitness_value= 22
Gene 4 gene= 1 1 2 3 3 4 4 7 5 6 6 6 7 7
Gene 4 fitness_value= 22
Gene 5 gene= 1 1 2 3 3 4 4 7 5 6 6 6 7 7
Gene 5 fitness_value= 22
Gene 6 gene= 1 1 2 2 3 4 4 7 5 6 6 6 7 7
Gene 6 fitness_value= 22
Gene 7 gene= 1 1 2 3 3 4 4 7 5 6 6 6 7 7
Gene 7 fitness_value= 22
global_best_gene= 1 1 2 3 3 4 4 7 5 6 6 6 7 7
global_fitness_value= 22
Gene crossed: 3
Gene crossed: 4
```

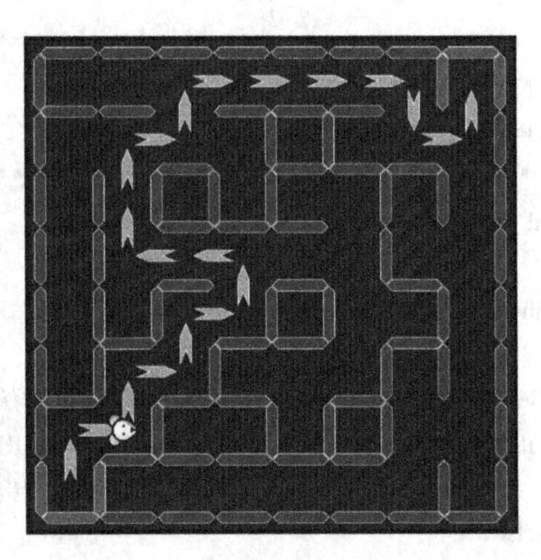

图 11-11　基于遗传算法规划最短路径（冲刺中）

总地来说，遗传算法具有全局搜索能力强、鲁棒性强、灵活性可扩展性强、并行计算能力强的优点，但在求解过程中会伴随着大量无用且冗余的迭代计算过程，降低了效率，易出现过早收敛与局部最优解的现象。

第 12 章 群体智能抉择最优路径——粒子群算法

通过遗传算法的学习，我们对群体智能算法、随机搜索算法的特征有了一定的认识。单个个体不具备智能，但个体之间的联系与相互作用使得整个种群体现出不断寻优的群体智能，这类群体被称为智能群体，这种由智能群体自主演化出群体中个体所不具备的属性或特征的现象被称为涌现性（Emergence）。

随机搜索算法的随机性体现在初代解的生成以及每次迭代的过程中，因此最终获得的结果都带有不确定因素，无法保证每次的计算结果都收敛于同一最优解，每次运行的收敛速度和收敛方向也因具体问题具体情况的差异而不同。

本章将要介绍的粒子群算法也属于群体智能算法和随机搜索算法，其灵感来源于鸟群觅食行为，同样具备集群初始化、集群迭代、停止条件控制的主要流程。

12.1 粒子群算法基本原理

粒子群算法（PSO），亦称鸟群觅食算法，思路来源于鸟群的觅食行为，一群鸟在特定区域中随机寻找一块食物，每只鸟都不知道食物的位置，但知道自身与食物的距离，每只鸟都会将自己知道的信息在鸟群中共享。所以要想找到这块食物，最快的方法就是在距离食物最近的那只鸟的周边进行搜寻。

粒子群算法属于一种进化算法，它从随机解出发，通过迭代、跟踪当前搜索到的最优值，寻找全局最优解，并根据适应度评估解的质量。与遗传算法相比，粒子群算法的规则简单，无需“交叉”“变异”等过程，具有实现简单、精度较高、收敛速度快、算法所需的参数较少、受所求问题维数影响较小的优点，也具有易陷入局部最优解、收敛速度在后期变慢、影响算法精度的局限性。

同遗传算法类似，粒子群算法中也有一些特别的计算机“仿生定义”，见表 12-1。其核心可概括为“两个对象、两个过程”：两个对象指鸟（**粒子**）和鸟群（**粒子群**）；两个过程指食物**搜寻**和**信息共享**。

表 12-1 粒子群算法的仿生定义

对　象	属　性	行　为
鸟（粒子）	速度、位置、历史最优位置	搜寻（计算适应度）
鸟群（粒子群）	全局最优位置	信息共享（迭代）

1. 粒子与粒子群

粒子群算法一般用实数编码，即用一串实数来表示一个粒子。若干个粒子（鸟）组成一个粒子群（鸟群）。每个粒子都有三个属性：速度、位置、历史最优位置，见表 12-2。

表 12-2　粒子属性

属　性	符　号	描　述
速度	$\boldsymbol{v}_i$	当前鸟所具有的速度，该速度由两部分组成：由先前速度影响遗留下的惯性速度；若当前这只鸟不是鸟群中最接近食物的鸟，这只鸟有向着最优方向移动的趋势速度
位置	$\boldsymbol{x}_i$	当前鸟所在位置，用于衡量鸟与食物的距离
历史最优位置	$\boldsymbol{p}_i$	当前鸟在搜寻食物的过程中，距离食物最近时的位置

如图 12-1 所示，假定一群粒子（图中彩色圆点）在 10 × 10 的二维平面内搜寻目标（图中黑色“×”处），目标位于坐标（5,5）。

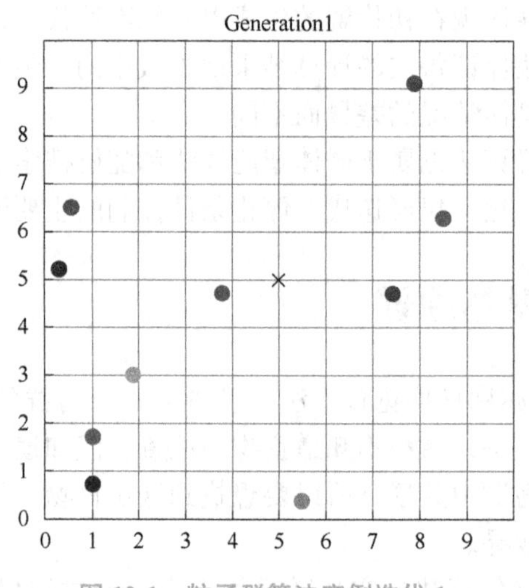

图 12-1 彩图

图 12-1　粒子群算法实例迭代 1

首先对粒子群进行初始化设置，随机生成 10 个粒子的初始速度及位置坐标，如表 12-3 所示，坐标位于 10 × 10 的范围内，初始速度处于区间［-0.5,0.5］之中。如表中粒子 1 的速度为 v_1 =［- 0.158,0.112］，这表示粒子 1 初始速度的横轴方向分量为-0.158，即向横轴负方向速度为 0.158；纵轴方向分量为 0.112，即向纵轴正方向速度为 0.112。这里规定的速度单位为：单位坐标距离/单位迭代时间。

表 12-3　粒子群初代信息

粒　子	位置 $\boldsymbol{x}_i$	速度 $\boldsymbol{v}_i$	历史最优位置 $\boldsymbol{p}_i$
1	[7.902,9.143]	[-0.158,0.112]	[7.902,9.143]
2	[3.793,4.72]	[-0.211,0.456]	[3.793,4.72]
3	[8.505,6.29]	[0.069,-0.473]	[8.505,6.29]
4	[0.3,5.237]	[0.319,-0.18]	[0.3,5.237]

（续）

粒　　子	位置 x_i	速度 v_i	历史最优位置 p_i
5	[7.438,4.7]	[0.198,0.343]	[7.438,4.7]
6	[0.989,0.697]	[0.371,-0.476]	[0.989,0.697]
7	[0.998,1.706]	[0.426,0.496]	[0.998,1.706]
8	[0.573,6.524]	[0.353,-0.392]	[0.573,6.524]
9	[5.492,0.356]	[0.427,-0.174]	[5.492,0.356]
10	[1.881,3.0]	[-0.279,0.273]	[1.881,3.0]

各个粒子的历史最优位置初始化时均设置为粒子的初始位置，即初代粒子群 $p_i = x_i$。

2. 搜寻最优位置

与遗传算法类似，粒子群算法同样也需要设定一个“适应度函数”来评估每个解的优异度。在上述例子中，通过使用欧几里德距离（粒子位置与目标位置的直线距离）作为**评价函数**，假设粒子的坐标为$(X_{\text{particle}}, Y_{\text{particle}})$，目标坐标为$(X_{\text{target}}, Y_{\text{target}})$，则评价函数的表达式为

$$S = \sqrt{(X_{\text{target}} - X_{\text{particle}})^2 + (Y_{\text{target}} - Y_{\text{particle}})^2} \tag{12-1}$$

由式（12-1）可知，适应度 S 越接近于 0 代表粒子位置越好。用 p_g 表示粒子群中目前最接近全局最优解的个体位置，则表 12-3 所示的粒子群中距离目标点（5,5）最近的粒子的位置为 $p_g = [3.793, 4.72]$（粒子 2，全局最优粒子）。

3. 信息共享

评价最高的粒子会在粒子群中共享自己的位置，使得其他粒子向其靠近。每个粒子依照下列公式更新自己的速度和位置：

$$\begin{gathered} v_i' = w \times v_i + c_1 \times \text{rand}() \times (p_i - x_i) + c_2 \times \text{rand}() \times (p_g - x_i) \\ x_i' = x_i + v_i' \end{gathered} \tag{12-2}$$

式中，v_i 表示当前粒子速度；x_i 为当前粒子位置；w 指惯性系数；c_1、c_2 代表学习因子；rand() 是[0,1] 之间的随机数；p_i 代表各个粒子历史最优位置；p_g 代表粒子群历史最优位置。

根据式（12-2）对表 12-3 中的每个粒子进行信息迭代，设定惯性系数 $w = 0.6$；学习因子 $c_1 = 1.2$、$c_2 = 1.5$。

例如计算更新粒子 1 位置和速度，结果即表 12-4 中蓝字：

$$v_1' = 0.6 \times \begin{bmatrix} -0.158 \\ 0.112 \end{bmatrix} + 1.5 \times 0.429 \times \left(\begin{bmatrix} 3.793 \\ 4.72 \end{bmatrix} - \begin{bmatrix} 7.902 \\ 9.143 \end{bmatrix} \right) = \begin{bmatrix} -2.739 \\ -2.779 \end{bmatrix}$$

$$x_1' = \begin{bmatrix} 7.902 \\ 9.143 \end{bmatrix} + \begin{bmatrix} -2.739 \\ -2.779 \end{bmatrix} = \begin{bmatrix} 5.163 \\ 6.364 \end{bmatrix}$$

上式中产生的［0,1］的随机数为 0.429，初始位置即为初代粒子的历史最佳位置。根据公式计算粒子 2 的位置和速度并更新，结果如表 12-4 中橙字：

$$v_2' = 0.6 \times \begin{bmatrix} -0.211 \\ 0.456 \end{bmatrix} = \begin{bmatrix} -0.127 \\ 0.273 \end{bmatrix}$$

$$x_2' = \begin{bmatrix} 3.793 \\ 4.72 \end{bmatrix} + \begin{bmatrix} -0.127 \\ 0.273 \end{bmatrix} = \begin{bmatrix} 3.666 \\ 4.993 \end{bmatrix}$$

粒子 2 即为最佳粒子。所有粒子信息迭代后的结果见表 12-4。

表 12-4 粒子群次代信息

粒子	位置 x_i	速度 v_i	历史最优位置 p_i
1	[5.163,6.364]	[-2.739,-2.779]	[7.902,9.143]
2	[3.666,4.993]	[-0.127,0.273]	[3.793,4.72]
3	[5.514,4.996]	[-2.99,-1.294]	[8.505,6.29]
4	[2.739,4.796]	[2.439,-0.441]	[0.3,5.237]
5	[5.211,4.918]	[-2.226,0.218]	[7.438,4.7]
6	[3.016,3.0]	[2.027,2.303]	[0.989,0.697]
7	[3.053,3.943]	[2.055,2.237]	[0.998,1.706]
8	[2.857,5.128]	[2.284,-1.396]	[0.573,6.524]
9	[4.655,3.06]	[-0.837,2.704]	[5.492,0.356]
10	[2.944,4.27]	[1.063,1.271]	[1.881,3.0]
粒子群历史最佳位置 p_g	[3.793,4.72]	最佳距离	1.239

表 12-4 彩图

次代粒子群分布如图 12-2 所示，与初代粒子图 12-1 对比，观察发现所有粒子都迅速向粒子 2（橙色圆点）的位置靠近，但由于每个粒子都有自己的原始速度，还具有不小的惯性速度以及较远的初始位置，因此结果并没有立即收敛，即不是所有粒子都紧密聚集在一起。

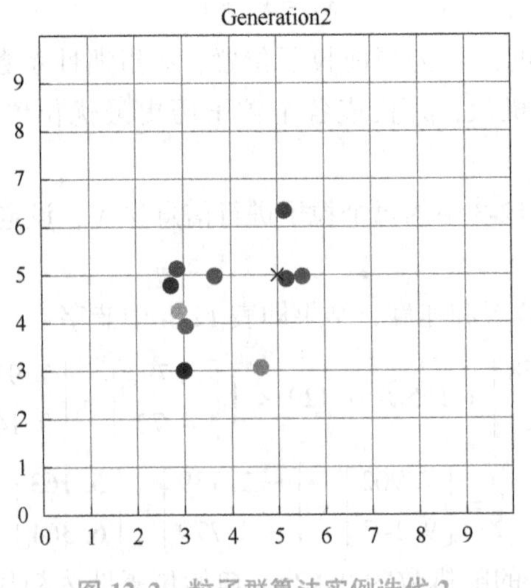

图 12-2 粒子群算法实例迭代 2

图 12-2 彩图

4. 迭代控制

粒子群算法整体程序框图如图 12-3 所示。先设定一个**粒子群规模 M**，即粒子数量；再规定用于表示粒子的**实数串长度 N**；然后在初始化时随机生成 M 个粒子，即随机产生 M 个长度为 N 的实数串，并给所有粒子设置固定或随机的初始速度，也可全部设置为 0；最后进行反复的搜索和迭代过程，直到达到迭代停止条件为止。

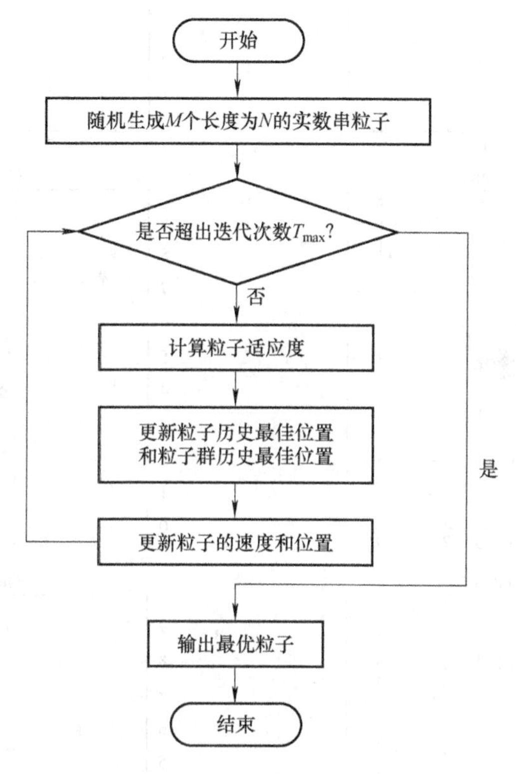

图 12-3　粒子群算法程序框图

迭代停止条件可以为以下两个：

1）设置限定的最大迭代次数 T_{max}，若达到最大迭代次数则停止迭代。

2）设置固定的最优解不更新次数 t_{max}，连续 t_{max} 代最优解不再改变就停止迭代。

对前述小型粒子群的实例继续迭代，计算过程不再赘述，下面以数据可见的形式直观展现粒子群的收敛过程。

图 12-4 展示了第 3~10 次迭代后粒子群中各粒子的位置。

图 12-5 通过立体图展示了粒子群经历 20 次迭代的过程，**Z 轴为时间轴，即迭代次数**；底部二维坐标为设定的粒子运动范围 10 × 10；黑色实线表示目标点位置；最终粒子基本都聚集在一点，即结果收敛在目标坐标（5,5）。对图 12-5 进行水平切片，得到的就是如图 12-4 所示的单次迭代粒子分布图。

图 12-6 展示的是抽取图 12-5 中单个粒子在这 20 次迭代过程中的位置移动路径，粒子个体每次迭代都会趋向当代最优位置，但因惯性速度的存在仍会保留自身原运动速度的影响，最终都会收敛至靠近目标点的位置。

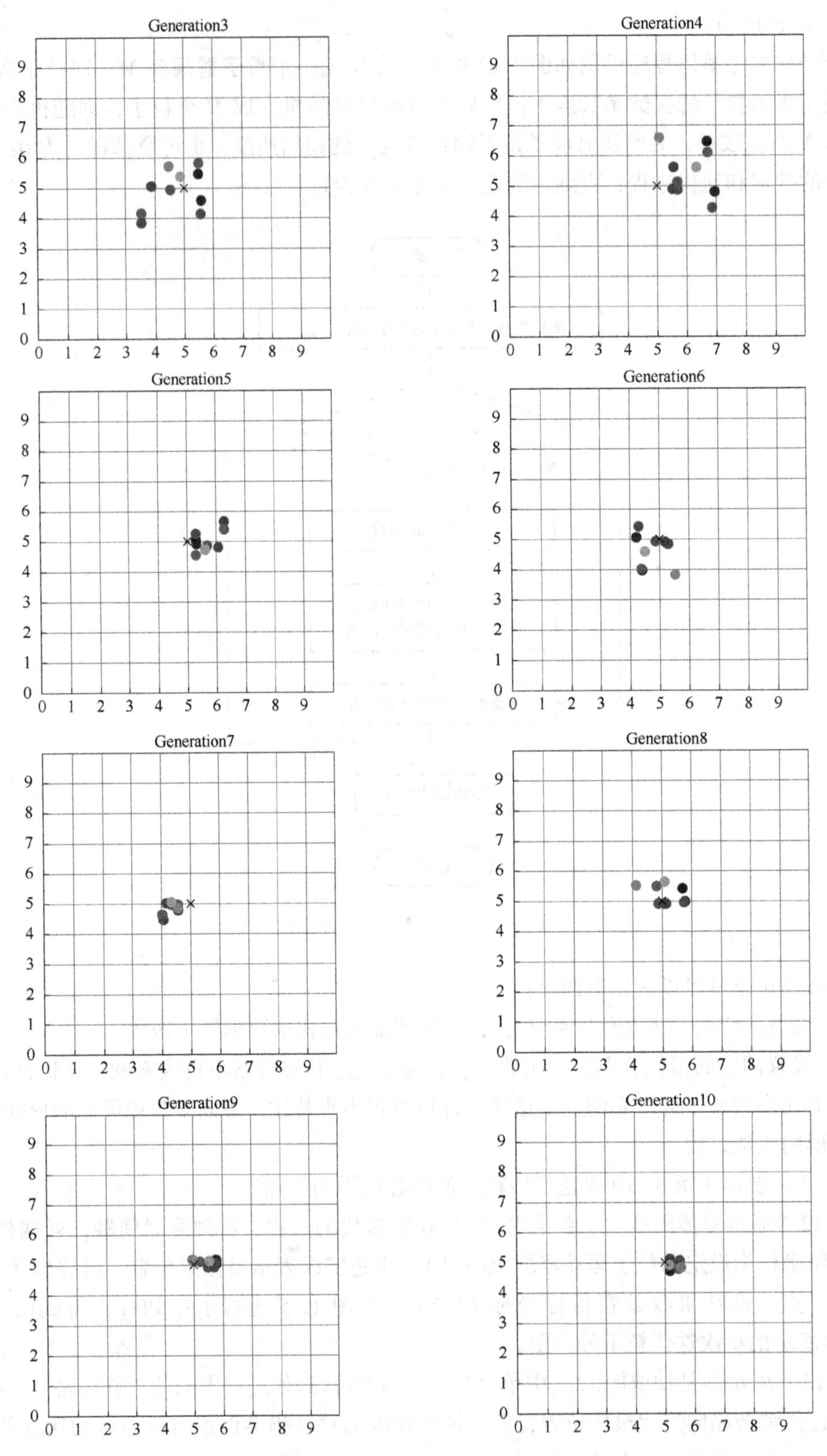

图 12-4　粒子群算法实例迭代 3

图 12-4 彩图

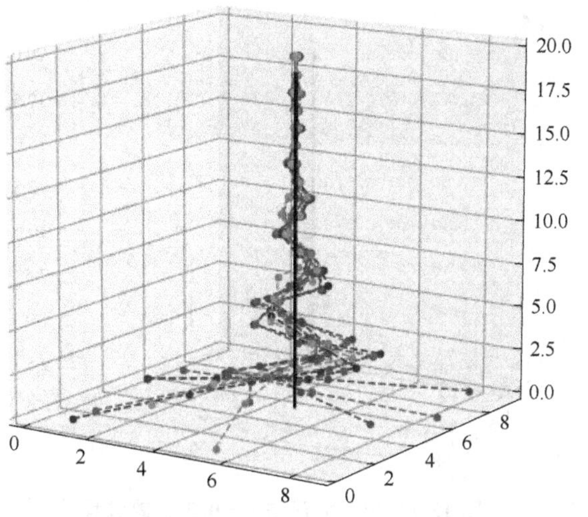

图 12-5 彩图

图 12-5　粒子群算法 $w=0.6$ 收敛过程

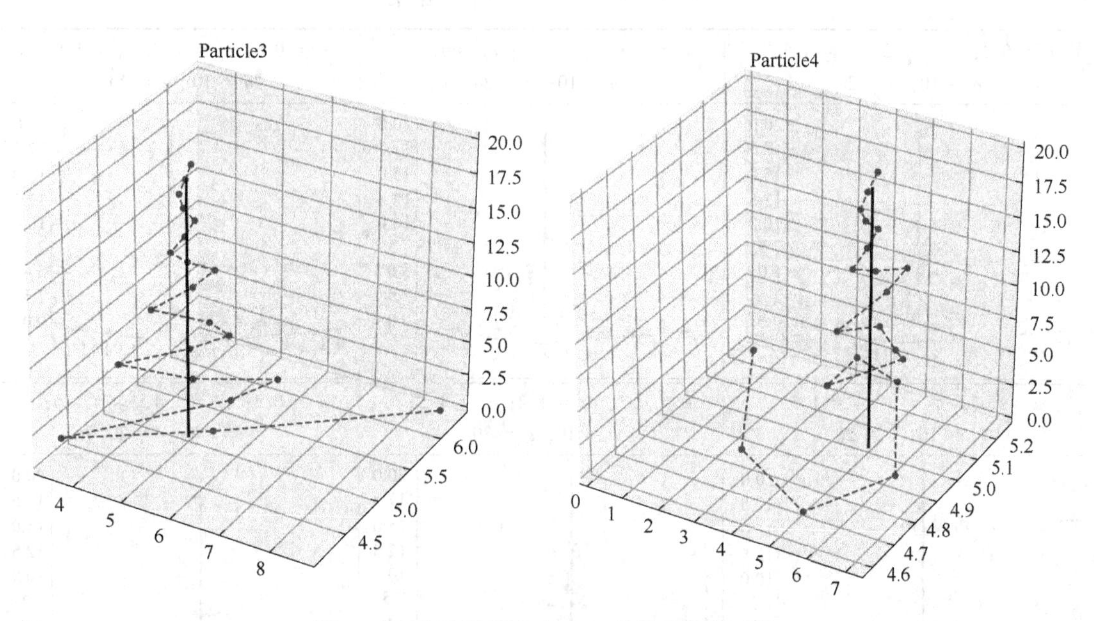

图 12-6　粒子群算法 $w=0.6$ 单粒子收敛过程

5. 参数调节

粒子群算法中，可以或者需要调节的参数包括：粒子长度、粒子群规模大小、惯性系数 w、学习因子和迭代次数。图 12-5 所示的是惯性系数 $w=0.6$ 的粒子群收敛情况，现在试着将惯性系数从 $w=0.6$ 改成 $w=0.2$，结果如图 12-7 所示。

观察发现，将惯性系数减小后，粒子群会迅速收敛，大约在第 7 代后，粒子群都聚集在坐标（5,5）处，由此收敛排列成一条直线状。这样调整参数可以获得较快的收敛速度，但也容易使得收敛得到的是局部最优解，而非全局最优。

尝试修改其他参数，迭代收敛的趋势图见表 12-5。w 代表惯性系数，c_1、c_2 代表学习因子，q 为粒子数量，g 指迭代次数。表中每张迭代图的纵轴均为时间轴，代表迭代次数，底部二维坐标为粒子的运动范围，黑色实线为目标点位置。

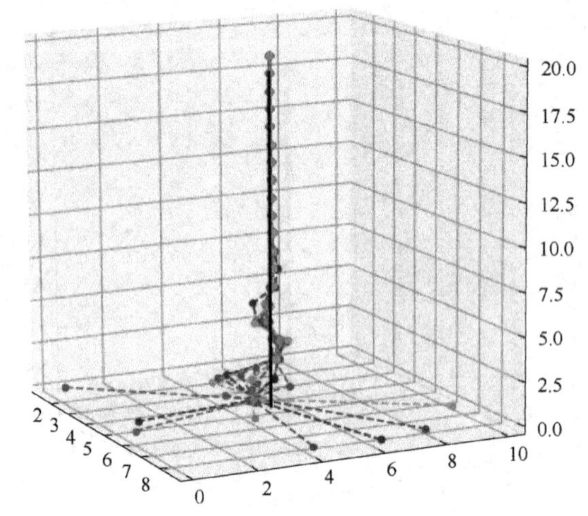

图 12-7　粒子群算法 $w=0.2$ 收敛过程

表 12-5　粒子群算法调参结果

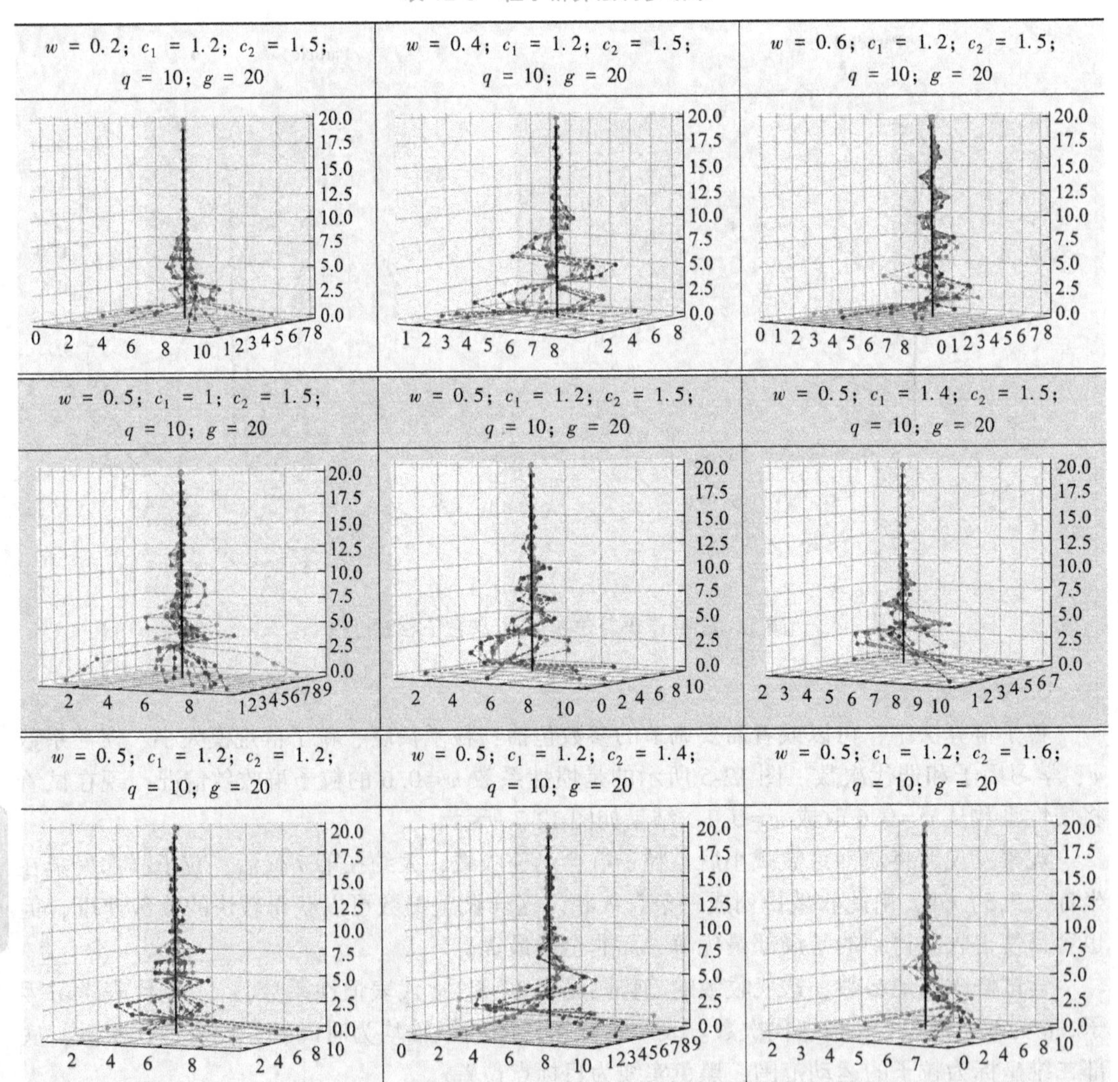

$w=0.2$; $c_1=1.2$; $c_2=1.5$; $q=10$; $g=20$	$w=0.4$; $c_1=1.2$; $c_2=1.5$; $q=10$; $g=20$	$w=0.6$; $c_1=1.2$; $c_2=1.5$; $q=10$; $g=20$
$w=0.5$; $c_1=1$; $c_2=1.5$; $q=10$; $g=20$	$w=0.5$; $c_1=1.2$; $c_2=1.5$; $q=10$; $g=20$	$w=0.5$; $c_1=1.4$; $c_2=1.5$; $q=10$; $g=20$
$w=0.5$; $c_1=1.2$; $c_2=1.2$; $q=10$; $g=20$	$w=0.5$; $c_1=1.2$; $c_2=1.4$; $q=10$; $g=20$	$w=0.5$; $c_1=1.2$; $c_2=1.6$; $q=10$; $g=20$

（续）

$w=0.5$；$c_1=1.2$；$c_2=1.5$；$q=5$；$g=20$	$w=0.5$；$c_1=1.2$；$c_2=1.5$；$q=20$；$g=20$	$w=0.5$；$c_1=1.2$；$c_2=1.5$；$q=10$；$g=15$
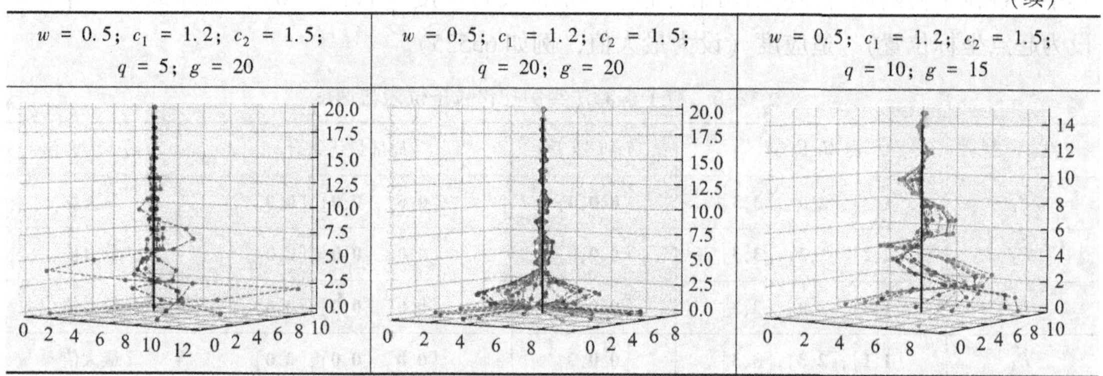		

从表 12-5 中可以获得一些直观的感觉，对于参数不变的传统粒子群算法：

① 对比表中第一行，**惯性系数越小，粒子群越快收敛**，即某一代后粒子都聚集在一点；

② 对比第二行，c_1 **越大，粒子受个体最优值影响更大**些，即单个粒子主要在自身附近执行局部搜索；

③ 对比第三行，c_2 **越大，粒子受群体最优值影响更大**；

④ 对比第四行，初始粒子群规模越小，则粒子群受偶然粒子运动的影响越大；只要迭代次数够多，粒子群最终都会收敛。

对于类似遗传算法和粒子群算法的迭代式进化算法，通常都需要面对参数优化的问题，许多学者也对此展开研究，对传统算法进行改进，如参数自适应的粒子群算法等。

参数自适应的粒子群算法将参数与迭代进度相关联，令参数取值变为迭代次数的函数，使其随迭代次数的改变而改变。

12.2　粒子群算法抉择迷宫最优路径

12.2.1　迷宫问题中的粒子群初始化

将粒子群算法用于迷宫问题的解决时，所谓粒子是由一系列的关键点坐标构成，粒子的长度与迷宫地图长宽有关，例如，若地图长宽为 4 × 4，那么粒子的长度为 3；若地图长宽为 8 × 8，那么粒子的长度为 7。

下面以 4 × 4 长宽的地图为例，粒子群初始化过程如下：

第一步，首先要确定机器鼠初始的起点坐标与终点坐标，如图 12-8 所示。

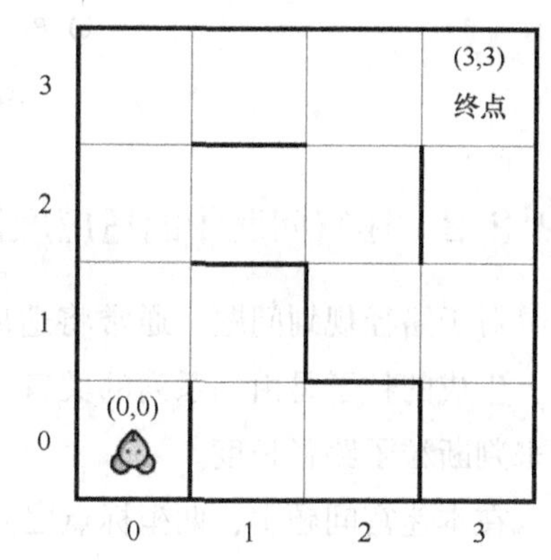

图 12-8　初始化机器鼠的坐标位置

第二步，随机生成一些关键点，粒子长度为 3，则每 3 个关键点坐标构成一个粒子。如沿着 X 轴方向递进，X 轴坐标递增，每一列（Y 轴）只初始化一个关键点，Y 轴坐标在［0,3］范围内随机。暂定粒子群规模为 4，则 4 个粒子随机生成的关键点坐标见表 12-6，其中，各粒子初始化内容包括初始位置、当前的飞行速度（暂设为0）、局部最优组合（均设为起点坐标位置）、适应度（设为最大值，例如65535）。

表12-6 粒子群算法实例初代粒子位置与速度

粒　子	初始位置	当前速度	局部最优组合	适应度值
P_1	[1,3],[2,0],[3,3]	[0,0,0]	[0,0],[0,0],[0,0]	最大值
P_2	[1,2],[2,2],[3,3]	[0,0,0]	[0,0],[0,0],[0,0]	最大值
P_3	[1,0],[2,0],[3,3]	[0,0,0]	[0,0],[0,0],[0,0]	最大值
P_4	[1,1],[2,3],[3,3]	[0,0,0]	[0,0],[0,0],[0,0]	最大值

因为地图较小，生成的粒子位置可能会有重复，如图12-9所示。

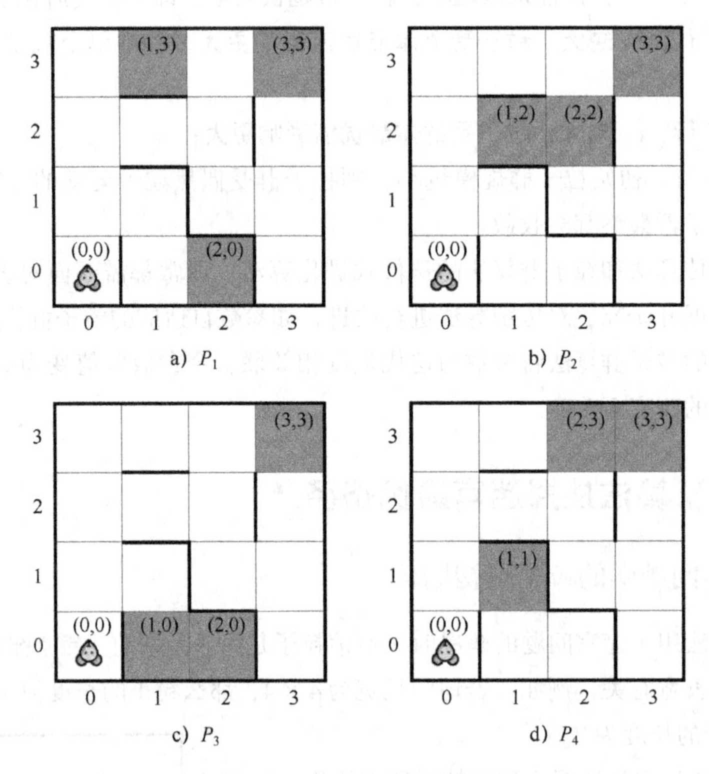

图12-9 初始化关键点位置

12.2.2 迷宫问题中的适应度评价

对于路径规划问题，通常将适应度与路径长度相关联。在迷宫问题中，粒子群初始化时，生成的粒子是由一系列的关键点（坐标点）构成，需要通过计算两坐标点之间的适应度来判断粒子路径长度。

在本迷宫问题中，两坐标点之间的适应度通过等高值计算得到，具体做法是：先绘制两坐标点之间的等高图，判断能否从起点到达终点，如果可以到达，则用终点的等高值减去起点的等高值，即为两坐标点的适应度。当无法到达时，则适应度会被赋值为一个最大值，表示无法到达。适应度越大，表示路径越长。

依据表 12-6，当粒子群进行初始化时，生成了一些随机的关键点，但是适应度均统一赋值为最大值，并未经过计算，无法验证机器鼠通过生成的关键点是否可以从起点到达终点，必须通过计算方能确定各个粒子的实际适应度数值，进而判断其局部最优和全局最优。

如何计算适应度，以某粒子［1,1］,［2,3］,［3,3］为例，如图 12-10 进行适应度分步计算与理解。

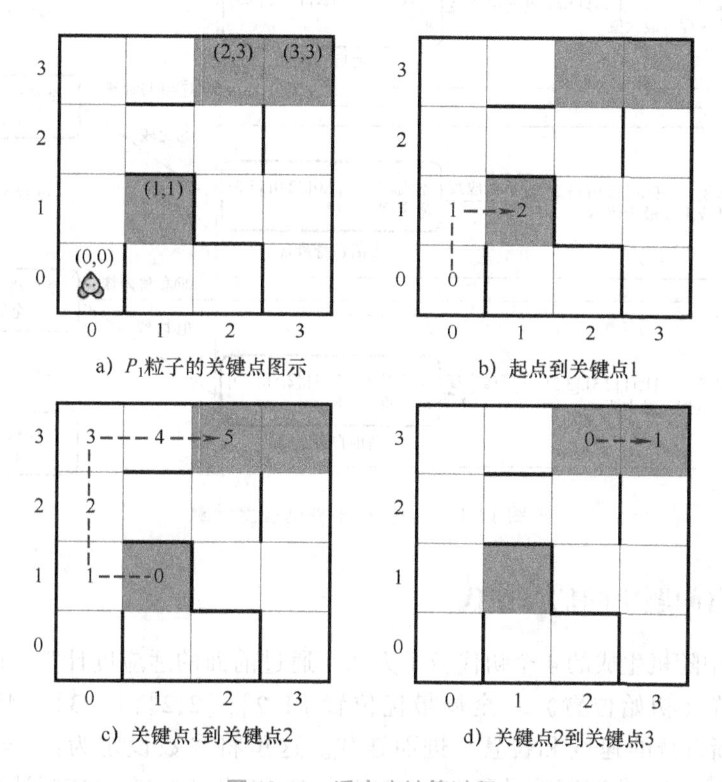

图 12-10　适应度计算过程

由图 12-10b 计算得出，从起点到［1,1］的适应度为 2；由图 12-10c 计算得出，从［1,1］到［2,3］的适应度为 5；由图 12-10d 计算得出，从［2,3］到［3,3］的适应度为 1。则图 12-10a 所示整个粒子的适应度为 2 + 5 + 1 = 8。

适应度一方面可用于对单个粒子与其历史组合进行比较，得出单个粒子的局部最优组合，另一方面可用于单个粒子的局部最优组合与整个粒子群的全局最优组合进行比较，从而更新全局最优组合。对于初始化的粒子来说，计算实际适应度后，肯定比初始化赋值的最大值要小，因此，当前初始化位置就是该粒子自身最优位置。以表 12-6 中随机生成的 4 个初代粒子为例，计算其实际适应度，并进行全局适应度比较，更新全局最优组合和全局最优适应度。计算过程如图 12-11 所示。

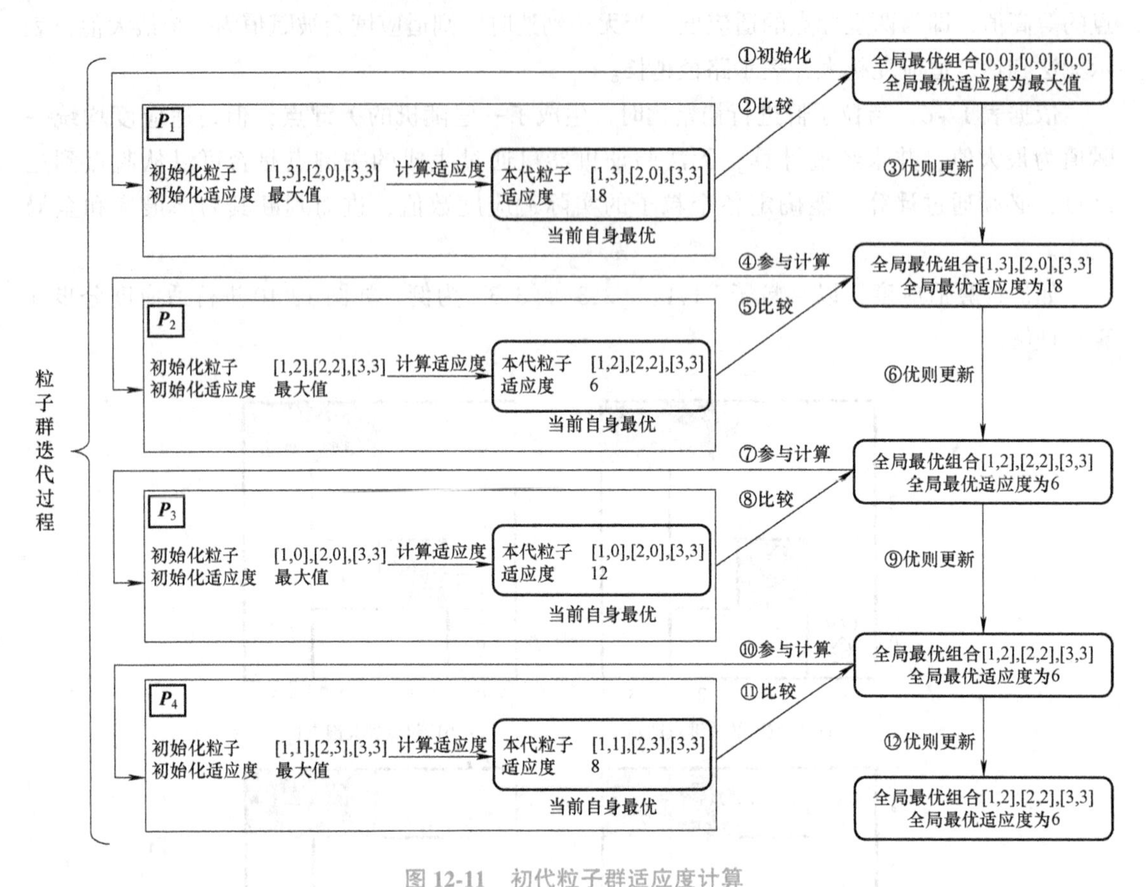

图 12-11　初代粒子群适应度计算

12.2.3　迷宫问题中的信息迭代

以表 12-6 中随机生成的 4 个初代粒子为例，通过前面的适应度计算，已获得各个粒子的局部最优位置（初始位置）与全局最优位置 [1,2], [2,2], [3,3]。将各个粒子通过式（12-2）更新自身的速度和位置，进而迭代。这里将参数设定为：$w=0.2$，$c_1=2$，$c_2=2$，初代粒子初始化速度均设置为 0，关键点坐标是沿 X 方向（实际计算中 X 轴坐标值不变，仅计算 Y 轴坐标值）。计算更新粒子的速度和位置（由于产生的随机数不同，计算结果也会不同），计算结果见表 12-7～表 12-10。

表 12-7　计算粒子 P_1 的速度和位置

关　键　点	更新粒子速度	更新粒子位置
[1,3]	$v_1' = w \times v_1 + c_1 \times \text{rand}() \times (p_1 - x_1) + c_2 \times \text{rand}() \times (p_g - x_1)$ $= 0.2 \times 0 + 2 \times 0.23671 \times (3-3) + 2 \times 0.8260445 \times (2-3) = -1.652089$	$x_1' = x_1 + v_1' = 3 + \text{int}(-1.652089) = 2$
[2,0]	$v_1' = w \times v_1 + c_1 \times \text{rand}() \times (p_1 - x_1) + c_2 \times \text{rand}() \times (p_g - x_1)$ $= 0.2 \times 0 + 2 \times 0.23671 \times (0-0) + 2 \times 0.13168725 \times (2-0) = 0.526749$	$x_1' = x_1 + v_1' = 0 + \text{int}(0.526749) = 0$
[3,3]	终点无速度	坐标位置不发生改变

表 12-8　计算粒子 P_2 的速度和位置

关 键 点	更新粒子速度	更新粒子位置
[1,2]	$v_2' = 0.2\times0+2\times0.128935\times(2-2)+2\times0.283950\times(2-2)=0$	$x_2'=2+0=2$
[2,2]	$v_2' = 0.2\times0+2\times0.08484\times(2-2)+2\times0.3892876\times(2-2)=0$	$x_2'=2+0=2$
[3,3]	终点无速度	终点坐标不发生改变

表 12-9　计算粒子 P_3 的速度和位置

关 键 点	更新粒子速度	更新粒子位置
[1,0]	$v_3' = 0.2\times0+2\times0.389282\times(0-0)+2\times0.950285\times(2-0) = 3.801142$	$x_3' = 0+\text{int}(3.801142) = 3$
[2,0]	$v_3' = 0.2\times0+2\times0.938278\times(0-0)+2\times0.934934\times(2-0) = 3.739738$	$x_3' = 0+\text{int}(3.739738) = 3$
[3,3]	终点无速度	终点坐标不发生改变

表 12-10　计算粒子 P_4 的速度和位置

关 键 点	更新粒子速度	更新粒子位置
[1,1]	$v_4' = 0.2\times0+2\times0.389482\times(1-1)+2\times0.172796\times(2-1) = 0.345592$	$x_4' = 1+\text{int}(0.345592) = 1$
[2,3]	$v_4' = 0.2\times0+2\times0.5\times(3-3)+2\times0.825800\times(2-3) = -1.651601$	$x_4' = 3+\text{int}(-1.651601) = 2$
[3,3]	终点无速度	终点坐标不发生改变

在计算中，粒子速度可能会出现小数，在示例程序中，粒子速度为浮点数，位置坐标需要将粒子速度 int( )取整后再进行计算。如果计算出的粒子位置超出地图的范围限制，则需要在程序中进行保护，当超出地图范围的最大值时，将其设置为地图范围的最大值；当超出地图范围的最小值时，将其设置为地图范围的最小值。根据前面的计算，在第 1 次迭代完成后，粒子状态见表 12-11。

表 12-11　粒子群算法实例第 1 代粒子位置与速度

粒　子	当前位置	当前速度	历史最佳位置
P_1	[1,2],[2,0],[3,3]	[**−1.652089**,**0.526749**,0]	[1,3],[2,0],[3,3]
P_2	[1,2],[2,2],[3,3]	[0,0,0]	[1,2],[2,2],[3,3]
P_3	[1,3],[2,3],[3,3]	[**3.801142**, 3.739738,0]	[1,0],[2,0],[3,3]
P_4	[1,1],[2,2],[3,3]	[0.345592,−1.651601,0]	[1,1],[2,3],[3,3]

第一代粒子当前的坐标位置如图 12-12 所示。

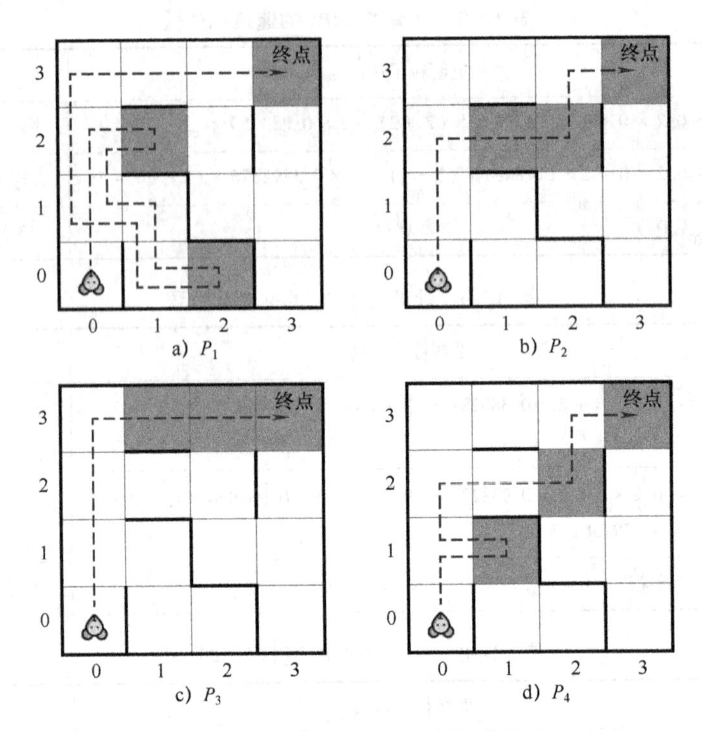

图 12-12　粒子群算法实例第 1 代粒子

迭代至**第 1 代**，计算每个粒子的适应度，见表 12-12。

表 12-12　计算第 1 代粒子的适应度

粒　子	初始化粒子适应度	第 1 代粒子适应度
P_1	$S_1=18$	$S_1=3+5+8=16$
P_2	$S_2=6$	$S_2=3+1+2=6$
P_3	$S_3=12$	$S_3=4+1+1=6$
P_4	$S_4=8$	$S_4=2+4+2=8$

由于初代粒子群是随机生成的，其适应度的值也较大，因此第 1 代粒子的适应度都小于初代粒子适应度。通过计算让粒子有了速度，当再次**进行粒子速度和位置的迭代**计算时，就可得第 2 代粒子的速度和位置，见表 12-13。

表 12-13　粒子群算法实例第 2 代粒子位置与速度

粒　子	当 前 位 置	当 前 速 度	历史最佳位置
P_1	[1,2],[2,3],[3,3]	[0. 651773,0. 825660,0]	[1,2],[2,0],[3,3]
P_2	[1,3],[2,3],[3,3]	[0. 152046,0. 149590,0]	[1,2],[2,2],[3,3]
P_3	[1,3],[2,3],[3,3]	[0. 152046,0. 149590,0]	[1,3],[2,3],[3,3]
P_4	[1,3],[2,2],[3,3]	[0. 474507,0. 839530,0]	[1,1],[2,2],[3,3]

第 2 代粒子当前的坐标位置如图 12-13 所示。

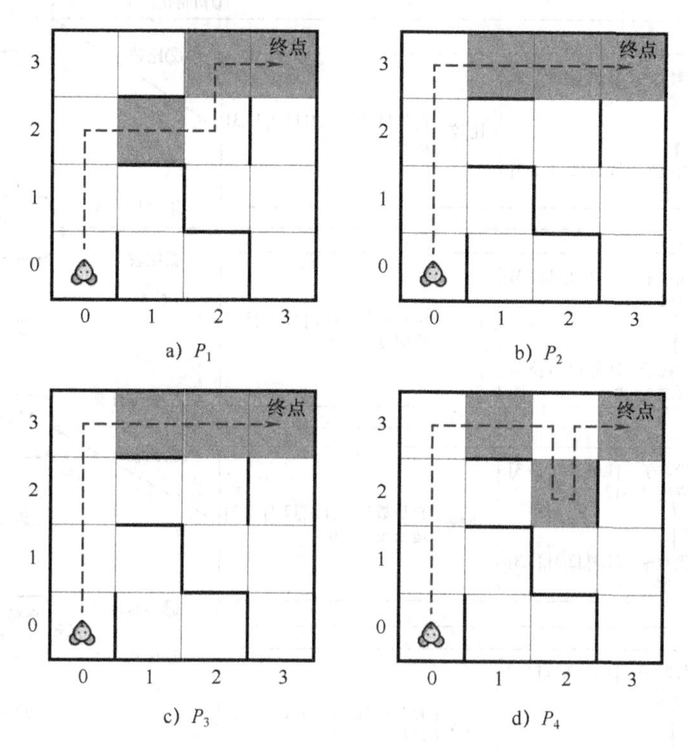

图 12-13　粒子群算法实例第 2 代

迭代至**第 2 代**，计算每个粒子的适应度，见表 12-14。

表 12-14　计算第 2 代粒子的适应度

粒　子	第 1 代粒子适应度	第 2 代粒子适应度
P_1	$S_1=3+5+8=16$	$S_1=3+2+1=6$
P_2	$S_2=3+1+2=6$	$S_2=4+1+1=6$
P_3	$S_3=4+1+1=6$	$S_3=4+1+1=6$
P_4	$S_4=2+4+2=8$	$S_4=4+2+2=8$

比较第 2 代粒子的适应度可得全局最优位置$\boldsymbol{p}_{\mathbf{g}}$：[1,3],[2,3],[3,3]。

上述计算迭代过程如图 12-14 所示，通过公式计算得到次代粒子，通过每代粒子自身适应度的比较，可以得到自身最优粒子，通过所有粒子自身最优粒子的比较，可以得到全局最优粒子，后续的迭代过程将不再赘述，最后通过设置迭代条件控制迭代停止。

在这个迷宫问题的小实例中，为了简化计算，对粒子群算法中的各个参数取了特殊值，讲解了粒子群算法的演算流程。但在实际应用中，由于初始种群太小、局部收敛过快等问题，**这样的参数取值可能无法让我们获得最优解**。针对不同的应用场景，需要根据实际情况进行参数调整，而调参效果如何，唯有实践出真知。

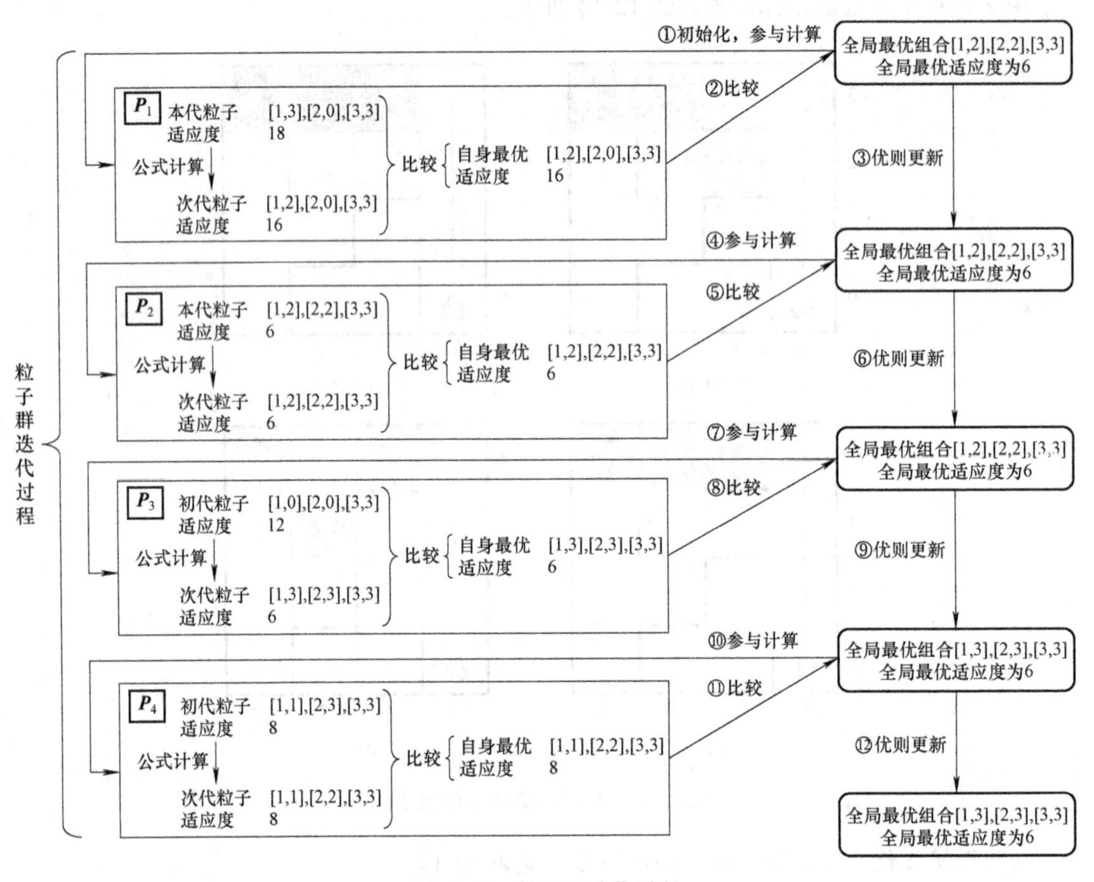

图 12-14 粒子群迭代过程

12.3 粒子群算法实践

1. 实践目标

掌握粒子群算法的原理，将粒子群算法应用到迷宫问题上，学习利用粒子群算法指导机器鼠对迷宫进行搜索，最终找到起点到终点的最短路径。

基于 8 × 8 的迷宫地图，基于深度优先搜索算法检测到的迷宫墙体信息，应用粒子群算法进行路径规划，找到最短路径。

2. 知识要点

粒子群算法主要步骤：

1）设定粒子群的粒子数量、粒子长度（即“位置”属性），对粒子群中粒子的位置和速度这两个属性进行初始化。

2）确定适应度/评价函数表达式，根据表达式计算粒子群中各个粒子的适应度数值，根据适应度大小，更新各个粒子与整个粒子群的最优位置及适应度。

3）根据个体最优和群体最优的位置依据下式更新个体速度和位置：

$$v_i' = w \times v_i + c_1 \times \mathrm{rand}() \times (p_i - x_i) + c_2 \times \mathrm{rand}() \times (p_g - x_i)$$

$$x_i' = x_i + v_i'$$

式中，v_i 代表当前粒子速度；x_i 表示当前粒子位置；w 指惯性系数；c_1、c_2 代表学习因子；rand( )是［0,1］之间的随机数；p_i 代表粒子历史最优位置；p_g 代表粒子群历史最优位置。

4）设定迭代停止条件，不断重复 2）、3）步直至达到迭代停止条件，迭代结束时的粒子群的历史最优位置即为所求的最优解。

粒子群算法中的随机性主要体现在：初始化粒子群时，各个粒子的初始位置和初始速度都是随机的。粒子初始位置的随机性使得粒子群能够从各个方向逼近最优解，在一定程度上保证了粒子群算法的搜索范围；粒子初始速度的差异使得其向群体最优解靠近的同时自身仍保留一定的寻优能力，不至于使得群体迅速收敛至局部最优解，造成自锁。

3. 程序框图

基于已经存储的迷宫信息，机器鼠使用粒子群算法进行路径规划。算法主要步骤封装在四个子函数中，主体控制程序框图如图 12-15 所示，先通过粒子群算法决策出最优路径，然后控制机器鼠按最优路径走向终点。

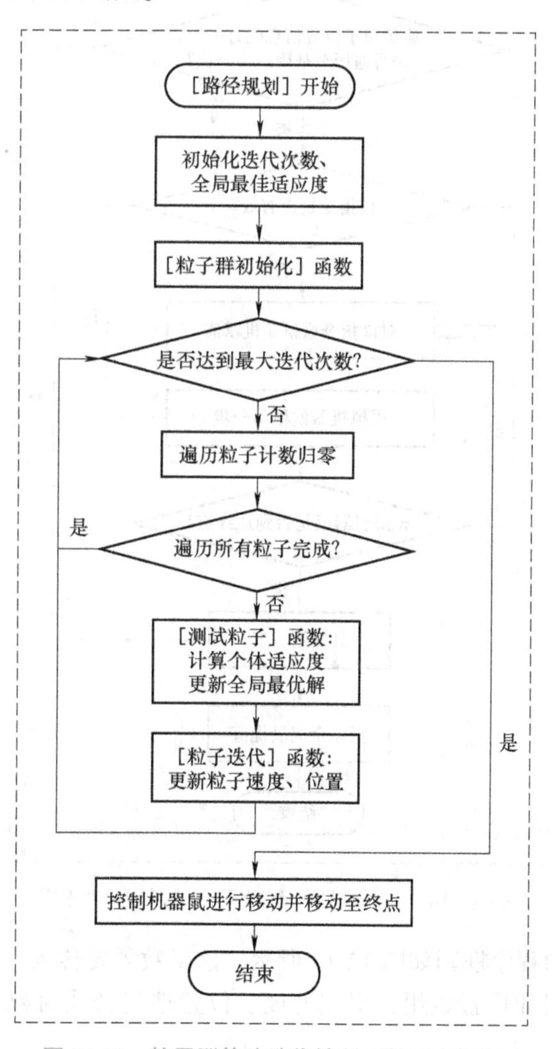

图 12-15 粒子群算法迭代控制函数程序框图

单次粒子群算法的结束条件是通过最大迭代次数控制的，当迭代完成后如果没有获取到合理解，会提示规划错误。具体判断方法可见后续代码解读部分。

其余三个与粒子群算法迭代过程相关的子函数分别为：粒子群初始化、单粒子测试和单粒子迭代。

粒子群初始化是指根据最初设定的粒子数量和长度，随机生成粒子的初始位置阵列和初始速度阵列，形成粒子群。

单粒子测试函数的程序框图如图 12-16 所示，其功能包括：模拟机器鼠按粒子位置数组的指令移动后的落位坐标；计算该粒子的适应度；更新全局最优适应度和最优粒子位置。

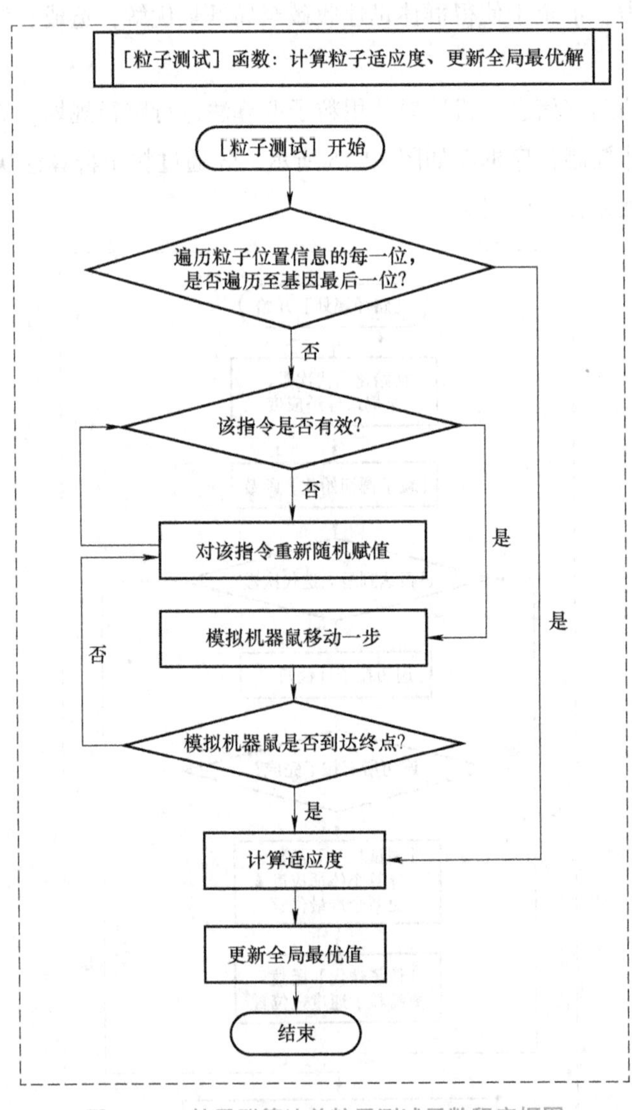

图 12-16　粒子群算法单粒子测试函数程序框图

单粒子迭代函数的程序框图如图 12-17 所示，该函数需要传入一个待更新的粒子，循环遍历该粒子的速度数组和位置数组，根据速度、位置迭代公式对粒子信息每一位进行重新赋值。

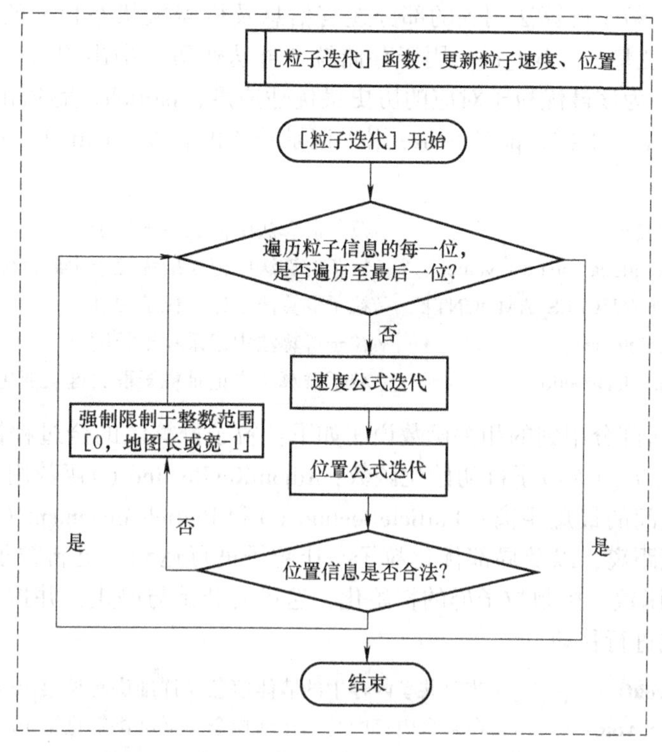

图 12-17　粒子群算法单粒子迭代函数程序框图

4. 代码解读

1）宏定义：通过宏定义的形式设置粒子群算法中的粒子数量 PARTICLES_AMOUNT、惯性加权 PARTICLE_W、自身学习率 PARTICLE_C1、全局学习率 PARTICLE_C2 和最大迭代次数 GENERATION_COUNT。

```
#define PARTICLES_AMOUNT        8          //粒子数量
#define GENERATION_COUNT        16         //迭代次数
#define PARTICLE_W          0.8            //惯性权值
#define PARTICLE_C1       2                //自身学习因子
#define PARTICLE_C2       2                //全局学习因子
```

2）结构体定义：定义粒子类型的结构体 Particle，其中包含四个变量，记录粒子的四个属性。整数数组 position 和 partical_best 分别存储粒子的当前位置和历史最优位置；浮点数数组 velocity 表示粒子的当前速度；nearest_value 表示粒子历史最优位置距离目标点的距离，即适应度函数历史最优值。

```
typedef struct
{
  Point position[32];                        //粒子位置
  float velocity[32];                        //粒子速度
  Point particle_best[32];                   //本粒子历史最优位置
  unsigned short int nearest_value;          //本粒子离目标点最近时的距离
}Particle;                                   //定义粒子类型
```

3）变量定义：粒子群算法用到的部分迷宫信息及机器鼠状态相关的变量同遗传算法，另外定义五个全局变量，global_best 用于存储粒子群迭代历史中出现过的表现最优的个体，global_nearest_value 为该最优粒子对应的历史最优适应度，particles 是 Partical 结构体类型的集合，用于存放整个粒子群，particleSize 用于记录粒子的长度，particleDirection 用于粒子群关键点变化的方向。

```
Point global_best[32];                          //粒子群算法中记录最优粒子
unsigned short int global_nearest_value;        //粒子群算法中记录最优粒子距离目标点的距离
Particle particles[PARTICLES_AMOUNT];           //粒子群算法中记录粒子种群
unsigned char particleSize;                     //粒子群算法中记录粒子长度
unsigned char particleDirection;                //粒子群算法中记录粒子群关键点变化的方向
```

4）粒子群算法部分用到的相关函数说明如下：粒子群算法的全过程被分解为四个函数（过程），ParticlesInit（）为粒子群初始化函数；AdjoinKeyBeeline（）函数用于计算两坐标点等高值的差作为两点间的最短距离；ParticleBeeline（）和 ParticleMovement（）为单粒子迭代函数，用于计算最短距离，以及局部优化粒子，让粒子进行运动，更新粒子位置；FindPathPSO（）为迭代控制函数，控制粒子群的初始化、迭代的开始与停止，并控制机器鼠依照最终计算出的最短路线进行移动。

```
void GetSensor(void)                //获取共享内存中的墙体信息（详细讲解见第 10 章）
void SetMovement(void)              //在共享内存中写入运动指令（详细讲解见第 10 章）
void PrintfContourMap(void)         //打印输出等高图（详细讲解见第 10 章）

void PrintfParticles(void)          //仿真模式下打印粒子群的位置速度及最优粒子
void ParticlesInit(void)            //初始化指定个数的初始粒子种群
void AdjoinKeyContour(Axis axis_ing)        //对输入坐标的周边坐标进行等高值计算
unsigned int AdjoinKeyBeeline(Point pointFoward, Point pointBack)        //根据输入的起点和终点，制作等高图，计算等高值差作为两点间的最短距离
unsigned char ListContains(Point*  resetList, unsigned char resetCount, Point gene)        //对指定偏移的集合进行查询，判断输入数据是否存在集合中
Particle ParticleBeeline(Particle _particle)     //对传入的粒子进行最短距离的计算，以及局部优化粒子
Particle ParticleMovement(Particle _particle)  //使传入的粒子进行运动，并更新位置
void FindPathPSO(void)          //根据粒子群算法策略发现最优路径
void MouseRush(void)            //机器鼠冲刺一次（详细讲解见第 10 章）
void MouseRushPaths (void)      //依次获取冲刺路径（详细讲解见第 10 章）
void MouseSearch (void)         //控制搜索算法模块的状态切换（详细讲解见第 10 章）
void main (int argc, char * argv [] )        //仿真环境下使用，程序运行的入口，初始化共享内存，调用算法函数（详细讲解见第 10 章）
```


5）在仿真模式下，打印输出粒子群的位置速度及最优粒子的函数。

```
/*************************************************************
*@Name: PrintfParticles
*@Input: 无
*@Output: 无
*@Function: 仿真模式下打印粒子群的位置速度及最优粒子
```

```
************************************************************************/
void PrintfParticles(void)
{
    unsigned char i,j;

    for (i=0;i<PARTICLES_AMOUNT;i++)
    {
        printf("\npartical %d position=",i);
        for (j=0;j<algorithm.particleSize;j++) printf(" %d %d ",algorithm.particles[i].position[j].axis_x,
algorithm.particles[i].position[j].axis_y);
        printf("\npartical %d velocity=",i);
        for (j=0;j<algorithm.particleSize;j++) printf(" %f",algorithm.particles[i].velocity[j]);
        printf("\npartical %d partical_best=",i);
        for (j=0;j<algorithm.particleSize;j++) printf(" %d %d",algorithm.particles[i].particle_best[j].axis_x,
algorithm.particles[i].particle_best[j].axis_y);
        printf("\npartical %d nearest_value= %d",i,algorithm.particles[i].nearest_value);
    }
    printf("\nglobal_best_position=");
    for (j=0;j<algorithm.particleSize;j++) printf(" %d %d ",algorithm.global_best[j].axis_x,algorithm.global_
best[j].axis_y);
    printf("\nglobal_nearest_value= %d",algorithm.global_nearest_value);
}
```

6）粒子群初始化：把起点和终点之间的 X 坐标之差的绝对值和 Y 坐标之差的绝对值进行比较，取其中较大的值对应的方向作为粒子关键点递进方向。生成 PARTICLES_AMOUNT 个粒子的初代种群，判断沿着 X 轴方向初始化粒子还是 Y 轴方向初始化粒子，如果 algorithm. particleDirection=0，则沿 X 轴方向初始化粒子，根据起点位于终点的左侧或者右侧，判断每个关键点的 X 坐标为递增关系或者递减关系；否则，如果 algorithm. particleDirection≠0，则沿 Y 轴方向初始化粒子，根据起点位于终点的左侧或右侧，判断每个关键点的 Y 坐标为递增关系或递减关系。最后一个关键点为终点，因此不随机生成，每个粒子及全局最优粒子的初始化最短路径都设置为 65535。

```
/************************************************************************
*@Name: ParticlesInit
*@Input: 无
*@Output: 无
*@Function: 初始化指定个数的初始粒子种群
************************************************************************/
void ParticlesInit(void)
{
    unsigned char i,j;
    Pointpoint;
    time_t t;
```

```
srand((unsigned) time(&t));
algorithm.particleDirection =abs(algorithm.maze_start_axis.axis_x - algorithm.maze_end_axis.axis_x)
  >=abs(algorithm.maze_start_axis.axis_y - algorithm.maze_end_axis.axis_y) ? 0 : 1;
  //把起点和终点之间的X坐标之差的绝对值和Y坐标之差的绝对值进行比较，取较大值的方向为粒子关键点递进方向
for (i=0;i<PARTICLES_AMOUNT;i++) //生成PARTICLES_AMOUNT个粒子的初代种群
{
  if(algorithm.particleDirection == 0)   //此时沿着X轴方向进行初始化粒子
  {
    if(algorithm.maze_start_axis.axis_x < algorithm.maze_end_axis.axis_x)
    //当起点位于终点的左侧时，朝着X轴正方向生成粒子
    {
      for (j=0;j<algorithm.maze_end_axis.axis_x - algorithm.maze_start_axis.axis_x - 1;j++)
 //每个粒子由终点坐标X和起点坐标X的差值个关键点组成
      {
        point.axis_x = algorithm.maze_start_axis.axis_x + 1 + j;
    //每个关键点的X坐标为递增关系，表示机器鼠将要经过每一个X刻度
        point.axis_y = rand()% algorithm.mazeSizeY;  //每一个关键点的Y坐标为随机数，表示机器鼠在对应的X刻度上，随机一个Y刻度，组成一个关键点
        algorithm.particles[i].position[j] = point;  //一系列关键点组成了一个粒子，表示机器鼠沿着X轴正方向，需要经过每个X刻度上的一个关键点，到达终点
        algorithm.particles[i].velocity[j] = 0;
      }
      algorithm.particleSize = algorithm.maze_end_axis.axis_x - algorithm.maze_start_axis.axis_x;
    //粒子长度为终点坐标X和起点坐标X的差值
    }
    else        //当起点位于终点的右侧时，朝着X轴负方向生成粒子
    {
      for (j=0;j<algorithm.maze_start_axis.axis_x - algorithm.maze_end_axis.axis_x - 1;j++)
    //每个粒子由终点坐标X和起点坐标X的差值个关键点组成
      {
        point.axis_x = algorithm.maze_start_axis.axis_x - 1 - j;
      //每个关键点的X坐标为递减关系，表示机器鼠将要经过每一个X刻度
        point.axis_y =rand()% algorithm.mazeSizeY;
//每一个关键点的Y坐标为随机数，表示机器鼠在对应的X刻度上，随机一个Y刻度，组成一个关键点
        algorithm.particles[i].position[j] = point;  //一系列关键点组成了一个粒子，表示机器鼠沿着X轴负方向，需要经过每个X刻度上的一个关键点，到达终点
        algorithm.particles[i].velocity[j] = 0;
      }
      algorithm.particleSize = algorithm.maze_start_axis.axis_x - algorithm.maze_end_axis.axis_x;
  //粒子长度为终点坐标X和起点坐标X的差值
```

```
        }
    }
    else            //此时沿着 Y 轴方向进行初始化粒子
    {
        if(algorithm.maze_start_axis.axis_y < algorithm.maze_end_axis.axis_y)
    //当起点位于终点的左侧时，朝着 Y 轴正方向生成粒子
        {
            for (j=0;j<algorithm.maze_end_axis.axis_y - algorithm.maze_start_axis.axis_y - 1;j++)
    //每个粒子由终点坐标 Y 和起点坐标 Y 的差值个关键点组成
            {
                point.axis_y = algorithm.maze_start_axis.axis_y + 1 + j;
    //每个关键点的 Y 坐标为递增关系，表示机器鼠将要经过每一个 Y 刻度
                point.axis_x =rand()% algorithm.mazeSizeX;
//每个关键点的 X 坐标为随机数，表示机器鼠在对应的 Y 刻度上，随机一个 X 刻度，组成一个关
键点
                algorithm.particles[i].position[j] = point;  //一系列关键点组成了一个粒子，表示机器鼠沿着
Y 轴正方向，需要经过每个 Y 刻度上的一个关键点，到达终点
                algorithm.particles[i].velocity[j] = 0;
            }
            algorithm.particleSize = algorithm.maze_end_axis.axis_y - algorithm.maze_start_axis.axis_y;
  //粒子长度为终点坐标 Y 和起点坐标 Y 的差值
        }
        else        //当起点位于终点的右侧时，朝着 Y 轴负方向生成粒子
        {
            for (j=0;j<algorithm.maze_start_axis.axis_y - algorithm.maze_end_axis.axis_y - 1;j++)
    //每个粒子由终点坐标 Y 和起点坐标 Y 的差值个关键点组成
            {
                point.axis_y = algorithm.maze_start_axis.axis_y - 1 - j;
    //每个关键点的 Y 坐标为递减关系，表示机器鼠将要经过每一个 Y 刻度
                point.axis_x =rand()% algorithm.mazeSizeX;
  //每个关键点的 X 坐标为随机数，表示机器鼠在对应的 Y 刻度上，随机一个 X 刻度，组成一个关
键点
                algorithm.particles[i].position[j] = point;  //一系列关键点组成了一个粒子，表示机器鼠沿着
Y 轴负方向，需要经过每个 Y 刻度上的一个关键点，到达终点
                algorithm.particles[i].velocity[j] = 0;
            }
            algorithm.particleSize = algorithm.maze_start_axis.axis_y - algorithm.maze_end_axis.axis_y;
  //粒子长度为终点坐标 Y 和起点坐标 Y 的差值
        }
    }

    point.axis_x = algorithm.maze_end_axis.axis_x;
    point.axis_y = algorithm.maze_end_axis.axis_y;
```

```
        algorithm.particles[i].position[algorithm.particleSize - 1] = point;  //最后一个粒子为终点，不随机
生成
        algorithm.particles[i].velocity[j] = 0;
        algorithm.particles[i].nearest_value = 65535;  //粒子初始最短距离为 unsigned short int 的最大
值 65535
    }
    algorithm.global_nearest_value = 65535;  //最优粒子的初始最短距离为 unsigned short int 的
最大值 65535
}
```

7）获取当前坐标点的墙体信息，设置该点为已搜索状态，对四个方向的坐标点进行遍历，判断该方向是否有墙体，如果没墙，根据当前朝向获取下一坐标点，设置当前坐标等高值+1，如果坐标未被搜索过，且下一坐标等高值大于当前坐标等高值+1，给下一坐标重新赋值等高值，并记录关键坐标点标记为已搜索状态。

8）根据开始坐标点和结束坐标点去制作等高图，计算等高值差作为两点间的适应度。重置地图和等高图，设置终点坐标的等高值为0，从终点至起点确定冲刺朝向，记录关键点的坐标，根据 BFS 算法的先进先出原则，设置关键点周围坐标的等高值。最后将起点和终点等高值差值作为两点间的适应度。

```
/************************************************************
*@Name: AdjoinKeyBeeline
*@Input: pointFoward: 起点，pointBack: 终点
*@Output: unsignedint: 两点间的最短距离
*@Function: 根据输入的起点和终点，制作它们之间的等高图，计算等高值差作为两点间的最短距离
************************************************************/
unsigned int AdjoinKeyBeeline(Point pointFoward, Point pointBack)
{
    unsigned char _x,_y;
    unsigned short int contourCount = 0;
    AxisstartAxis;
    AxisendAxis;
    startAxis.axis_x = pointFoward.axis_x;
    startAxis.axis_y = pointFoward.axis_y;
    endAxis.axis_x = pointBack.axis_x;
    endAxis.axis_y = pointBack.axis_y;

    for (_x=0;_x<algorithm.mazeSizeX;_x++)
    {
        for (_y=0;_y<algorithm.mazeSizeY;_y++)
        {
            algorithm.maze_info[_x][_y].contour_value = 65535;  //重置等高值为 unsigned short int 最大
值 65535
            algorithm.maze_info[_x][_y].node_type=0;  //重置坐标点为未搜索状态
```

```
        }
    }

    algorithm.maze_info[endAxis.axis_x][endAxis.axis_y].contour_value = 0;        //终点等高值置 0
    algorithm.mouse_rush_dir = DirAxis2Dir(endAxis, startAxis);        //以起点、终点的关系，确定冲刺阶
段的朝向
    algorithm.DFS_SearchPathsSum = 0;    //记录算法策略关键节点的个数置 0
    algorithm.DFS_SearchPaths[algorithm.DFS_SearchPathsSum] = endAxis;    //记录第一个关键点为终点
    algorithm.DFS_SearchPathsSum++;

    while(algorithm.maze_info[startAxis.axis_x][startAxis.axis_y].node_type == 0 && algorithm.DFS_Search-
PathsSum > 0)
    {                    //如果起点被搜索过，则退出。深度优先搜索算法采用栈存储结构，遵循先进后出
原则；广度优先搜索算法采用队列存储结构，遵循先进先出原则。这也是广度优先算法与深度优先
算法的区别
        AdjoinKeyContour(algorithm.DFS_SearchPaths[0]);
        //设置关键点周围点的等高值，从记录的关键点最前侧开始，遵从先进先出原则。深度优先搜索
算法采用栈存储结构，遵循先进后出原则；广度优先搜索算法采用队列存储结构，遵循先进先出原
则。这也是广度优先算法与深度优先算法的区别
        PointForward();        //对关键点进行前移
        algorithm.DFS_SearchPathsSum--;
        if(algorithm.DFS_SearchPathsSum > 0)
            algorithm.mouse_rush_dir  = algorithm.DFS_SearchPaths[0].axis_toward;  //更新冲刺阶段朝向
    }
            //将起点和终点的等高值差值作为两点间的最短距离
    return algorithm.maze_info[startAxis.axis_x][startAxis.axis_y].contour_value - algorithm.maze_info[en-
dAxis.axis_x][endAxis.axis_y].contour_value;
}
```

9）对传入的粒子进行适应度的计算，以及局部优化粒子。遍历粒子内的关键点，计算两个坐标点之间的适应度。判断粒子的关键点是沿着 X 轴方向还是沿着 Y 轴方向。当粒子关键点沿着 X 轴方向时，判断适应度是否异常，异常则退出函数，如果适应度过大则进行局部优化，加快获得最优解，由于不可重复产生不可用的关键点，产生一个随机关键点，X 刻度不变，Y 刻度随机产生。当粒子关键点沿着 Y 轴方向时，累加各个关键点之间的适应度作为整个粒子的适应度，用当前关键点作为下一关键点的起始点。判断该粒子的适应度是否小于最优粒子适应度，如果小于，则更新最优粒子。

```
/*******************************************************************
*@Name: ListContains
*@Input: resetList: 查询的集合，resetCount: 集合中查询的偏移量，gene: 待查询的数据
*@Output: 1: 存在，0: 不存在
*@Function: 对指定偏移的集合进行查询，判断输入数据是否存在集合中
*******************************************************************/
```

```
unsigned char ListContains(Point*  resetList, unsigned char resetCount, Point gene)
{
  unsigned char i;

  for (i=0;i<resetCount;i++)
  {
    if(resetList[i].axis_x == gene.axis_x && resetList[i].axis_y == gene.axis_y)
    {
      return 1;
    }
  }
  return 0;
}

/***********************************************************
*@Name: ParticleBeeline
*@Input: _particle: 传入一个粒子，粒子包含指定长度的关键点集和距离目标的最短距离
*@Output: _particle: 将该粒子的最短距离进行计算，后返回该粒子
*@Function: 对传入的粒子进行最短距离的计算，以及局部优化粒子
***********************************************************/
Particle ParticleBeeline(Particle _particle)
{
  PointPSO_try_axis;
  unsigned char j = 0;
  unsigned char i;
  unsigned short int nearest_value = 0;
  unsigned short int phaseDistance = 0;
  PSO_try_axis.axis_x = algorithm.maze_start_axis.axis_x;
  PSO_try_axis.axis_y = algorithm.maze_start_axis.axis_y;
  Point resetList[32];
  unsigned char resetCount = 0;
  time_t t;

  srand((unsigned) time(&t));
  while (j<algorithm.particleSize)          //遍历粒子内的每个关键点
  {
    phaseDistance = AdjoinKeyBeeline(PSO_try_axis, _particle.position[j]);  //计算两个关键点间最短
距离
    if(algorithm.particleDirection == 0)   //当粒子中的关键点沿着 X 轴方向时
    {
      if(phaseDistance == 0)               //如果最短距离异常，则退出函数
      {
        return _particle;
```

```
        }
        else if(phaseDistance == 65535 && j < algorithm.particleSize - 1)
    //如果关键点不为最后一个，且最短距离过大，则进行粒子局部调整，加快得到最优解
        {
            while(ListContains(resetList, resetCount, _particle.position[j]) == 1)
//当存储当前关键点的历史数据中包含当前关键点时，作用：不要重复产生不可用的关键点
            {
                _particle.position[j].axis_y = rand()% algorithm.mazeSizeY;
    //产生一个随机关键点，X 刻度不变，Y 刻度随机产生
            }
            resetList[resetCount++] = _particle.position[j];  //记录历史产生关键点
            if(resetCount == algorithm.mazeSizeY)            //若关键点个数达最大值
            {
                nearest_value = 65535;
                break;
            }
        }
        else
        {
            nearest_value += phaseDistance;          //累加各个关键点之间的最短距离作为整个粒子的最短
距离
            PSO_try_axis = _particle.position[j];    //用当前关键点作为下一关键点的起始点
            j++;
            resetCount = 0;
        }
    }
    else                              //当粒子中的关键点沿着 Y 轴方向时
    {
        if(phaseDistance == 0)   //如果最短距离异常，则退出函数
        {
            return _particle;
        }
        else if(phaseDistance == 65535 && j < algorithm.particleSize - 1)
    //如果关键点不为最后一个，且最短距离过大，则进行粒子局部调整，加快得到最优解
        {
            while(ListContains(resetList, resetCount, _particle.position[j]) == 1)
//当存储当前关键点的历史数据中包含当前关键点时，作用：不要重复产生不可用的关键点
            {
                _particle.position[j].axis_x = rand()% algorithm.mazeSizeX;
    //产生一个随机关键点，Y 刻度不变，X 刻度随机产生
            }
            resetList[resetCount++] = _particle.position[j];  //记录历史关键点
            if(resetCount == algorithm.mazeSizeX)            //若关键点个数达最大值
```

```
            {
                nearest_value = 65535;
                break;
            }
        }
        else
        {
            nearest_value += phaseDistance;   //累加各个关键点之间的最短距离作为整个粒子的最短距离
            PSO_try_axis = _particle.position[j];   //用当前关键点作为下一关键点的起始点
            j++;
            resetCount = 0;
        }
    }
}
if (nearest_value <= _particle.nearest_value)        //如果粒子本次运动后的最短距离小于自身最优最短
距离
{
    _particle.nearest_value = nearest_value;                    //更新本次最短距离和位置为自身最优结果
    for (i=0;i<algorithm.particleSize;i++) _particle.particle_best[i] = _particle.position[i];
}
if (nearest_value <= algorithm.global_nearest_value)
        //如果粒子本次运动后的最短距离小于全局最优最短距离
{
    algorithm.global_nearest_value = nearest_value;        //更新本次最短距离和位置为全局最优结果
    for (i=0;i<algorithm.particleSize;i++) algorithm.global_best[i] = _particle.position[i];
}
return _particle;
}
```

10）依据粒子更新速度和位置的公式进行计算，更新粒子位置和速度。依次对每个粒子种群的关键点进行运动和更新，如果粒子中的关键点沿着 X 轴方向，如果关键点运动后低于最小值，则置 0，否则更新位置，如果关键点运动后超出最大值，则置为最大值，否则位置更新；如果关键点沿着 Y 轴方向，如果关键点运动后低于最小值，则置 0，否则更新位置，如果关键点运动后超出最大值，则置为最大值，否则位置更新。

```
/*****************************************************************
*@Name: ParticleMovement
*@Input: _particle: 输入一个粒子进行运动
*@Output: _particle: 返回该粒子
*@Function: 使传入的粒子进行运动，并更新位置，依据公式：惯性权值×此时速度+自身学习因子×
0~1 的随机数×(自身最优位置- 此时位置) +全局学习因子×0~1 的随机数×(全局最优位置- 此时位置)
*****************************************************************/
```

```
Particle ParticleMovement(Particle _particle)
{
  unsigned char j;
  time_t t;

  srand((unsigned) time(&t));
  for (j=0;j<algorithm.particleSize - 1;j++)        //依次对粒子中的每个关键点进行运动更新
  {
    if(algorithm.particleDirection == 0)            //当粒子中的关键点沿着 X 轴方向时
    {
      _particle.velocity[j] = (float)PARTICLE_W* _particle.velocity[j]+
        (float)PARTICLE_C1*((float)rand()/(float)RAND_MAX)*((float)_particle.particle_best[j].axis_y-
(float)_particle.position[j].axis_y)+
        (float)PARTICLE_C2*((float)rand()/(float)RAND_MAX)*((float)algorithm.global_best[j].axis_y-
(float)_particle.position[j].axis_y);
      if((int)(_particle.velocity[j]) < 0)
      {
        if(_particle.position[j].axis_y < abs((int)(_particle.velocity[j])))
        {
        _particle.position[j].axis_y = 0;   //如果关键点运动后低于最小值，则置 0
        }
        else
        {
          _particle.position[j].axis_y += (int)(_particle.velocity[j]);           //位置更新
        }
      }
      else
      {
        if((algorithm.mazeSizeY - 1 - _particle.position[j].axis_y) < abs((int)(_particle.velocity[j])))
        {
          _particle.position[j].axis_y = algorithm.mazeSizeY - 1;
        //如果关键点运动后超出最大值，则置为最大值
        }
        else
        {
          _particle.position[j].axis_y += (int)(_particle.velocity[j]);      //位置更新
        }
      }
    }
    else             //当粒子中的关键点沿着 Y 轴方向时
    {
      _particle.velocity[j] = (float)PARTICLE_W* _particle.velocity[j]+
```

```
        (float)PARTICLE_C1*((float)rand()/(float)RAND_MAX)*((float)_particle.particle_best[j].axis_x-
(float)_particle.position[j].axis_x)+
        (float)PARTICLE_C2*((float)rand()/(float)RAND_MAX)*((float)algorithm.global_best[j].axis_x-
(float)_particle.position[j].axis_x);
      if((int)(_particle.velocity[j]) < 0)
      {
        if(_particle.position[j].axis_x < abs((int)(_particle.velocity[j])))
        {
          _particle.position[j].axis_x = 0;      //如果关键点运动后低于最小值，则置0
        }
        else
        {
          _particle.position[j].axis_x += (int)(_particle.velocity[j]);          //位置更新
        }
      }
      else
      {
        if((algorithm.mazeSizeX - 1 - _particle.position[j].axis_x) < abs((int)(_particle.velocity[j])))
        {
          _particle.position[j].axis_x = algorithm.mazeSizeX - 1;
      //如果关键点运动后超出最大值，则置为最大值
        }
        else
        {
          _particle.position[j].axis_x += (int)(_particle.velocity[j]);        //位置更新
        }
      }
    }
  }
  return _particle;
}
```

11）粒子群规划算法的迭代控制函数：先调用粒子群初始化函数，初始化粒子群，输出种群和最优粒子。根据设定的最大迭代次数，对每一个粒子都计算最短距离，根据公式更新所有粒子的位置，最后输出最优粒子。

```
/***************************************************************
*@Name: FindPathPSO
*@Function: 根据粒子群算法策略发现最优路径
***************************************************************/
void FindPathPSO(void)
{
  unsigned char generation_time,i;
```

```
    ParticlesInit();            //对粒子群算法的初始粒子种群进行初始化
    #ifdef _SIMULATION //仿真宏定义_SIMULATION 定义时
      PrintfParticles();        //打印粒子群算法种群和最优粒子
    #else
    #endif
    for (generation_time=0;generation_time<GENERATION_COUNT;generation_time++)  //迭代指定次数
    {
      #ifdef _SIMULATION                //仿真宏定义_SIMULATION 定义时
        printf("\n------------- Generation %d ----------------\n",generation_time);
      #else
      #endif
      for (i=0;i<PARTICLES_AMOUNT;i++)
      {
        algorithm.particles[i] = ParticleBeeline(algorithm.particles[i]);  //对每一个粒子进行计算最短距离
      }

      for (i=0;i<PARTICLES_AMOUNT;i++)
      {
        algorithm.particles[i] =ParticleMovement(algorithm.particles[i]);
        //根据粒子群算法的全局最优位置运动策略，更新所有粒子的位置
      }

      #ifdef _SIMULATION          //仿真宏定义_SIMULATION 定义时
        PrintfParticles();        //打印粒子群算法种群和最优粒子
      #else
      #endif
    }
    #ifdef _SIMULATION                        //仿真宏定义_SIMULATION 定义时
      printf("\n generations all done!");
      for (i=0;i<algorithm.particleSize;i++)      //打印最优粒子
      {
        printf("\n algorithm.global_best[i]: %d %d", algorithm.global_best[i].axis_x, algorithm.global_best[i].
  axis_y);
      }
    #else
    #endif
  }
```

5. 实现效果

在仿真环境下，基于深度优先搜索算法对 8 × 8 迷宫进行搜索，基于粒子群算法对机器鼠路径进行规划，输出粒子群算法迭代过程，找到起点到终点的最短距离，效果如图 12-18 所示。

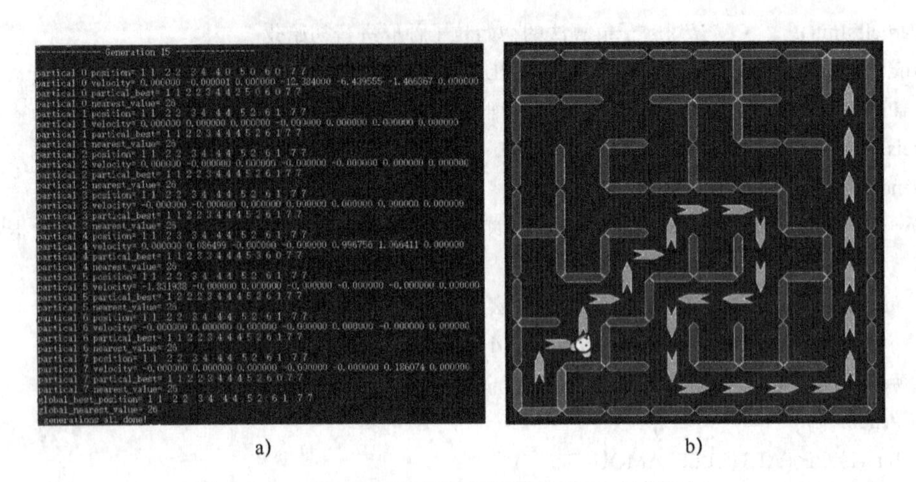

a)　　　　　　　　b)

图 12-18　基于粒子群算法规划最短路径（冲刺中）

图 12-18a 是粒子群算法迭代到最后一代输出的结果，其中有每一个粒子的自身最优位置和全局最优粒子，最后的全局最优粒子就是图 12-18b 中所规划出的冲刺路径。

附录

IEEE电脑鼠竞赛规则

一、目的

电脑鼠走迷宫竞赛的目的是制作一个微型机器人，使它能在最短的时间内穿越迷宫到达终点。参赛的机器人称为“电脑鼠”，将电脑鼠放入迷宫并启动操作的人称为“操作员”。

二、迷宫规范

1）迷宫由 16 × 16 个、18cm × 18cm 大小的正方形单元所组成。

2）迷宫的隔墙高 5cm、厚 1. 2cm，因此两个隔墙所构成的通道的实际距离为 16. 8cm。隔墙将整个迷宫封闭。

3）迷宫隔墙的侧面为白色，顶部为红色。迷宫的地面为木质，使用油漆漆成黑色。隔墙侧面和顶部的涂料能够反射红外线，地板的涂料则能够吸收红外线。

4）迷宫的起始单元可选设在迷宫四个角落之中的任何一个。起始单元必须三面有隔墙，只留一个出口。例如，如果没有隔墙的出口端为“北”时，那么迷宫的外墙就构成位于“西”和“南”的隔墙。电脑鼠竞赛的终点设在迷宫中央，由四个正方形单元构成。

5）在每个单元的四角可以插上一个小立柱，其截面为正方形。小立柱长 1. 2cm、宽 1. 2cm、高 5cm。小立柱所处的位置称为“格点”。除了中点区域的格点外，每个隔点至少要与一面隔墙相连接。

6）迷宫制作的尺寸精度误差应不大于 5%，或小于 2cm。迷宫地板的接缝不能大于 0. 5mm，接合点的坡度变化不超过 4°。隔墙和之间的空隙不大于 1mm。

三、电脑鼠规范

1）电脑鼠必须自成独立系统，不能使用可燃物为能源。

2）电脑鼠的长和宽限定在 25cm × 25cm。每次运行中电脑鼠几何尺寸的变化不能超过 25cm × 25cm。对电脑鼠的高度没有限制。

3）电脑鼠穿越迷宫时不能在其身后留下任何东西。

4）电脑鼠不能跳越、攀爬、钻挖和损毁迷宫隔墙。

四、比赛规则（试行）

电脑鼠的基本功能是从起点开始走到终点，这个过程称为一次“运行”，所花费的时间称为“运行时间”。从终点回到起点所花费的时间不计算在运行时间内。从电脑鼠的第一次激活到每次运行开始，这期间所花费的时间称为“迷宫时间”。如果电脑鼠在比赛时需要手动辅助，这个动作称为“碰触”。竞赛使用这三个参数，从速度、求解迷宫的效率和电脑鼠的可靠性三个方面来进行评分。

电脑鼠的得分是通过计算每次运行的“排障时间”来衡量的，排障时间越短越好。排障时间是这样计算的：将迷宫时间乘以 1/30，再加上运行时间，如果这次运行结束以后电脑鼠没有被碰触过，那么还要再减去 10s 的奖励时间，这样得到的就是排障时间。每个电脑鼠允许运行多次，取其中最短的排障时间作为参赛的计分成绩。

举例：一个电脑鼠运行开始前的迷宫时间为 4min(240s) 没有碰触过，运行时间为 20s。这次运行的排障时间就是：20s + (240s × 1/30) - 10s = 18s。

竞赛中电脑鼠在迷宫中的总时间不可超过 15min，在该限时内，电脑鼠可以运行任意次。

电脑鼠到达迷宫中心的目的地后，可以手动将其放回起点，或让电脑鼠自动回到起点，前者被视为碰触，因此在以后的运行中，将失去减 10s 的奖励。

从电脑鼠离开起点到进入终点的这时间为运行时间。迷宫时间是从电脑鼠第一次激活开始计算的，电脑鼠第一次激活后不需要马上就开始运动，但必须在迷宫起点处整装待命。

穿越迷宫的时间由竞赛工作人员人工测量，或由装在起点和终点处的红外传感器自动测量。使用红外传感器时，起点红外传感器应放置在起点单元和下一个单元之间的边界上；终点传感器应放置在终点单元的入口处。红外传感器沿水平方向发射红外线，高出地面约 1cm。

电脑鼠在启动过程中，操作员不可再选择策略。

一旦竞赛迷宫的布局揭晓，操作员不能将任何有关迷宫布局的信息再传输给电脑鼠。

迷宫所在房间的亮度、温度和湿度与周围环境相同。改变亮度的要求是否被接受须由竞赛组织者决定。

如果电脑鼠出现故障，操作员可以在裁判的许可下放弃该次运行，并放回到起点重新开始，但不能仅因为转错弯就要求重新开始。

如果参赛因为技术原因决定停止当前运行，裁判可以允许该队重新运行，但要增加 3min 的迷宫时间作为惩罚。例如，一个电脑鼠在比赛开始以后 4min 停止，重开运行后，用去的迷宫时间为 7min，那么该电脑鼠在迷宫中还可以重新再开始运行的时间就只剩下 8min 了。

如果电脑鼠在比赛中任何部分被替换，比如电池、EPROM 或者做出其他重要的调整，必须清除电脑鼠中有关迷宫信息的内存。细微的调节，例如调整传感器，可以在裁判的许可下进行，无须清除内存，但是对速度或策略控制的调节，则必须要清除内存。

一个电脑鼠的任意部分（除电池外）都不能用到其他的电脑鼠上。例如，如果一个底盘使用两个可互换的微控制器芯片，即它们属于同一个电脑鼠，最大运行时间也是 15min。当需要更换微控制器时，先前的内存必须被清除。

当比赛官方认为某电脑鼠的运行将破坏或损毁迷宫时，有权停止其运行或取消其参赛资格。

参考文献

[1] 陈雯柏，吴细宝，许晓飞，等．智能机器人原理与实践［M］．北京：清华大学出版社，2016.

[2] 陈雯柏．人工神经网络原理与实践［M］．西安：西安电子科技大学出版社，2016.

[3] 王亚明．“人工智能”概念的哲学分析［D］．南京：东南大学，2019.

[4] 段锁林，谈刚，周玉勤，等．移动机器人SLAM问题的研究［J］．计算机测量与控制，2016，24（4）：234-236；240.

[5] 陈俊波，高杨帆．系统论视角下的人工智能与人类智能［J］．自然辩证法研究，2019，35（9）：99-104.

[6] 缪裕青，徐伊，张万桢，等．车联网中改进粒子群算法的任务卸载策略［J］．计算机应用研究，2021，38（7）：2050-2055.

[7] 赵睿，楼佩煌，钱晓明，等．基于改进遗传算法的AGV集结路径研究［J］．机械制造与自动化，2021，50（1）：111-114.

[8] 曹建秋，张广言，徐鹏．A* 初始化的变异灰狼优化的无人机路径规划［J］．计算机工程与应用，2022，58（4）：275-282.

[9] 李志锟，黄宜庆，徐玉琼．改进变步长蚁群算法的移动机器人路径规划［J］．电子测量与仪器学报，2020，34（8）：15-21.

[10] 李亚正，王丰．基于校园园区的送货机器人全局路径规划［J］．机械工程与自动化，2022（5）：197-199.

[11] 高文研，平雪良，贝旭颖，等．两种基于激光雷达的SLAM算法最优参数分析［J］．传感器与微系统，2018，37（4）：28-30；33.

[12] 罗元，庞冬雪，张毅，等．基于自适应多提议分布粒子滤波的蒙特卡洛定位算法［J］．计算机应用，2016，36（8）：2352-2356.

[13] 王宁，王坚，李丽华．一种改进的AMCL机器人定位方法［J］．导航定位学报，2019，7（3）：31-37.

[14] 周兴社．机器人操作系统ROS原理与应用［M］．北京：机械工业出版社，2017.

[15] 何炳蔚．基于ROS的机器人理论与应用［M］．北京：科学出版社，2017.

[16] 杨荣坚，王芳，秦浩．基于双目图像的行人检测与定位系统研究［J］．计算机应用研究，2018，35（5）：1591-1595；1600.

[17] 田梦楚，薄煜明，陈志敏，等．萤火虫算法智能优化粒子滤波［J］．自动化学报，2016，42（1）：89-97.

[18] 刘瑞军，王向上，张晨，等．基于深度学习的视觉SLAM综述［J］．系统仿真学报，2020，32（7）：1244-1256.

[19] 龙卓群，雷日兴．移动机器人全覆盖路径规划算法研究［J］．自动化与仪器仪表，2018（9）：15-17.

[20] 王龙飞．嵌入式系统的应用现状及发展趋势［J］．中国新通信，2018，20（23）：95-96.

[21] 陈信华，孟冠军，张伟，等．混合改进人工蜂群算法的机器人路径规划研究［J］．机械设计与制造，2022（7）：256-260.

[22] 梁景泉，周子程，刘秀燕．粒子群算法改进灰狼算法的机器人路径规划［J］．软件导刊，2022，21（5）：96-100.

[23] 贝前程，裴云成，刘海英，等．基于改进经典蚁群算法的机器人路径规划［J］．山东电力技术，2020，47（11）：24-27.

[24] 陈群英．移动机器人同时定位与地图构建方法研究［J］．自动化与仪器仪表，2018（5）：31-34.

[25] 杨雪梦，姚敏茹，曹凯．移动机器人SLAM关键问题和解决方法综述［J］．计算机系统应用，2018，

27（7）：1-10.

［26］郭文县，高晨曦，张智，等．基于特征稀疏策略的室内机器人 SLAM 研究［J］．计算机工程与应用，2017，53（16）：110-115.

［27］张启彬．基于不确定性分析的移动机器人室内定位与导航控制方法研究［D］．合肥：中国科学技术大学，2018.

［28］贺少波，孙克辉．基于向心法则的电脑鼠走迷宫算法设计与优化［J］．计算机系统应用，2012，21（9）：79-82.

［29］徐欢，王永朝，王文胜．基于传统算法的电脑鼠走迷宫搜索算法研究［J］．电子元器件与信息技术，2020，4（10）：30-32.

［30］袁臣虎，路亮，王岁，等．基于概率距离的电脑鼠走迷宫融合算法研究［J］．计算机工程，2018，44（9）：9-14.

［31］高源，凌翌，吕鹏，等．基于 A* 算法的迷宫搜索向心法法则［J］．电子设计工程，2019，27（9）：31-34.

［32］陆金钰，鲁梦．蚁群算法在自适应索穹顶结构内力控制中的应用［J］．东南大学学报（自然科学版），2017，47（6）：1161-1166.

［33］崔宝侠，王淼弛，段勇．基于可搜索 24 邻域的 A* 算法路径规划［J］．沈阳工业大学学报，2018，40（2）：180-184.

［34］满春涛，曹淼，曹永成，等．一种仿生机器鼠的跟踪与避障策略［J］．电机与控制学报，2017，21（6）：104-112.

［35］卫寿伟，陈善鹏，余小燕，等．基于支持向量机的无人机避障方法研究［J］．智能计算机与应用，2020，10（8）：48-50.